普通高等教育通信类专业系列教材

现代光纤通信技术及应用

梁瑞生　王发强　主　编
刘伟慈　许晓慧　朱洪杰　副主编

電子工業出版社
Publishing House of Electronics Industry
北京·BEIJING

内 容 简 介

本书全面介绍了现代光纤通信技术的理论基础和工程应用。全书共 9 章，第 1 章介绍了现代光纤通信技术的基础知识；第 2～5 章讲述了光纤与光缆、光发送机和光接收机、光纤放大器与光纤激光器、光纤通信中的光无源器件等基本概念和原理；第 6～9 章介绍了光缆线路、光传输设备的操作与维护、光纤通信系统的设计、光纤通信常用仪表及应用等内容，将基本理论与工程应用紧密结合。每章配置思考题，供学生复习和巩固知识。

本书内容全面，论述深入浅出，图文并茂，实用性强。

本书可作为高等院校电子信息工程、通信工程、光电子技术、光信息技术、应用物理等专业教材，也可作为信息和通信相关专业技术人员学习、培训的技术参考资料。

图书在版编目（CIP）数据

现代光纤通信技术及应用 / 梁瑞生，王发强主编. —北京：电子工业出版社，2018.12（2024.3 重印）
ISBN 978-7-121-34487-9

Ⅰ. ①现… Ⅱ. ①梁… ②王… Ⅲ. ①光纤通信—高等学校—教材 Ⅳ. ①TN929.11

中国版本图书馆 CIP 数据核字（2018）第 123281 号

策划编辑：李 静
责任编辑：朱怀永　　特约编辑：王 纲
印　　刷：北京盛通数码印刷有限公司
装　　订：北京盛通数码印刷有限公司
出版发行：电子工业出版社
　　　　　北京市海淀区万寿路 173 信箱　邮编 100036
开　　本：787×1092　1/16　印张：12.5　字数：320 千字
版　　次：2018 年 12 月第 1 版
印　　次：2024 年 3 月第 11 次印刷
定　　价：38.00 元

凡所购买电子工业出版社图书有缺损问题，请向购买书店调换。若书店售缺，请与本社发行部联系，联系及邮购电话：（010）88254888，88258888。

质量投诉请发邮件至 zlts@phei.com.cn，盗版侵权举报请发邮件至 dbqq@phei.com.cn。
本书咨询联系方式：（010）88254604，lijing@phei.com.cn。

前　　言

现代光纤通信技术在各行各业应用广泛。光纤通信技术具有出色的传输特性，能够很好地满足当前市场环境对信息输送的需求。本书包括现代光纤通信技术理论基础和技术应用两大部分。其中，理论基础包含光纤与光缆、光发送机和光接收机、光纤放大器与光纤激光器、光纤通信中的光无源器件等内容，技术应用包含光缆线路、光传输设备的操作与维护、光纤通信系统的设计、光纤通信常用仪表及应用等内容。本书以概念、系统和技术应用为重点，在系统介绍光纤通信基本原理与相关技术的基础上，兼顾现代光纤通信的主流技术和发展应用，以实践应用为核心，以光纤通信技术的基础任务为载体，强调课程学习与实际工作任务之间的关联，全面讲述了光纤接续、测试与线路维护方式、光传输系统的操作与维护、光纤通信系统的设计等应用知识，突出了实用性。本书注重实际施工与操作能力的培养，力求将基本理论与实践环节紧密结合，使学习者在学习的过程中获得与实际工作岗位紧密联系的知识和基本技能。

本书在编排上力求系统性、实时性和实用性，选取了光纤通信技术的新素材，反映了当前光纤通信技术的发展水平。本书理论分析深入浅出，文字叙述通俗易懂，图文并茂，注重实用，并配有适量习题。

本书由梁瑞生、王发强、刘伟慈、许晓慧和朱洪杰编写，其中，第 1～4 章由刘伟慈编写，第 5～7 章由许晓慧编写，第 8、9 章及附录由朱洪杰编写。全书由梁瑞生、王发强统稿。此外，编者还参考、吸取和借鉴了国内外的一些相关著作、教材及科研成果，已列在书末的“参考文献”中，在此一并对有关作者表示诚挚的感谢。

由于编者水平有限，书中难免存在疏漏和不足之处，敬请广大读者批评指正。

编者

目 录

基础篇

应用篇

基础篇

第1章　概述

教学导航

知识目标

1. 掌握光纤通信的概念、技术及系统组成。
2. 熟悉光纤通信的发展历史及新技术。

能力目标

通过学习光纤通信的基本概念，具备分析光纤通信系统组成部件的能力。

学习重点

本章学习重点是光纤通信的概念及技术。

学习难点

本章学习难点是各种光纤通信技术。

1.1　光纤通信的概念

1.1.1　什么是光纤通信

光纤通信（Fiber-optic Communication）是以光作为信息载体，以光纤作为传输媒介的通信方式，其先将电信号转换成光信号，再通过光纤传递光信号，属于有线通信的一种。光纤通信利用了光的全反射原理，当光的入射角满足一定的条件时，光便能在光纤内形成全反射，从而达到长距离传输的目的。

光纤与以往的铜导线相比，具有损耗低、频带宽、无电磁感应等传输特点。因此，人们希望将光纤作为灵活性强、经济的优质传输介质，广泛地应用于数字传输和图像通信中，这种通信方式在非话业务的发展中是不可缺少的。

近几年来，光纤通信技术发展速度之快、应用面之广是通信史上罕见的。可以说，这种新兴技术是世界新技术革命的重要标志。光纤是现在和未来信息社会中各种信息网的主要传输工具。光纤与以往的铜导线相比有本质的区别，因此，两者在传输理论、制造技术、连接方法、测试方法等方面截然不同。

1.1.2 光纤通信系统的组成

光纤通信系统由光发送机、光接收机、光纤线路、中继器及无源器件组成，如图 1-1 所示。其中，光发送机负责将信号转变成适合在光纤上传输的光信号；光纤线路负责传输信号；而光接收机负责接收光信号并从中提取信息，然后转变成电信号，最后得到对应的声音、图像、数据等信息。

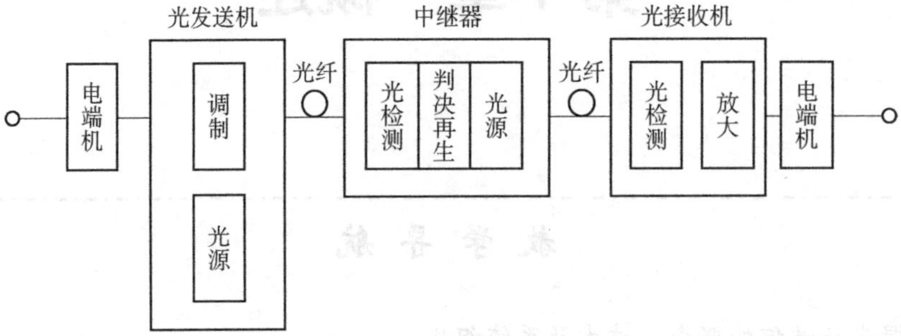

图 1-1 光纤通信系统

（1）光发送机：由光源、驱动器和调制器组成，是实现电光转换的光端机。其作用是使用来自电端机的电信号对光源发出的光波进行调制，然后将已调制的光信号耦合到光纤或光缆中进行传输。

（2）光接收机：由光检测器和光纤放大器组成，是实现光电转换的光端机。其功能是将光纤或光缆传输的光信号经光检测器转变为电信号，然后将微弱的电信号经放大电路放大，送到接收端的电端机。

（3）光纤线路：其功能是将发信端发出的已调制光信号，经过光纤或光缆的远距离传输后，耦合到接收端的光检测器中，完成信息传送任务。

（4）中继器：由光检测器、光源和判决再生电路组成。它的作用有两个，一个是补偿光信号在光纤中传输时产生的衰减，另一个是对波形失真的脉冲进行整形。

（5）无源器件：包括光纤连接器、耦合器等，作用是完成光纤间的连接、光纤与光端机的连接及耦合。

1.2 光纤通信的发展历史

1.2.1 光纤通信的里程碑

光无处不在，在人类发展的早期，中国的“烽火台”和欧洲的“旗语”是原始形式的光通信。1880 年美国人贝尔发明的“光电话”是现代光通信的雏形。1960 年梅曼激光器的发明与应用，使光通信进入了一个崭新的阶段。1966 年，美籍华人高锟博士和霍克哈姆发表了关于传输介质新概念的论文，指出低损耗的光纤能够应用于通信，这奠定了现代光纤通信的基础。1970 年，美国康宁公司首次研制成功损耗为 20dB/km 的石英光纤，光纤通信的时代由此开始。

1.2.2 爆炸性发展

从世界各国光纤通信技术的发展情况来看，光纤通信的发展大致经过了以下几个阶段。

第一阶段是 1966 年高锟博士提出利用带有包层材料的石英玻璃光学纤维作为通信介质，开创了光纤通信领域的研究工作。

第二阶段是 0.85μm 波段的多模光纤的第一代光纤通信系统。1977 年，美国人在芝加哥相距 7000m 的两电话局之间，首次用多模光纤成功地进行了光纤通信试验。

第三阶段是 1981 年实现的两电话局间使用 1.3μm 多模光纤的第二代光纤通信系统。

第四阶段是 1984 年实现的 1.3μm 单模光纤的第三代光纤通信系统。

第五阶段是 20 世纪 80 年代中后期实现的 1.55μm 单模光纤通信系统，即第四代光纤通信系统。

第六阶段是 20 世纪末至 21 世纪初发明的第五代光纤通信系统，即用光波分复用技术提高传输速率、用光波放大技术增大传输距离的系统。

第七阶段是利用量子纠缠效应进行信息传递的量子通信方式，即第六代光纤通信系统。2012 年，中国科学家潘建伟等人在国际上首次成功实现百公里量级的自由空间量子隐形传态和纠缠分发，为发射全球首颗量子通信卫星奠定了技术基础。2016 年 8 月 16 日，中国量子卫星发射成功。

1.3 现代光纤通信技术

1.3.1 光纤通信技术的特点

光纤通信技术主要有以下特点。

（1）无串音干扰，保密性好。光波在光纤中传播，不会发生串扰的现象，因此保密性好。

（2）频带极宽，通信容量大。光纤的传输带宽比铜导线或电缆大得多。采用密集波分复用技术能增大传输的容量。

（3）抗电磁干扰能力强。光纤采用由石英制成的绝缘体材料，不易被腐蚀，而且绝缘性好。光波导对电磁干扰是免疫的，不会产生与信号无关的噪声。

（4）损耗低，中继距离长。光纤通信系统使用的光纤多为石英光纤，传输损耗比其他任何传输介质的损耗都低，因而可以减少系统的施工成本，带来更高的经济效益。

（5）光纤径细、质轻、柔软、易于铺设。光纤的芯径很细，使传输系统所占空间小，可解决地下管道拥挤的问题，节约地下管道建设投资。此外，光纤质轻且柔韧性好，在飞机、宇宙飞船和人造卫星上使用光纤通信可以减轻飞机、飞船和卫星的重量。光纤柔软可绕，容易成束，能得到直径小的高密度光缆。

除以上特点外，光纤还有原材料资源丰富、成本低、温度稳定性好、寿命长等特点。

1.3.2 光纤通信新技术

1. 相干光通信

在相干光通信中主要利用了相干调制和外差检测技术。

相干光通信在发送端采用外调制方式将信号调制到光载波上进行传输。当信号光传输到达接收端时，首先与一本振光信号进行相干耦合，然后由平衡接收机进行探测。相干光通信根据本振光频率与信号光频率不等或相等，可分为外差检测和零差检测。前者光信号经光电转换后获得的是中频信号，还需二次解调才能被转换成基带信号。后者光信号经光电转换后直接变成基带信号，不用二次解调，但它要求本振光频率与信号光频率严格匹配，并且要求本振光与信号光的相位锁定。

相干光通信灵敏度高，中继距离长，选择性好，通信容量大，并且具有多种调制方式。

2. 光孤子通信

光孤子通信是一种全光非线性通信方案，其基本原理是光纤折射率的非线性（自相位调制）效应导致对光脉冲的压缩可以与群速色散引起的光脉冲展宽相平衡，在一定条件（光纤的反常色散区及脉冲光功率密度足够大）下，光孤子能够长距离不变形地在光纤中传输。

光孤子通信完全摆脱了光纤色散对传输速率和通信容量的限制，其传输容量比目前最好的通信系统高出1～2个数量级，中继距离可达几百公里。它被认为是下一代最有发展前途的传输方式之一。

全光式光孤子通信系统是新一代超长距离、超高码速的光纤通信系统，更被公认为光纤通信中最有发展前途、最具开拓性的前沿课题。光孤子通信和线性光纤通信相比，具有一系列显著的优点。

（1）传输容量比最好的线性通信系统高1～2个数量级。

（2）可以进行全光中继。光孤子脉冲的特殊性质使中继过程简化为一个绝热放大过程，可大大简化中继设备，具有高效、简便、经济等优点。

光孤子通信和线性光纤通信相比，无论在技术上还是在经济性上都具有明显的优势。光孤子通信在高保真度、长距离传输方面，优于光强度调制/直接检测方式和相干光通信。

当然，实际的光孤子通信仍存在许多技术难题，但已取得的突破性进展使人们相信，光孤子通信在超长距离、高速、大容量的全光通信中，尤其是在海底光通信系统中，有光明的发展前景。

3. 空间光通信

空间光通信系统是指以激光光波作为载波，以大气作为传输介质的光通信系统。自由空间光通信结合了光纤通信与微波通信的优点，既具有通信容量大、高速传输的优点，又不需要铺设光纤，因此各技术强国在空间光通信领域投入了大量人力、物力，并取得了很大进展。

随着自由空间光通信技术的不断完善，点对点系统向光网络系统发展是大势所趋。有专家预测，未来的自由空间光网络将形成一个立体的交叉光网，可在大气层内外和外太空卫星上形成庞大的高容量通信网，再与地面上的光纤网络相沟通，满足未来的各种通信业务需求。

4. 量子通信

1）量子通信的形式

量子通信的主要形式包括基于量子密钥分发（Quantum Key Distribution）的量子保密通信、量子密集编码（Quantum Dense Coding）和量子隐形传态（Quantum Teleportation）等。另外，量子通信传输的信息可以分为两类：经典信息和量子信息。量子密钥主要传输经典信息，量子密集编码和量子隐形传态主要传输量子信息。

2）量子通信的发展优势

（1）具有极高的安全性和保密性。根据量子不可克隆定理，量子信息一经检测就会产生不可还原的改变，如果量子信息在传输中途被窃取，接收者必定能发现；量子通信没有电磁辐射，第三方无法进行无线监听或探测。

（2）时效性高，传输速度快。量子通信的线路时延几乎为零，量子信道的信息效率比经典信道的信息效率高几十倍，并且量子信息传递的过程没有障碍，传输速度快。

（3）抗干扰性能好。量子通信中的信息传输与通信双方之间的传播媒介无关，不受空间环境的影响，具有优秀的抗干扰性能，同等条件下，获得可靠通信所需的信噪比比传统通信手段低 30～40dB。

（4）传输能力强。量子通信与传播媒介无关，信息传输不会被任何障碍物阻隔，量子通信的其中一种方式——隐形传态，还能穿越大气层，既可在太空中通信，又可在海底通信，还可在光纤等介质中通信。

3）中国量子通信发展环境

（1）国家政策大力扶持量子通信发展。我国从 2001 年开始，在科技部“973”计划、“863”计划、国家自然科学基金重点项目、中科院知识创新工程重大项目及“十二五”专项规划的前瞻性支持下，量子通信试验获得了重要进展。

国家“十三五”规划建议中要求部署一批体现国家战略意图的重大科技项目，量子通信首当其冲。在我国大力支持高科技战略新兴产业发展的现阶段，以量子信息技术为代表的高尖端领域迎来了最好的发展时期，未来政府加大投入和扶持力度是大概率事件。同时，国家层面对于信息安全空前的重视程度，促使量子信息成为具有顶层战略意义的重要领域和发展方向。

科技部于 2016 年 2 月 16 日公布，国家重点研发计划已经正式启动实施，纳米科技、量子调控与量子信息、大科学装置前沿研究等 9 个重点专项 2016 年度项目申报指南已正式公布。

（2）信息安全威胁越来越严重，量子通信行业联盟成立。全球网络安全威胁仍呈现爆发性增长的态势，各类网络攻击和网络犯罪的现象屡有发生，并且呈现攻击手段多样化、工具专业化、目的商业化、行为组织化等特点。2015 年，我国发生的重大信息泄露事件有机锋论坛用户数据泄露、酒店开房记录泄露、海康威视监控设备被境外控制、超过 30 个省 5000 多万人社保信息泄露、人寿 10 万保单信息泄露、考生信息泄露、大麦网 600 万用户信息泄露、苹果 Xcode 开发工具大范围感染 APP、网易邮箱过亿用户敏感信息泄露、伟易达集团 500 万名家长和超过 20 万名小童的数据资料泄露、申通快递 13 个信息漏洞等。

当前，移动互联网已经成为全球发展最快、潜力最大的新兴市场。移动互联网给用户带来便捷服务的同时，也为恶意软件的传播提供了新的通道，使用户自身的重要敏感信息处于极不安全的环境之中。此外，由于智能终端的移动性与通话、短信、话费、移动支付、用户隐私等重要信息密切关联，其蕴含的巨大经济利益势必吸引大量黑客开发恶意程序，从而造就了趋利性明显的特征。

量子通信是信息安全重点研究方向，量子通信具有传统通信方式所不具备的绝对安全特性，不但在国家安全、金融等信息安全领域有重大的应用价值和前景，而且逐渐走进人们的日常生活。2015 年 12 月 19 日，中国量子通信产业联盟成立，由中国科学院国有资产经营有限责任公司（国科控股）牵头，中国科学技术大学、科大国盾量子技术股份有限公司、阿里巴巴（中国）有限公司、中国铁路网络有限公司、中兴通讯股份有限公司、北方信息技术研究所等单位组成。

4）量子通信发展现状

（1）世界主要发达国家优先发展量子通信。量子通信作为事关国家信息安全和国防安全的战略性领域，已成为世界主要发达国家优先发展的信息科技和产业高地。量子技术是美国军方六大技术方向之一，即对未来美军的战略需求和军事任务行动能产生长期、广泛、深远、重大影响的基础研究领域，并且可以持续发展，能够使美军在全球范围内具备绝对的、不对称的军事优势。美国航空航天局（NASA）正计划在其总部与喷气推进实验室（JPL）之间建立一个直线距离 600km、光纤皮长 1000km 左右的包含 10 个骨干节点的远距离光纤量子通信干线，并计划拓展到星地量子通信。日本很早就提出了以新一代量子通信技术为对象的长期研究战略，并计划在 2020～2030 年建成绝对安全保密的高速量子通信网，从而实现通信技术应用上的质的飞跃。欧盟推出了用于发展量子信息技术的“欧洲量子科学技术”计划及“欧洲量子信息处理与通信”计划，并专门成立了包括英国、法国、德国、意大利、奥地利和西班牙等国家在内的量子信息物理学研究网，这是继欧洲核子中心和航天技术采取国际合作之后，又一针对重大科技问题的大规模国际合作。

（2）中国量子通信发展现状。虽然在量子通信技术上中美并驾齐驱，但在量子通信产业化方面，我国已经走在美国的前面，并在国防、金融等领域开展。我国量子通信产业起步相对较晚，但近几年发展比较迅速，现在已经有科大国盾量子、问天量子等几家代表企业，从事量子通信产品研发的团队也比较庞大。目前，我国已建成的大规模城域量子通信网络在国际上是最大的，中科院还将在山东成立量子通信产业应用的卓越分中心，量子通信产业标准也正在研究制定中。未来随着更大规模实用化量子通信网络和量子通信卫星的成功启用，量子通信产业发展将开启崭新的篇章。

（3）中国量子通信项目建设。广域量子通信网络建设分三步走。

①通过光纤构建城域量子通信网络。

②通过加中继器构建城际网络。

③通过卫星实现洲际、星际网络。

我国目前已经完成多个城域量子通信网络的建设，并正在加快城际网络建设和卫星发射工作。

2012 年 2 月，由中国科学技术大学、安徽量子通信技术有限公司与合肥市合作的城域量子通信试验示范网建成并进入试运行阶段，使合肥市成为全国乃至全球首个拥有规模化量子通信网络的城市。

2013 年 11 月，“济南量子通信试验网”投入使用。这是我国第一个以承载实际应用为目标的大型量子通信网，覆盖济南市主城区，包括 3 个集控站在内共 56 个节点，涵盖政务、金融、政府、科研、教育五大领域。

随着量子通信城域网在我国的迅速发展，越来越多的城市已拥有自己的量子通信专网，上海、杭州、广州、深圳、乌鲁木齐等城市也在加紧建设量子通信城域网。为了连接各城市的城域网，城际量子通信网络也将逐步建设。2016 年建成的“京沪干线”将连接北京、济南、合肥、上海，全长 2025km，提供城市间网状 8Gbps 加密应用数据传输业务，总带宽为 100GB，总投资额为 5.6 亿元，首批客户主要是金融机构、政府及其他企业（如图 1-2 所示）。

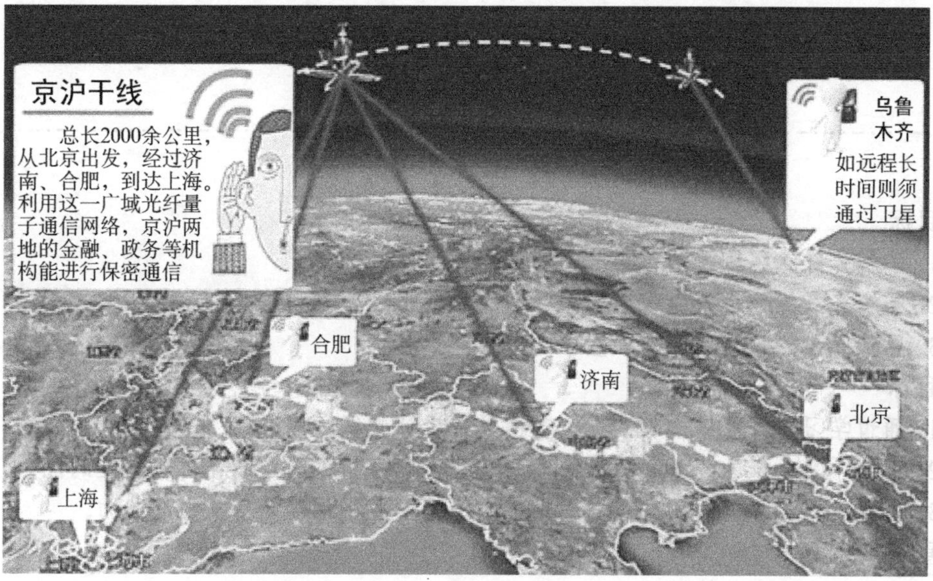

图 1-2　京沪干线

“墨子号”量子卫星升天后，将结合我国地面即将建成的“京沪干线”千公里级广域量子通信骨干网络，初步构建我国空地一体的广域量子通信体系，为率先建成全球化的量子通信网络奠定基础。

5）量子通信应用分析

量子通信在军事、国防、金融等信息安全领域有重大的应用价值和前景，不仅可用于军事、国防等领域的国家级保密通信，还可用于涉及秘密数据和票据的电信、证券、保险、银行、工商、地税、财政及企业云存储、数据中心等领域和部门，其技术相对成熟，未来市场容量极大。

复习与思考

1-1　什么是光纤通信？

1-2　光纤通信技术有哪些特点？

1-3　光纤通信系统由哪几部分组成？简述各部分的作用。

1-4　光纤通信新技术主要有哪几种？

第 2 章　光纤与光缆

教　学　导　航

知识目标

1. 了解光纤的结构及制备工艺。
2. 了解光纤的分类，理解光传输原理，掌握光线理论和波动理论。
3. 熟悉光缆的结构、分类和型号。

能力目标

1. 通过学习光纤的结构和制备工艺，具备设计光纤的能力。
2. 通过学习光纤的分类和传输原理，具备正确分析不同系统光传输特性的能力。
3. 通过学习光缆的结构和分类，具备在不同情况下正确使用光缆的能力。

学习重点

1. 光纤的分类和传输原理。
2. 光缆的结构和型号。

学习难点

本章学习难点在于光线理论和波动理论。

2.1　光纤的结构与制备工艺

2.1.1　光纤的结构

光纤是比人的头发丝稍粗的玻璃丝，通信用光纤的外径一般为 125～140μm。光纤由三个部分组成：纤芯、包层和涂覆层，光纤的基本结构如图 2-1 所示。

纤芯完成信号的传输。包层与纤芯的折射率不同，其将光信号封闭在纤芯中传输并起到保护纤芯的作用。一般纤芯采用石英纤维，包层采用玻璃。光纤涂覆层是指光纤的最外层结构。它是在玻璃光纤被从预制棒拉出来的同时，为了防止其受灰尘的污染而用紫外光固化的一层弹性涂料。它是由丙烯酸酯、硅橡胶和尼龙等组成的。

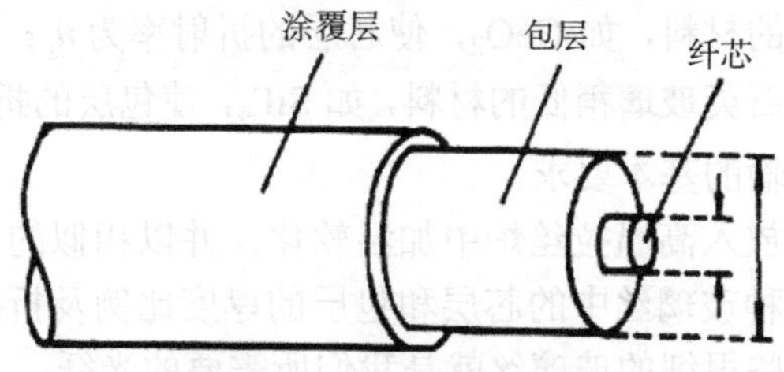

图 2-1　光纤的基本结构

2.1.2　光纤的制备工艺

制造石英光纤的工艺流程如图 2-2 所示。

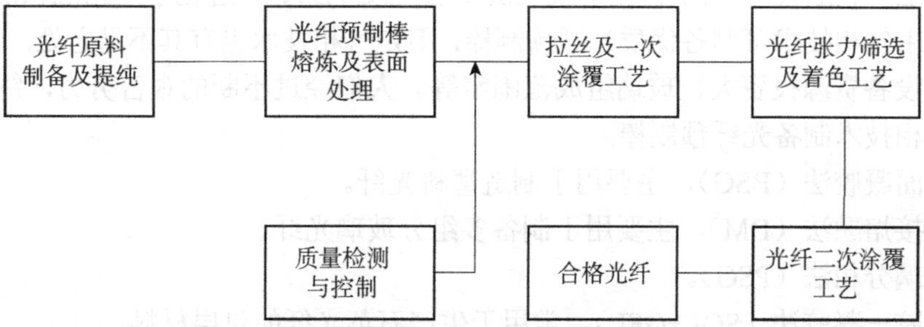

图 2-2　制造石英光纤的工艺流程

1. 光纤原料制备及提纯

制备石英光纤的原料多数是高纯度的液态卤化物化学试剂，如四氯化硅（$SiCl_4$）、四氯化锗（$GeCl_4$）、三氯氧磷（$POCl_3$）、三氯化硼（BCl_3）、三氯化铝（$AlCl_3$）、溴化硼（BBr_3）、气态的六氟化硫（SF_6）和四氟化二碳（C_2F_4）等。这些液态试剂在常温下呈无色的透明液体，有刺鼻气味，易水解，在潮湿空气中强烈发烟，同时放出热量，属放热反应。

$SiCl_4$ 是制备光纤的主要材料，占光纤成分总量的 85%～95%。$SiCl_4$ 的制备可采用多种方法，最常用的方法是采用工业硅在高温下氯化制得粗 $SiCl_4$。

经大量研究表明，用来制造光纤的各种原料纯度应达到 99.9999%。大部分卤化物材料都达不到如此高的纯度，必须对原料进行提纯处理。卤化物试剂目前已有成熟的提纯技术，如精馏法、吸附法、水解法、萃取法和络合法等。目前，在光纤原料提纯工艺中广泛采用的是“精馏－吸附－精馏”混合提纯法。

2. 光纤预制棒熔炼及表面处理

传统实体石英光纤的制造方法有两种：一种是早期采用的多组分玻璃光纤的制造方法，另一种是目前通信用石英光纤最常用的制备方法。这里介绍第二种方法。

先将经过提纯的原料制成一根满足一定性能要求的玻璃棒，称为“光纤预制棒”或“母棒”。光纤预制棒是制造光纤的原始棒体材料，组元结构为多层圆柱体，它的内层为高折射率的纤芯层，外层为低折射率的包层，它应具有符合要求的折射率分布形式和几何尺寸。

纯石英玻璃的折射率 $n=1.458$，根据光纤的导光条件可知，要保证光波在光纤芯层中传输，必须使芯层的折射率稍高于包层的折射率。为此，在制备芯层玻璃时应均匀地掺入少量的折射率比石英玻璃稍高的材料，如 GeO_2，使芯层的折射率为 n_1；在制备包层玻璃时，应均匀地掺入少量的折射率比石英玻璃稍低的材料，如 SiF_4，使包层的折射率为 n_2，这样 $n_1 > n_2$，就满足了光波在芯层中传输的基本要求。

将制得的光纤预制棒放入高温拉丝炉中加温软化，并以相似的比例尺寸拉制成线径很小的又长又细的玻璃丝。这种玻璃丝中的芯层和包层的厚度比例及折射率分布，与原始的光纤预制棒材料完全一致，这些很细的玻璃丝就是我们所需要的光纤。

目前，石英光纤预制棒的制备工艺是光纤制造技术中最重要也是难度最大的工艺，传统的石英光纤预制棒制备工艺普遍采用气相沉积法。

低损耗的单模和多模石英光纤大多采用预制棒拉丝工艺，制备光纤预制棒是光纤和光缆制造中最重要的环节。目前，用于制备光纤预制棒的方法主要有外部气相沉积法（OVD）、气相轴向沉积法（VAD）、等离子体化学气相沉积法（PCVD）、改进化学气相沉积法（MCVD）。

尽管利用气相技术可制备优质光纤预制棒，但是气相技术也有其不足之处，如原料昂贵、工艺复杂、设备资源投资大、玻璃组成范围窄等。人们经过不断的艰苦努力，终于研究开发出一些非气相技术制备光纤预制棒。

（1）界面凝胶法（BSG），主要用于制造塑料光纤。

（2）直接熔融法（DM），主要用于制备多组分玻璃光纤。

（3）玻璃分相法（PSG）。

（4）溶胶－凝胶法（SOL-GFL），常用于生产石英光纤的包层材料。

（5）机械挤压成形法（MSP）。

众所周知，预拉制光纤的强度和强度分布，取决于初始光纤预制棒的质量，特别是它的表面质量。预制棒在高于 2000℃的温度下拉成光纤后，其表面存在的裂纹和杂质粒子会遗留在光纤表面，形成各种缺陷。为克服这一问题，必须在拉制工序之前，愈合和消除这些表面缺陷。目前采用的光纤预制棒表面处理方法主要有以下 5 种。

（1）采用 EtOH（乙醇），MeOH（甲醇），丙酮和 MEK（丁酮）等有机溶剂清洗预制棒表面。

（2）采用酸溶液浸蚀预制棒。

（3）采用火焰抛光预制棒。

（4）采用有机溶剂清洗预制棒后，再进一步用火焰抛光处理。

（5）采用有机溶剂清洗预制棒，再经酸蚀后，进一步采用火焰抛光处理。

3. 拉丝及一次涂覆工艺

光纤拉丝是指将制备的光纤预制料（棒），利用某种加热设备加热熔融后拉制成直径符合要求的细小光纤纤维，并保证光纤的芯/包直径比和折射率分布形式不变的工艺操作过程。在拉丝过程中，最重要的是保证光纤表面不受到损伤并正确控制芯层和包层外径尺寸及折射率分布形式。如果光纤表面受到损伤，将会影响光纤机械强度与使用寿命；如果外径发生波动，由于结构不完善，不仅会引起光纤波导散射损耗，而且光纤接续时的连接损耗也会增大，因此在控制光纤拉丝工艺流程时，必须使各种工艺参数与条件保持稳定。一次涂覆工艺是在拉制的裸光纤表面涂覆一层弹性模量比较高的材料，其作用是保护拉制的光纤表面不受损伤，并提高其机械强度，降低衰减。在工艺上，一次涂覆与拉丝是相互独立的两个工艺步骤；而在实际生产中，一次涂覆与拉丝是在一条生产线上一次完成的。

4. 光纤张力筛选及着色工艺

1）张力筛选

经涂覆固化后，光纤可直接与机械表面接触。为确保光纤具有一个最低强度，满足套塑、成缆、敷设、运输和使用时的机械性能要求，在成缆前，必须对一次涂覆光纤进行 100%张力筛选。张力筛选方式有两种：在线筛选和独立筛选。所谓在线筛选是指在光纤拉丝与一次涂覆生产线上同步完成张力筛选。这种筛选方式由于光纤涂层固化时间短，测得的光纤强度会受到一定影响。独立筛选是在专用的张力筛选设备上完成的，一般情况下均采用独立筛选方式进行光纤张力筛选。

2）光纤着色工艺

光缆结构从每单元内放置一根光纤发展到放置多根光纤，这一结构上的变化给光纤的接续和维护带来了许多不便。为便于区分和识别，必须对光纤采取某种标记方法，这一方法就是着色处理。

光纤着色是指在本色光纤表面涂覆某种颜色的油墨并经过固化使之保持较强附着力的工艺操作过程。常用的着色方法有两种：在线着色和独立着色。在线着色是指在拉丝和一次涂覆过程中同步完成着色，而独立着色是利用专门的着色设备在已涂覆的光纤上单独进行着色处理。目前多采用第二种方法进行着色处理。

5. 光纤二次涂覆工艺

光纤二次涂覆工艺，又称套塑工艺，它是对经过一次涂覆和着色后的光纤进行的第二层保护操作。经一次涂覆后的光纤，其机械强度仍较低，无法满足使用要求。众所周知，光纤在实际使用中不可避免地要受到外力的作用，外力作用不仅会影响光纤的传输性能，而且会影响其机械特性；同时，当外部环境温度发生变化时，由于一次涂覆光纤的温度特性差，也会影响光纤的传输特性。因此，必须对一次涂覆和着色后的光纤进行进一步保护，使光纤具有足够的机械强度和更好的传输特性。套塑工艺的目的就是要保护光纤的一次涂覆层，提高光纤的机械强度，改善光纤的传输特性与温度特性。套塑可分为松套、紧套、成带 3 种工艺方式。

2.2　光纤的分类及传输原理

2.2.1　光纤的分类

光纤的分类方法有以下几种。

1. 按光纤横截面的折射率分布分类

按这种方法可分为阶跃和渐变折射率光纤。

单模阶跃折射率光纤的纤芯直径只有 8～10μm，光线沿纤芯中心轴线方向直线传播。因为这种光纤只能传输一个模式（只传输主模），所以称为单模光纤，单模阶跃折射率光纤的折射率分布及光线传播路径如图 2-3 所示。

多模阶跃折射率光纤的纤芯折射率为 n_1，到包层折射率突然变为 n_2。这种光纤的纤芯直径一般为 50～80μm，光线以折线形状沿纤芯中心轴线方向传播，多模阶跃折射率光纤的折射率分布及光线传播路径如图 2-4 所示。

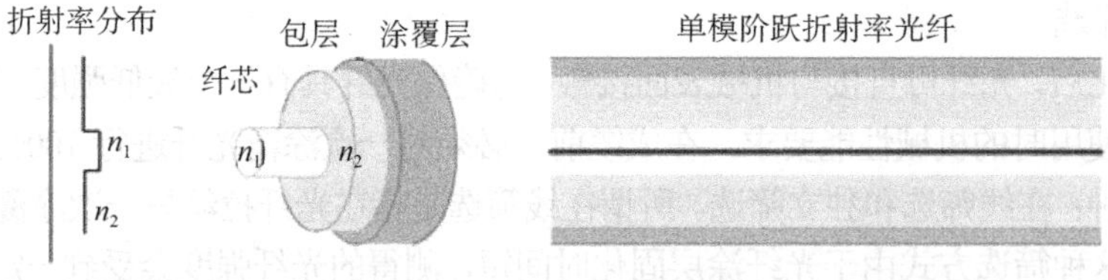

图 2-3　单模阶跃折射率光纤的折射率分布及光线传播路径

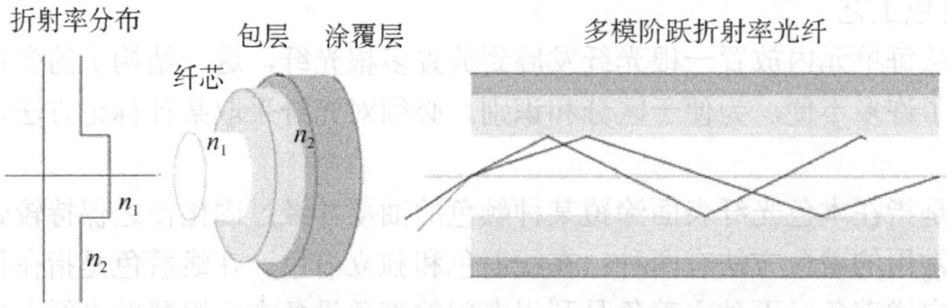

图 2-4　多模阶跃折射率光纤的折射率分布及光线传播路径

多模渐变折射率光纤在纤芯中心的折射率最大，为 n_1，沿径向往外逐渐变小，直到包层变为 n_2。这种光纤的纤芯直径一般为 50μm，光线以正弦曲线形状沿纤芯中心轴线方向传播，多模渐变折射率光纤的折射率分布及光线传播路径如图 2-5 所示。

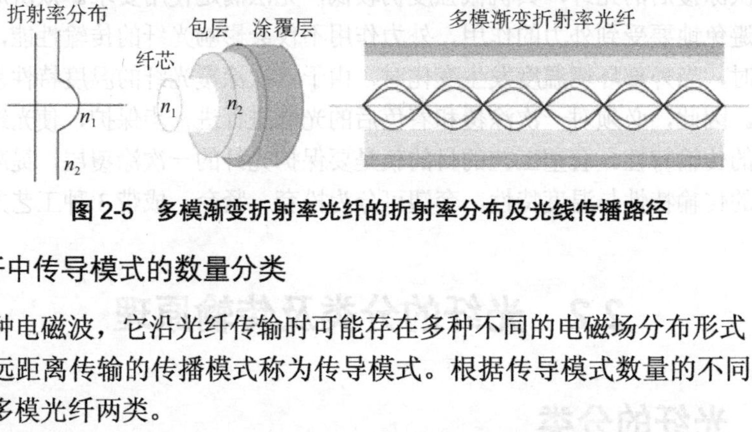

图 2-5　多模渐变折射率光纤的折射率分布及光线传播路径

2. 按光纤中传导模式的数量分类

光波是一种电磁波，它沿光纤传输时可能存在多种不同的电磁场分布形式（传播模式）。能够在光纤中远距离传输的传播模式称为传导模式。根据传导模式数量的不同，光纤可以分为单模光纤和多模光纤两类。

单模光纤是指光纤中只有一种传导模式（基模）。纤芯直径为 4～10μm，包层直径为 125μm。单模光纤适合长距离、大容量传输。

多模光纤是指光纤中可以存在多个传导模式。纤芯直径为 50μm，横截面的折射率分布多为渐变型，包层直径为 125μm。其适合中距离、中容量传输。

单模光纤和多模光纤概念是相对的。光纤中传导模式的数量取决于光纤的工作波长、光纤横截面折射率的分布和结构参数。对于一根确定的光纤，当工作波长大于光纤的截止波长时，光纤只能传输基模，为单模光纤，否则为多模光纤。

3. 按光纤的材料分类

按这种方法可以将光纤分为石英光纤和全塑光纤。

石英光纤一般是指由掺杂石英芯和掺杂石英包层组成的光纤。这种光纤有很低的损耗和中等程度的色散。目前，通信用光纤绝大多数是石英光纤。

全塑光纤是一种通信用新型光纤，尚处于研制、试用阶段。全塑光纤具有损耗大、纤芯粗（直径100～600μm）、数值孔径（NA）大（一般为0.3～0.5，可与光斑较大的光源耦合使用）及制造成本较低等特点。目前，全塑光纤适合于短距离的应用，如室内计算机联网和船舶内的通信等。

4. 按光纤套塑层分类

按这种方法可分为紧套光纤和松套光纤。紧套光纤，即光纤被套管紧紧箍住；松套光纤，即护套为松套管，光纤可以在其中活动。

2.2.2 光线理论和波动理论

光线理论和波动理论是分析光纤导光的两种基本方法。

1. 光线理论

光线理论又称几何光学法，即当光波波长λ远小于光纤的横向尺寸时，光可以用一条表示光波传播方向的几何线来表示。

光线理论认为，光传播到两种介质的界面上时，通常要同时发生反射和折射现象，光的反射与折射如图 2-6 所示。

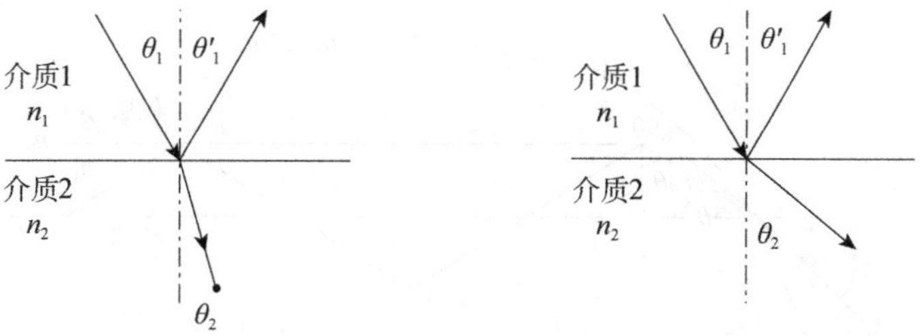

(a) $n_1<n_2$　　(b) $n_1>n_2$

图 2-6　光的反射与折射

$$\theta_1=\theta'_1 \quad \text{（反射定律）} \tag{2-1}$$

$$n_1\sin\theta_1=n_2\sin\theta_2 \quad \text{（折射定律）} \tag{2-2}$$

式中，n_1、n_2为介质的折射率，θ_1、θ'_1、θ_2分别是光线的入射角、反射角和折射角。

光从光密介质射向光疏介质，当入射角超过某一角度θ_C（临界角）时，折射光完全消失，只剩下反射光的现象叫做全反射，这是光在光纤中传播的主要依据，光的全反射如图 2-7 所示。

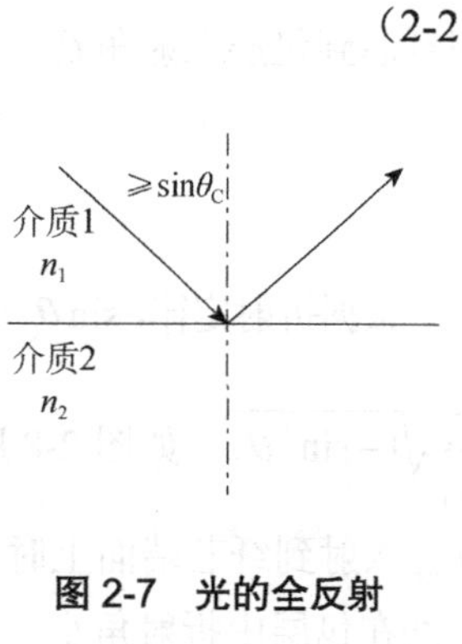

图 2-7　光的全反射

$$n_1\sin\theta_C=n_2 \quad \text{（全反射定律）} \tag{2-3}$$

综上所述，全反射的条件是

$$n_1>n_2$$

$$\theta_C\leqslant\theta_1<90°$$

下面从光线理论的角度来分析光在不同光纤中传输时的特性。

1）阶跃型光纤

（1）相对折射率差。n_1 和 n_2 的差别直接影响光纤的性能，一般用相对折射率差 Δ 来表示它们的相差程度：

$$\Delta = \frac{n_1^2 - n_2^2}{2n_1^2} \tag{2-4}$$

当 n_1 和 n_2 差别极小时，这种光纤称为弱导波光纤，其相对折射率差可用近似式表示为

$$\Delta \approx \frac{n_1 - n_2}{n_1} \tag{2-5}$$

（2）阶跃型光纤中的子午线及导波分析。子午面是在阶跃型光纤中过纤芯的轴线所作的平面，而子午线是子午面上在一个周期内和中心轴相交两次，呈锯齿形波前进的光射线。

携带信息的光波在光纤的纤芯中，由纤芯和包层的界面引导前进，这种波称为导波。下面分析在什么情况下，阶跃型光纤中的子午线能在纤芯中形成导波。

子午线在阶跃型光纤中的传输如图 2-8 所示。阶跃型光纤的折射率沿径向呈阶跃分布，在轴向呈均匀分布，n_2 是包层折射率，n_1 是纤芯折射率。假设图 2-8 中的阶跃型光纤为理想圆柱体，当光线垂直于光纤端面入射，并与光纤轴线重合或平行时，光线将沿纤芯轴线方向向前传播。若光线以某一角度 θ_i 入射到光纤端面，光线进入纤芯会发生折射。当光线到达纤芯与包层的界面上时，会发生全反射或折射。

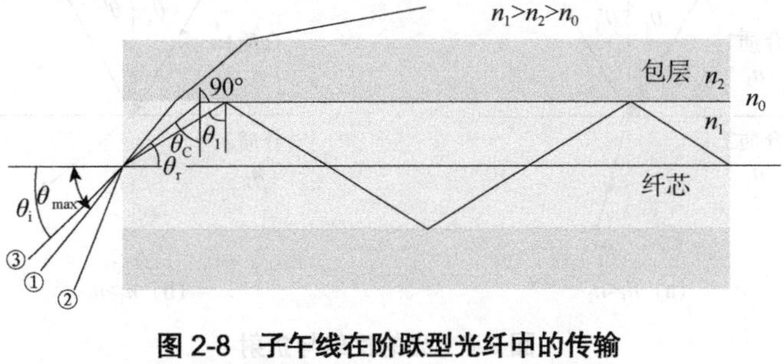

图 2-8　子午线在阶跃型光纤中的传输

若要使光线在光纤中实现长距离传输，必须使光线在纤芯与包层的界面上发生全反射，即纤芯到包层入射角 θ_1 大于等于临界角 θ_C，而 $\theta_C = \arcsin\dfrac{n_2}{n_1}$，因此

$$\theta_1 \geqslant \arcsin\frac{n_2}{n_1} \tag{2-6}$$

根据折射定律，$\sin\theta_C = \dfrac{n_2}{n_1}\sin 90° = \dfrac{n_2}{n_1}$，$n_0\sin\theta_i = n_1\sin\theta_r$，而 $\theta_C = 90° - \theta_r$，$\sin\theta_i = \dfrac{n_1}{n_0}\cos\theta_C = \dfrac{n_1}{n_0}\sqrt{1-\sin^2\theta_C}$。如图 2-8 所示，假设光纤入射光的入射角 θ_i 有一个最大值 θ_{max}，当光线以 $\theta_i > \theta_{max}$ 入射到纤芯端面上时，内光线将以小于 θ_C 的入射角投射到纤芯和包层的界面上。这样的光线在包层中折射角小于 90°，该光线将射入包层，很快就会漏出光纤。当光线以 $\theta_i \leqslant \theta_{max}$ 入射到纤芯端面上时，入射光线在光纤内将以大于 θ_C 的入射角投射到纤芯和包层的界面上。这

样的光线在包层中折射角大于 90°，该光线将在纤芯和包层的界面上产生多次全反射，使光线沿光纤传输，此时 $\sin\theta_{\mathrm{i}} \leqslant \frac{n_1}{n_0}\sqrt{1-\left(\frac{n_2}{n_1}\right)^2}$。

由于 $n_0=1$，所以

$$\sin\theta_{\mathrm{i}} \leqslant \sqrt{n_1^2-n_2^2} \tag{2-7}$$

因此，只有满足式（2-7）的射线才可以在纤芯中形成导波（满足全反射条件）。

（3）数值孔径。光纤的数值孔径（NA）表示的是光纤捕捉光射线的能力。

$$\mathrm{NA}=\sin\theta_{\max}=\sqrt{n_1^2-n_2^2}=n_1\sqrt{2\Delta} \tag{2-8}$$

NA 越大，表示光纤捕捉光射线的能力越强，光纤接收光的能力越强，从光源到光纤的耦合效率越高，纤芯对光能量的束缚越强，光纤抗弯曲性能越好。但 NA 越大，经光纤传输后产生的输出信号展宽越大，这会限制信息传输容量。

2）渐变型光纤

（1）相对折射率差。对于渐变型光纤，若轴心处（R=0）的折射率为 n（0），则相对折射率差为

$$\Delta=\frac{n(0)^2-n_2^2}{2n(0)^2} \tag{2-9}$$

（2）最佳折射率分布。渐变型光纤的纤芯折射率分布不均匀，平方律型折射率分布光纤的折射率表达式是渐变型光纤的最佳折射率分布表达式，即

$$n(r)=n(0)\left[1-2\Delta\left(\frac{r}{\alpha}\right)^2\right]^{\frac{1}{2}} \tag{2-10}$$

式中，α 是任意常数，称为渐变指数。

（3）数值孔径。渐变型光纤的纤芯折射率分布不均匀，光线从其端面不同点入射，光纤的收光能力不同，因此渐变型光纤的数值孔径定义为

$$\mathrm{NA}(r)=\sqrt{n(r)^2-n_2^2}=n(r)\sqrt{2\Delta} \tag{2-11}$$

2. 波动理论

采用波动理论可全面而精确地分析光波导，该方法基于电磁场理论分析光纤导光原理。

微分形式的麦克斯韦方程组描述了空间和时间的任意点上的场矢量。对于无源、均匀、各向同性的介质，麦克斯韦方程组可表示为

$$\nabla\times\vec{E}=-\frac{\partial\vec{B}}{\partial t} \tag{2-12}$$

$$\nabla\times\vec{H}=\frac{\partial\vec{D}}{\partial t} \tag{2-13}$$

$$\nabla\cdot\vec{D}=0 \tag{2-14}$$

$$\nabla\cdot\vec{B}=0 \tag{2-15}$$

式中，$\vec{E}$ 为电场强度矢量，$\vec{H}$ 为磁场强度矢量，$\vec{D}$ 为电位移矢量，$\vec{B}$ 为磁感应强度矢量，∇ 为哈密顿算符，“$\nabla\times$”代表取旋度，“$\nabla\cdot$”代表取散度。

对于无源、各向同性的介质，有$\vec{D}=\varepsilon\vec{E}$，$\vec{B}=\mu\vec{H}$。式中，$\varepsilon$为介质的介电常数，$\mu$为介质的导磁率。

介质的相对介电常数ε_r和相对导磁率μ_r为$\varepsilon_r=\dfrac{\varepsilon}{\varepsilon_0}$，$\mu_r=\dfrac{\mu}{\mu_0}$。式中，$\varepsilon_0$和$\mu_0$为真空中的介电常数和导磁率。光纤材料的导磁率等于真空中的导磁率μ_0。

在研究介质的光学特性时，通常不使用ε_r，而是使用介质的折射率 n，两者的关系是$n=\sqrt{\varepsilon_r}$。

对式（2-12）两边取旋度，并结合式（2-13）得到以下公式：

$$\nabla^2\vec{E}-\mu_0\varepsilon\frac{\partial^2\vec{E}}{\partial t^2}=\nabla(\nabla\cdot\vec{E}) \tag{2-16}$$

由式（2-12）得

$$\nabla\cdot\vec{E}=-\vec{E}\frac{\nabla\varepsilon}{\varepsilon} \tag{2-17}$$

将式（2-17）代入式（2-16）得

$$\nabla^2\vec{E}-\mu_0\varepsilon\frac{\partial^2\vec{E}}{\partial t^2}=-\nabla\left(\vec{E}\cdot\frac{\nabla\varepsilon}{\varepsilon}\right) \tag{2-18}$$

如果介质是均匀的，则$\nabla\varepsilon=0$，代入上式即可得到波动方程：

$$\nabla^2\vec{E}-\mu_0\varepsilon\frac{\partial^2\vec{E}}{\partial t^2}=0 \tag{2-19}$$

对于阶跃折射率分布光纤，它的芯层和包层都是均匀介质，式（2-19）是适用的；对于渐变折射率分布光纤，由于芯层的折射率是随位置变化的，$\nabla\varepsilon$不等于零，但光纤的ε在一个光波波长距离内变化很小，所以此式仍是适用的。

由式（2-13）可得到磁场强度$\vec{H}$的波动方程：

$$\nabla^2\vec{H}-\mu_0\varepsilon\frac{\partial^2\vec{H}}{\partial t^2}=0 \tag{2-20}$$

3. 基本波导方程

光波导结构选择 Z 轴为纵向轴，沿+Z 方向传播，纵向传播常数为β，假设介电常数$\varepsilon(x,y)$只随 x 和 y 变化而与 z 无关，并设场相对于时间的变化是$e^{j\omega t}$，则波导中的场可以写为

$$\begin{aligned}\vec{E}&=\vec{E}_0(x,y)\exp[j(\omega t-\beta z)]\\ \vec{H}&=\vec{H}_0(x,y)\exp[j(\omega t-\beta z)]\end{aligned} \tag{2-21}$$

式中，传播常数β是待定的。

把式（2-21）代入麦克斯韦方程，可以得到其分量的展开式：

$$\left(\frac{\partial H_z}{\partial y}-\frac{\partial H_y}{\partial z}\right)\vec{a}_x+\left(\frac{\partial H_x}{\partial z}-\frac{\partial H_z}{\partial x}\right)\vec{a}_y+\left(\frac{\partial H_y}{\partial x}-\frac{\partial H_x}{\partial y}\right)\vec{a}_z=\varepsilon\frac{\partial E_x}{\partial t}\vec{a}_x+\varepsilon\frac{\partial E_y}{\partial t}\vec{a}_y+\varepsilon\frac{\partial E_z}{\partial t}\vec{a}_z \tag{2-22a}$$

以及

$$\left(\frac{\partial E_z}{\partial y}-\frac{\partial E_y}{\partial z}\right)\vec{a}_x+\left(\frac{\partial E_x}{\partial z}-\frac{\partial E_z}{\partial x}\right)\vec{a}_y+\left(\frac{\partial E_y}{\partial x}-\frac{\partial E_x}{\partial y}\right)\vec{a}_z=-\mu\frac{\partial H_x}{\partial t}\vec{a}_x-\mu\frac{\partial H_y}{\partial t}\vec{a}_y-\mu\frac{\partial H_z}{\partial t}\vec{a}_z \tag{2-22b}$$

场分量 t 和 z 的微商可写成

$$\frac{\partial E_x}{\partial t}=\mathrm{j}\omega E_x,\quad \frac{\partial E_y}{\partial t}=\mathrm{j}\omega E_y,\quad \frac{\partial E_z}{\partial t}=\mathrm{j}\omega E_z \qquad \frac{\partial H_x}{\partial t}=\mathrm{j}\omega H_x,\quad \frac{\partial H_y}{\partial t}=\mathrm{j}\omega H_y,\quad \frac{\partial H_z}{\partial t}=\mathrm{j}\omega H_z$$

$$\frac{\partial E_y}{\partial z}=-\mathrm{j}\beta E_y,\quad \frac{\partial E_x}{\partial z}=-\mathrm{j}\beta E_x \qquad \frac{\partial H_y}{\partial z}=-\mathrm{j}\beta H_y,\quad \frac{\partial H_x}{\partial z}=-\mathrm{j}\beta H_x$$

将这些微商代入式（2-22a）和式（2-22b）并写成分量形式得

$$\frac{\partial H_z}{\partial y}+\mathrm{j}\beta H_y=\mathrm{j}\omega\varepsilon E_x \tag{2-23a}$$

$$-\mathrm{j}\beta H_x-\frac{\partial H_z}{\partial x}=\mathrm{j}\omega\varepsilon E_y \tag{2-23b}$$

$$\frac{\partial H_y}{\partial x}+\frac{\partial H_x}{\partial y}=\mathrm{j}\omega\varepsilon E_z \tag{2-23c}$$

$$\frac{\partial E_z}{\partial y}+\mathrm{j}\beta E_y=-\mathrm{j}\omega\mu H_z \tag{2-24a}$$

$$-\frac{\partial E_z}{\partial x}-\mathrm{j}\beta E_x=-\mathrm{j}\omega\mu H_y \tag{2-24b}$$

$$\frac{\partial E_y}{\partial x}+\frac{\partial E_x}{\partial y}=-\mathrm{j}\omega\mu H_z \tag{2-24c}$$

对式（2-23）和式（2-24）进行处理，以便以 E_z、H_z 来表示 E_x、E_y、H_x、H_y（用纵向分量来表示横向分量），最终根据纵向分量 E_z 和 H_z 导出方程，然后用这些方程来分析光波导。

4. 柱面坐标中的波动方程

直角坐标与柱面坐标的关系如下：

$x=r\cos\phi$，$y=r\sin\phi$，$r=\sqrt{x^2+y^2}$，$\phi=\arctan(y/x)$

可得

$$E_{\mathrm{r}}=\frac{-\mathrm{j}}{K^2}\left(\beta\frac{\partial E_z}{\partial r}+\omega\mu\frac{1}{r}\cdot\frac{\partial H_z}{\partial\phi}\right) \tag{2-25}$$

$$E_{\varphi}=\frac{-\mathrm{j}}{K^2}\left(\frac{\beta}{r}\frac{\partial E_z}{\partial\varphi}-\omega\mu\cdot\frac{\partial H_z}{\partial r}\right) \tag{2-26}$$

$$H_{\mathrm{r}}=\frac{-\mathrm{j}}{K^2}\left(\beta\frac{\partial H_z}{\partial r}-\omega\mu\frac{1}{r}\cdot\frac{\partial E_z}{\partial\phi}\right) \tag{2-27}$$

$$H_{\varphi}=\frac{-\mathrm{j}}{K^2}\left(\frac{\beta}{r}\frac{\partial H_z}{\partial\varphi}+\omega\mu\cdot\frac{\partial E_z}{\partial r}\right) \tag{2-28}$$

5. 光纤中的传播模式

根据光纤结构决定的边界条件，可得出光纤中的传播模式有横电波、横磁波和混合波。

1）横电波 TE_{mn}

纵轴方向只有磁场分量，没有电场分量；横截面上有电场分量的电磁波，TE_{mn} 下标 m 表示磁场沿圆周方向的变化周数，n 表示磁场沿径向方向的变化周数。

2）横磁波 TM_{mn}

纵轴方向只有电场分量，没有磁场分量；横截面上有磁场分量的电磁波，TM_{mn} 下标 m 表示电场沿圆周方向的变化周数，n 表示电场沿径向方向的变化周数。

3）混合波 HE_{mn} 或 EH_{mn}

纵轴方向既有电场分量，又有磁场分量；波是横电波和横磁波的混合。m 和 n 的组合不同，表示的模式也不同。

6. 光纤的归一化频率

归一化频率是为了表征光纤中所能传播的模式数量而引入的一个特征参数，定义为

$$V = \frac{2\pi a}{\lambda}\sqrt{n_1^2 - n_2^2} = k_0 a n_1 \sqrt{2\Delta} \tag{2-29}$$

式中，a 是光纤的纤芯半径；λ 是光纤的工作波长；n_1、n_2 分别是光纤的纤芯和包层折射率；k_0 是真空中的波数；Δ 是光纤的相对折射率差。

对于阶跃型光纤，归一化截止频率 V_c＝2.405，0＜V＜2.405 是单模传输条件。当不满足单模传输条件时，将有多个导波同时传输，传输模式的数量为 $M = \frac{V^2}{2}$。

对于渐变型光纤，平方律型折射率指数分布光纤总的模式数量为 $M_{\max} = \frac{V^2}{4}$。

2.2.3 带宽和色散

1. 带宽

光纤带宽是用光纤的频率特性来描述光纤的色散，即把光纤看作一个具有一定带宽的低通滤波器，光脉冲经过光纤传输后，光波的幅度随着调制的频率增加而减小，直到为零，而脉冲则发生展宽。

令频率响应 $H(f)$为传输函数，则

$$H(f) = \frac{P(f)}{P(0)} = \mathrm{e}^{-(f/f_c)^2 \ln 2} \tag{2-30}$$

式中，$P(f)$、$P(0)$分别为调制频率 f 和 f=0 时光纤的输出光功率；f_c 为半功率点频率，称为光截频。$H(f)$和零频率响应 $H(0)$的比值下降为一半或 3dB 时的频率称为光纤带宽。

带宽有光带宽和电带宽两种表示方法。

$H(f_c) = 1/2$，$10\lg\frac{P(f_c)}{P(0)} = 10\lg\frac{1/2}{1} = -3\text{dB}$，表示经光纤传输后，输出光功率下降 3dB，此时称 f_c 为光纤的光带宽。光检测器输出的电流正比于被检测的光功率，因此可用电流来表示：$20\lg\frac{I(f_c)}{I(0)} = 20\lg\frac{1/2}{1} = -6\text{dB}$，此时称 f_c 为光纤的电带宽。显然，我们所说的−3dB 光带宽和−6dB 电带宽，实际上是光纤的同一带宽。

2. 色散

1）光纤色散的概念

光纤所传输的信号是由不同频率成分和不同模式成分所携带的，不同频率成分和不同模式成分的传输速度不同，会导致信号畸变，这就是光纤色散。在数字光纤通信系统中，色散使光脉冲发生展宽。当色散严重时，会使光脉冲前后相互重叠，造成码间干扰，增加误码率。因此，光纤色散不仅影响光纤的传输容量，也限制光纤通信系统的中继距离。

2）光纤色散的种类及表示方式

色散可分为模式色散、材料色散和波导色散 3 种。模式色散或模式时延是指在多模光纤中，由于每个模式在每种频率下不同的群速度所导致的信号畸变。材料色散和波导色散是由于同一个模式内携带信号的光波频率成分不同所导致的，也称模内色散。

（1）模式色散：在多模光纤中存在许多传输模式，即使同一波长，不同模式沿光纤轴向的传输速度也不相同，到达接收端所用的时间不同，从而产生模式色散。

（2）材料色散：光纤材料的折射率是波长的非线性函数，从而使光的传输速度随波长的变化而变化，由此引起的色散称为材料色散。材料色散引起的脉冲展宽与光源的光谱线宽和材料色散系数成正比，所以在使用时应尽可能选择光谱线宽小的光源。

材料色散系数定义为

$$D_{\mathrm{m}} = -\frac{\lambda}{c}\frac{\mathrm{d}^2 n_1}{\mathrm{d}\lambda^2} \tag{2-31}$$

式中，c 是光速（km/s）；λ 是激光器发出的光波长（nm）；$\frac{\mathrm{d}^2 n_1}{\mathrm{d}\lambda^2}$ 是 n_1 对 λ 的二次微分。

D_{m} 表示单位谱宽下传输单位长度所产生的脉冲展宽。光谱线宽为 $\Delta\lambda$（nm）、长度为 L（km）时总的材料色散时延差可以表示为

$$\tau_{\mathrm{m}} = \Delta\lambda D_{\mathrm{m}} L \tag{2-32}$$

式中，L 是光纤长度（km）。

（3）波导色散：同一模式的相位常数 β 随波长而变化，即群速度随波长而变化，由此引起的色散称为波导色散。

波导色散系数为

$$D_{\mathrm{w}} = -\frac{n_2 \varDelta}{c\lambda} V \frac{\mathrm{d}^2(Vb)}{\mathrm{d}V^2} \tag{2-33}$$

式中，$\varDelta$ 是相对折射率差；n_2 是包层折射率；V 为归一化频率；b 是归一化传输常数。

波导色散主要是由光源的光谱宽度和光纤的几何结构所引起的。对于多模阶跃折射率光纤，模式色散占主要地位，其次是材料色散，波导色散较小。对于多模渐变折射率光纤，模式色散较小，波导色散可以忽略不计。对于单模光纤，只存在材料色散和波导色散。

2.2.4 光纤的损耗

光纤的损耗将导致传输信号的衰减。在光纤通信系统中，当入纤的光功率和接收灵敏度给定时，光纤的损耗将是限制无中继传输距离的重要因素。当工作波长为 λ 时，长为 L 千米的光纤的损耗 $A(\lambda)$ 表示为

$$A(\lambda)=10\lg\frac{P_{\mathrm{i}}}{P_{\mathrm{o}}} \tag{2-34}$$

而光纤每千米损耗$\alpha(\lambda)$用下式表示：

$$\alpha(\lambda)=\frac{10}{L}\lg\frac{P_{\mathrm{i}}}{P_{\mathrm{o}}} \tag{2-35}$$

式中，P_{i}、P_{o}分别为光纤的输入、输出光功率（W）；L为光纤长度（km）。

吸收、散射和辐射是造成光纤中能量损失的原因。吸收损耗与光纤材料有关，散射损耗与光纤材料及光纤中的结构缺陷有关，辐射损耗则是由光纤几何形状的微观和宏观扰动引起的。

1. 光纤的吸收损耗

吸收损耗是由光纤材料及其所含杂质对光能的吸收引起的。

2. 光纤的散射损耗

这是由于材料不均匀，使光散射而引起的损耗。

1）瑞利散射损耗

瑞利散射是由光纤内部的密度不均匀引起的，从而使折射率沿纵向产生不均匀，其不均匀点的尺寸比光波波长还要小。光在光纤中传输时，遇到这些比波长小、带有随机出现的不均匀物质，会改变传输方向，产生散射。瑞利散射损耗α_{R}的大小与$1/\lambda^4$成正比，可用公式表示为$\alpha_{\mathrm{R}}=A/\lambda^4$。其中$A$为瑞利散射系数，取决于纤芯和包层的相对折射率差$\Delta$。如果$\Delta$=0.2%，则在$\lambda=1.55\mu\mathrm{m}$处光纤损耗最低，理论极限为0.149dB/km。

2）波导散射损耗

光纤在制造过程中会产生某些缺陷，如纤芯尺寸上的变化、纤芯或纤芯与包层界面上的微小气泡，这些都会使纤芯沿Z轴（传播方向）有变化或不均匀，从而产生散射损耗。实际上，这是由于表面畸变或粗糙引起的模式转换，产生其他的传输模式或辐射模式。模式的转换产生了附加损耗，这个附加损耗称为波导散射损耗。

3. 光纤的辐射损耗

光纤受到某种外力作用时，会产生一定曲率半径的弯曲。弯曲后的光纤可以传光，但会使光的传播途径改变。一些传输模式变为辐射模式，引起能量的泄漏，这种由能量泄漏导致的损耗称为辐射损耗。光纤受力弯曲有两类：①曲率半径比光纤直径大得多的弯曲，如当光缆拐弯时，就会产生这样的弯曲；②光缆成缆时产生的随机性弯曲，称为微弯。微弯引起的附加损耗一般很小。当弯曲程度加大，曲率半径减小时，损耗将随之增大。由弯曲产生的损耗α与弯曲的曲率半径R有关：

$$\alpha=C_1\mathrm{e}^{-C_2R} \tag{2-36}$$

式中，C_1、C_2为常数。由上式可见，弯曲越严重（R越小），α越大。对于阶跃折射率光纤，允许的最小弯曲半径为$R_{0\mathrm{s}}=2a/\Delta$。对于渐变折射率光纤，允许的最小弯曲半径为$R_{0\mathrm{g}}=4a/\Delta$。$a$为纤芯半径，$\Delta$为相对折射率差。例如：$a$=25μm，$\Delta$=0.01，则可得$R_{0\mathrm{s}}$=0.5cm，$R_{0\mathrm{g}}$=1cm。当弯曲半径大于5cm时，这种弯曲造成的损耗可以忽略不计。

2.2.5 光纤中的非线性效应

在高强度电磁场中任何电介质对光的效应都会变成非线性，光纤也不例外。光纤通信系统中，高输出功率的激光器和低损耗光纤的使用，使得光纤中的非线性效应越来越显著。这是因为光纤中的光场主要存在于很细的纤芯中，使得场强非常高；低损耗又使得高场强可以维持很长的距离，保证了有效的非线性相互作用所需的相干传输距离。

光纤中的非线性效应有两方面的作用：一方面可以引起传输信号的附加损耗、波分复用系统中信道之间的串扰及信号载波的移动；另一方面可以用来开发放大器、调制器等新型器件。

1. 受激散射效应

光通过光纤介质时，有一部分能量偏离预定的传播方向，且光波的频率发生改变，这种现象叫作受激散射效应。受激散射效应有两种形式：受激布里渊散射和受激拉曼散射。这两种散射都可以理解为一个高能量的光子被散射成一个低能量的光子，同时产生一个能量为两个光子能量差的量子。两种散射的主要区别在于受激拉曼散射的剩余能量转变为光频声子，而受激布里渊散射的转变为声频声子；光纤中的受激布里渊散射只发生在后向，受激拉曼散射主要发生在前向。受激布里渊散射和受激拉曼散射都使入射光能量降低，在光纤中形成一种损耗机制。在较低光功率下，这些散射可以忽略。当入射光功率超过一定阈值后，受激散射效应随入射光功率呈指数增加。

2. 光纤折射率随光强变化

在入射光功率较低的情况下，可以认为石英光纤的折射率和光功率无关。但是在较高光功率下，则应考虑光强引起的光纤折射率的变化，它们的关系为

$$n = n_0 + n_2 E^2 \tag{2-37}$$

式中，n_0为线性折射率；n_2为非线性折射率；E为总电场强度。

光纤折射率随光强变化主要引起三种非线性效应：自相位调制（SPM）、交叉相位调制（XPM）和四波混频（FWM）。

自相位调制是指光在光纤中传输时，光信号强度随时间的变化对自身相位的作用导致光脉冲频谱展开的现象。瞬时变化的相位意味着光脉冲中心频率的两侧有不同瞬时光频率的变化，即 SPM 会引起光脉冲的频率啁啾。由 SPM 引起的啁啾通过群速度色散来影响脉冲形状并常常导致脉冲展宽。由 SPM 引起的脉冲光谱展宽增加了信号带宽，从而限制了光纤通信系统的性能。通常，SPM 仅对具有较高色散或传输距离很长的系统有重要影响。

交叉相位调制是任一波长信号的相位受其他波长信号强度起伏的调制产生的。XPM 不仅与光波自身强度有关，而且与其他同时传输的光波的强度有关，所以 XPM 总伴有自相位调制。XPM 会使信号脉冲谱展宽。在采用波分复用（WDM）技术的系统中，当光纤中同时传输多个信道时，会产生 XPM 现象。由于 XPM 引起了信号脉冲谱展宽，再加上色散的缘故，会使信号脉冲在经过光纤传输后产生较大的时域展宽并对相邻波长信道产生干扰。

四波混频（FWM）是石英光纤中的三阶非线性效应，类似于电系统中的互调失真。在量子力学术语中，一个或几个光波的光子湮灭，同时产生几个不同频率的新光子，在此参量过程中，遵循能量和动量守恒，这样的过程称为 FWM。FWM 效率与色散和信道间隔有关，需要满足相位匹配条件。FWM 大致分为两种情况：一种是 3 个光子合成一个光子的情况，新光

子的频率为$\omega_4=\omega_1+\omega_2+\omega_3$；另一种情况为$\omega_1+\omega_2=\omega_3+\omega_4$。FWM 对于密集波分复用（DWDM）光纤通信系统影响较大，FWM 产生的新的频率成分如果落到 WDM 信道，会引起复用信道间的串扰，成为限制其性能的重要因素。

2.3 常用于光纤通信系统的几种光纤

2.3.1 G.652 标准单模光纤

G.652 光纤是非色散位移单模光纤，是目前国内应用最广泛的一种单模光纤，于 1983 年开始商用，其零色散波长为 1310nm，在波长为 1550nm 处衰减最小，但有较大的正色散，大约为 18ps/（nm·km）。工作波长既可选用 1310nm，也可选用 1550nm。

2.3.2 G.653 色散位移光纤

20 世纪 80 年代中期，人们成功开发了把零色散波长从 1310nm 移到 1550nm 的色散位移光纤（Dispersion-Shifted Fiber，DSF），ITU（国际电信联盟）把这种光纤的规范编为 G.653。

2.3.3 G.654 衰减最小光纤

G.654 光纤是人们在 G.652 单模光纤的基础上进一步研究的截止波长位移单模光纤，这种光纤折射率剖面结构形状与 G.652 单模光纤基本相同。它通过采用纯二氧化硅（SiO_2）纤芯来降低光纤衰减，靠包层掺杂 F 使折射率下降而获得所需要的折射率差。与 G.652 光纤相比，这种光纤在性能上的突出特点包括：在 1550nm 工作波长，衰减系数极小，仅为 0.15dB/km 左右；通过截止波长位移方法，大大降低了光纤的弯曲附加损耗。

2.3.4 G.655 非零色散光纤

从 20 世纪 90 年代初开始，为发挥单模光纤在 1310～1550nm 工作波长窗口潜在的巨大带宽容量，人们先后开发了高精度的激光器、光纤放大器和光波分复用、时波分复用技术，并成功研制了密集波分复用（DWDM）光纤通信系统。这个系统可在一根光纤中同时传输几十乃至上百个光信道，每个信道的间隔小于 1nm，每个信道的传输速率可达到 10～40Gbps，这种 DWDM 光纤通信系统的传输容量比单信道系统扩大了几十倍甚至上百倍。

非零色散位移单模光纤是一种在 1550nm 工作波长具有较小正色散或具有负色散的光纤，这种单模光纤的特点是在 1530～1565nm 工作窗口的色散不为零，有一个能够抑制四波混频的合适的色散系统值。ITU-T 将非零色散位移单模光纤命名为 G.655 光纤。这种光纤在 1530～1565nm 工作窗口的色散系数较小，且不为零，因此，这种光纤是目前实现 10Gbps 以上远距离、大容量通信的密集波分复用光纤通信系统的首选光纤类型。

2.3.5 G.656 宽带全波光纤

G.656 光纤是 2002 年 5 月在日内瓦 ITU-TSG15 会议上由日本 NTT 和 CLPAJ 联合提出的，并于 2004 年正式批准发布的第一个光纤版本。2006 年 11 月，ITU-T 发布了第二个版本（V2.0）。

V2.0 定义的宽带光传送的非零色散光纤，在 1460～1624nm 波长范围内具有大于非零值的正色散系数，能有效抑制密集波分复用系统的非线性效应。其最小色散值在 1460～1550nm 波长范围内为 1.00～3.60ps/(nm·km)，在 1550～1625nm 波长范围内为 3.60～4.58ps/(nm·km)；最大色散值在 1460～1550nm 波长范围内为 4.60～9.28ps/(nm·km)，在 1550～1625nm 波长范围内为 9.28～14ps/(nm·km)。这种光纤非常适合于 1460～1624nm（S、C、L 三个波段）波长范围的粗波分复用和密集波分复用。与 G.652 光纤相比，G.656 光纤支持更小的色散系数；与 G.655 光纤相比，G.656 光纤支持更宽的工作波长范围。G.656 光纤可保证通道间隔 100GHz、40Gbps 系统至少传输 400km。人们预测 G.656 光纤可能会成为继 G.652 光纤和 G.655 光纤之后又一种广泛应用的光纤。

2.3.6 G.657 接入网光纤

G.657 光纤是为了实现光纤到户，在 G.652 光纤的基础上开发的最新光纤品种。这类光纤具有优异的耐弯曲特性，其弯曲半径可达到常规的 G.652 光纤弯曲半径的 1/4～1/2。G.657 光纤分 A、B 两个子类，其中 G.657A 型光纤的性能及其应用环境和 G.652D 型光纤相近，可以在 1260～1625nm 波长范围内（O、E、S、C、L 五个工作波段）工作；G.657B 型光纤主要工作在 1310nm、1550nm 和 1625nm 3 个波长窗口，其更适用于实现 FTTH 的信息传送、安装在室内或大楼等狭窄的场所。

2.3.7 色散补偿光纤

色散补偿光纤（Dispersion Compensating Fiber，DCF）是具有较大负色散的光纤。它是针对现已铺设的 G.652 标准单模光纤而设计的一种新型单模光纤。

G.652 标准单模光纤在 1550nm 波长的色散不是零，而是正的 17～20ps/(nm·km)，并且具有正的色散斜率，因此需要在这些光纤中加接具有负色散的色散补偿光纤，进行色散补偿，以保证整条光纤线路的总色散近似为零，从而实现高速度、大容量、长距离的通信。

不同的光分量（不同的模式或不同的频率等）通常以不同的速度在光纤中传输，色散是光纤的一种重要的光学特性，色散会引起光脉冲展宽，从而严重限制光纤的传输容量及带宽。对于多模光纤，起主要作用的色散机理是模式色散。

20 世纪 90 年代初，为了解决由标准单模光纤组成的 2.5Gbps 波分复用系统在波长 1550nm 处存在较大色散的问题，光纤制造厂家通过增加光纤的波导负色散来抵消光纤的材料正色散的方法，研制了在 1550nm 波长具有较大负色散的光纤，称为色散补偿光纤。该光纤的设计指导思想是利用色散补偿光纤在 1550nm 波长较大的负色散，补偿标准单模光纤在 1550nm 波长由于长度增加所积累较大的正色散。优质色散补偿光纤在 1550nm 波长的负色散值可达−150～−80ps/(nm·km)。一般 1km 色散补偿光纤可以补偿 4～8km 标准单模光纤的色散。

但是，色散补偿光纤本身具有比较大的衰减，需要采用光纤放大器来弥补色散补偿光纤的光损耗。

2.4 光缆

2.4.1 光缆的结构

光缆一般由缆芯、加强元件和护层 3 部分组成。

（1）缆芯：由单根或多根光纤芯线组成，有紧套和松套两种结构。紧套光纤有二层和三层结构。

（2）加强元件：用于增大光缆敷设时可承受的负荷。一般是金属丝或非金属纤维。

（3）护层：具有阻燃、防潮、耐压、耐腐蚀等特性，主要是对已成缆的光纤芯线进行保护。

2.4.2 光缆的分类

（1）按所使用的光纤分类：单模光缆、多模光缆（阶跃型、渐变型）。

（2）按缆芯结构划分：层绞式、骨架式、大束管式、带式、单元式。

（3）按外护套结构分类：无铠装、钢带铠装、钢丝铠装。

（4）按光缆中有无金属分类：有金属光缆、无金属光缆。

（5）按维护方式分类：充油光缆、充气光缆。

（6）按敷设方式分类：直埋光缆、管道光缆、架空光缆、水底光缆。

（7）按适用范围分类：中继光缆、海底光缆、用户光缆、局内光缆、长途光缆。

2.4.3 光缆的型号和规格

1. 光缆的型号

光缆的型号由光缆型式的代号和规格的代号构成。光缆的型式由 5 个部分组成，光缆型式组成如图 2-9 所示。

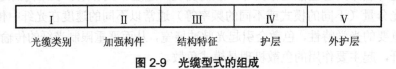

Ⅰ	Ⅱ	Ⅲ	Ⅳ	Ⅴ
光缆类别	加强构件	结构特征	护层	外护层

图 2-9 光缆型式的组成

2. 光缆规格的表示方法

按光缆中所含的光纤数及光纤的类别来表示光缆的规格。

例如，4 根 G.652 单模光纤组成的光缆规格为 4B1.1 或 4B1。若含有 4 根多模 50/125 光纤，则光缆规格为 4A1a 或 4A1。若同一根光缆中含有不同种类的光纤，则在规格中间用“+”号相连。

3. 常用型号说明

GYXTW——金属加强构件、中心管填充式、夹带钢丝的钢-聚乙烯黏结护层通信用室外光缆，适用于管道及架空敷设。

GYXTW53——金属加强构件、中心管填充式、夹带钢丝的钢-聚乙烯黏结护套、纵包皱纹钢带铠装聚乙烯护层通信用室外光缆，适用于直埋敷设。

GYTA——金属加强构件、松套层绞填充式、铝-聚乙烯黏结护套通信用室外光缆，适用于管道及架空敷设。

GYTS——金属加强构件、松套层绞填充式、钢-聚乙烯黏结护套通信用室外光缆，适用于管道及架空敷设。

GYTY53——金属加强构件、松套层绞填充式、聚乙烯护套、纵包皱纹钢带铠装、聚乙烯套通信用室外光缆，适用于直埋敷设。

GYTA53——金属加强构件、松套层绞填充式、铝-聚乙烯黏结护套、纵包皱纹钢带铠装、聚乙烯套通信用室外光缆，适用于直埋敷设。

GYTA33——金属加强构件、松套层绞填充式、铝-聚乙烯黏结护套、单细圆钢丝铠装、聚乙烯套通信用室外光缆，适用于直埋及水下敷设。

GYFTY——非金属加强构件、松套层绞填充式、聚乙烯护套通信用室外光缆，适用于管道及架空敷设，主要用于有强电磁危害的场合。

GYXTC8S——金属加强构件、中心管填充式、8 字形自承式、钢-聚乙烯黏结护套通信用室外光缆，适用于自承式架空敷设。

ADSS-PE——非金属加强构件、松套层绞填充式、圆形自承式、芳纶加强聚乙烯护套通信用室外光缆，适用于高压铁塔自承式架空敷设。

MGTJSV——金属加强构件、松套层绞填充式、钢-聚乙烯黏结护套、聚氯乙烯外护套煤矿用阻燃通信光缆，适用于煤矿井下敷设。

GJFJV——非金属加强构件、紧套光纤、聚氯乙烯护套室内通信光缆，主要用于大楼及室内敷设或作为光缆跳线使用。

复习与思考

2-1　光纤主要由哪几部分组成？

2-2　光纤的主要分类方法有哪些？

2-3　分析光纤导光的两种基本方法是什么？

2-4　简述光纤色散的概念及分类。

2-5　简述光纤中非线性效应的作用与分类。

2-6　常用于光纤通信系统的光纤有哪些？

2-7　简述光缆的结构。

2-8　在均匀光纤中，为什么单模光纤的芯径和相对折射率差比多模光纤的小？

2-9　已知阶跃折射率光纤中 n_1=1.52，n_2=1.49。

（1）光纤浸没在水中（n_0=1.33），求光从水中入射到光纤输入端面的光纤最大接收角；

（2）光纤放置在空气中，求数值孔径。

2-10 均匀光纤纤芯和包层的折射率分别为 n_1=1.50，n_2=1.45，光纤的长度 L=10km。

（1）求光纤的相对折射率差 Δ；

（2）求数值孔径 NA；

（3）若将光纤的包层和涂覆层去掉，求裸光纤的 NA 和相对折射率差 Δ。

2-11 已知阶跃型光纤，纤芯折射率 n_1=1.50，相对折射率差 Δ=0.5%，工作波长 λ_0=1.31μm。

（1）保证光纤单模传输时，光纤的纤芯半径 a 应为多大？

（2）若 a=5μm，保证光纤单模传输时，n_2 应如何选择？

2-12 一根数值孔径为 0.20 的阶跃折射率多模光纤在 850μm 波长上可以支持 1000 个左右的传播模式。

（1）其纤芯直径为多少？

（2）在 1310nm 波长上可以支持多少个模式？

（3）在 1550nm 波长上可以支持多少个模式？

2-13 某光纤在 1300nm 处的损耗为 0.6dB/km，在 1550nm 处的损耗为 0.3dB/km。假设下面两种光信号同时进入光纤：1300nm 波长的 150μW 光信号和 1550nm 波长的 100μW 光信号。这两种光信号在 8km 和 20km 处的功率各是多少？（以μW 为单位）

2-14 当光在一段长为 10km 的光纤中传输时，输出端的光功率减少至输入端光功率的一半，求光纤的损耗系数。

第 3 章　光发送机和光接收机

教 学 导 航

知识目标

1. 理解激光产生的物理基础。
2. 理解激光器工作原理、半导体激光器的工作特性及发光二极管的发光机理。
3. 掌握光源的调制方式，了解几种特殊结构的半导体激光器、光发送机、光检测器件和光接收机。

能力目标

1. 通过学习激光产生的物理基础，具备分析激光器工作原理的能力。
2. 通过学习光发送机、光检测器和光接收机的相关知识，具备分析光纤通信系统的能力。

学习重点

1. 激光产生的物理原理。
2. 光发送机、光检测器和光接收机。

学习难点

本章学习难点在于激光产生的物理原理。

由光源、驱动器和调制器组成的光发送机是实现电/光转换的光端机，即用来自电端机的电信号对光源发出的光波进行调制，然后将已调的光信号耦合到光纤或光缆中进行传输。而由光检测器和光纤放大器组成的光接收机是实现光/电转换的光端机，它将光纤或光缆传输的光信号经光检测器转变为电信号，然后将微弱的电信号经放大电路放大，送到接收端的电端机。

3.1　激光产生的物理基础

3.1.1　激光产生的原理

物质是由原子组成的，而原子能级是不连续的。通常情况下，电子总是处在内层轨道上，即相应能级图的低能级上，这种原子状态叫作基态（或稳态）。能量比基态高的其他能级，均称为激发态。能级跃迁方式有 3 种，如图 3-1 所示。

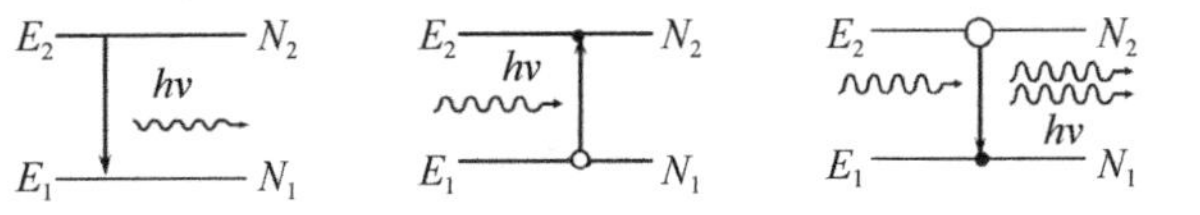

(a) 自发辐射　　(b) 受激吸收　　(c) 受激辐射

图 3-1　3 种能级跃迁方式

1. 自发辐射

原子处于激发态时是不稳定的，会自发跃迁到低能级，同时放出一个光子，这个过程叫作自发辐射，如图 3-1（a）所示。原子的自发辐射过程完全是一种随机过程，发光原子的发光过程各自独立、互不关联，即所辐射的光是无规则地射向四面八方的。另外，位相、偏振状态也各不相同。由于激发能级有一个宽度，所以发射光的频率也不是单一的，而有一个范围。

设 N_1、N_2 为处于 E_1、E_2 能级的原子数，则在单位时间内从 E_2 到 E_1 自发辐射的原子数为

$$dN_{21} = A_{21}N_2dt \tag{3-1}$$

式中，A_{21} 是自发辐射系数。

2. 受激吸收

处于低能级 E_1 的原子受到频率为 ν 的光子作用时，吸收能量跃迁到高能级 E_2，即原子被激发，这个过程称为受激吸收，如图 3-1（b）所示。

$$h\nu = E_2 - E_1 \tag{3-2}$$

式中，h 是普朗克常数。

单位时间内因吸收光子而从 E_1 到 E_2 的原子数为

$$dN_{12} = B_{12}\rho_\nu N_1dt \tag{3-3}$$

式中，B_{12} 是受激吸收系数；ρ_ν 是频率 ν 附近单位频率间隔内辐射场的能量密度。

3. 受激辐射

受激辐射的概念是爱因斯坦于 1917 年在推导普朗克黑体辐射公式时，首次提出来的。他从理论上预言了原子发生受激辐射的可能性，这是激光的基础。受激辐射的过程大致如下：原子开始处于高能级 E_2，如果一个外来光子所带的能量 $h\nu$ 正好为某一对能级之差 E_2-E_1，则原子可以在此外来光子的诱发下从高能级 E_2 向低能级 E_1 跃迁。这种受激辐射的光子有显著的特点，即原子可发出与诱发光子全同的光子，不仅频率（能量）相同，而且发射方向、偏振方向及光波的相位都完全一样。于是，入射一个光子，就会射出两个完全相同的光子。这意味着原来的光信号被放大了。这种在受激过程中产生并被放大的光，就是激光。

受激辐射如图 3-1（c）所示，当入射光子的能量 $h\nu$ 等于原子高、低能级的能量差 E_2-E_1，且高能级上有原子存在时，入射光子的电磁场就会诱发原子从高能级跃迁到低能级，同时放出一个与入射光子完全相同的光子。

单位时间内从 E_2 到 E_1 的受激辐射的原子数为

$$dN_{21} = B_{21}\rho_\nu N_1dt \tag{3-4}$$

式中，B_{21} 是受激辐射系数。

式（3-1）、式（3-3）、式（3-4）中的 A_{21}、B_{12}、B_{21} 统称为爱因斯坦系数，B_{12}=B_{21}，

$A_{21}=\frac{8\pi h\nu^3}{c^3}B_{12}$，$\rho_\nu=\frac{8\pi h\nu^3}{c^3}\frac{1}{e^{h\nu/kT}-1}$（普朗克黑体辐射公式）。

实际上，光的自发辐射、受激吸收、受激辐射3种过程是同时存在的。

4. 粒子数反转

1）粒子数反转的概念

在热平衡条件下，由大量原子组成的系统中，处于高能级的原子数目远低于处于低能级的原子数目，这是因为处于能级E的原子数目N的大小随能级E的增大呈指数减小，即$N\propto\exp(-E/kT)$，这就是著名的玻尔兹曼分布规律，原子数目的玻尔兹曼分布如图3-2所示。

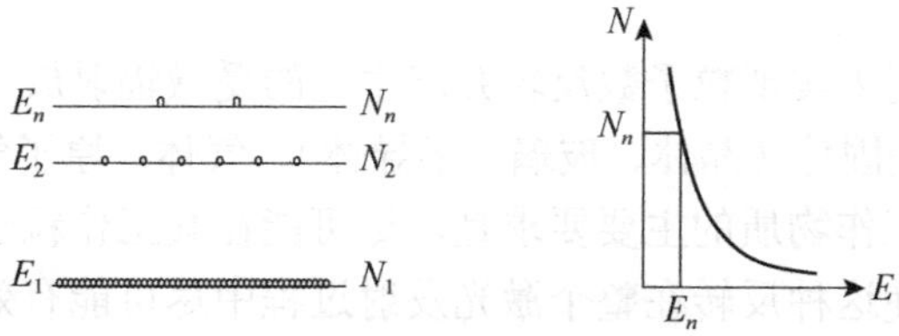

图3-2　原子数目的玻尔兹曼分布

在上、下两个能级上的原子数目比为

$$\frac{N_2}{N_1}=e^{-(E_2-E_1)/kT} \tag{3-5}$$

式中，k为玻尔兹曼常量；T为热力学温度。因为$E_2>E_1$，所以$N_2\ll N_1$。

例如，已知氢原子基态能量为$E_1=-13.6\text{eV}$，第一激发态能量为$E_2=-3.4\text{eV}$，在20℃时，$kT\approx0.025\text{eV}$，则$N_2/N_1\propto\exp(-400)\approx0$。可见，在20℃时，氢原子几乎全部处于基态，要使原子发光，必须由外界提供能量使原子到达激发态。

由此可见，使光源发射激光而不是发出普通光的关键是处在高能级的发光原子比低能级上的多，即$N_2>N_1$，这种情况称为粒子数反转。但在热平衡条件下，原子几乎都处于最低能级（基态）。因此，从技术上实现粒子数反转是产生激光的必要条件。

2）实现粒子数反转的方法

（1）粒子体系（工作物质）的内结构。在特定条件下，工作物质能使两个能级间达到非热平衡状态而实现光放大，不是每一种物质都能作为工作物质。粒子体系中有一些粒子的寿命很短暂，只有10^{-8}s。有一部分粒子的寿命相对较长，如铬离子在高能级E_2上的寿命是几毫秒。寿命较长的粒子所处的能级叫作亚稳态能级，这类粒子除铬离子外，还有钕离子、氖原子、二氧化碳分子、氪离子、氩离子等。有了亚稳态能级，就可以实现某一能级与亚稳态能级之间的粒子数反转，从而对特定频率的辐射光进行光放大。可见，粒子数反转是实现光放大的内因。

（2）对工作物质施加外部作用。在热平衡状态下，粒子体系中处于低能级的粒子数总是大于处于高能级的粒子数，要实现粒子数反转，就必须对粒子体系施加外部作用，促使大量低能级上的粒子反转到高能级上，这个过程称为激励或泵浦。对固体工作物质常采用强光照射的方法，即光激励。这类工作物质有掺钕玻璃、掺钕钇铝石榴石等。对气体工作物质常采用放电的方法，这类工作物质有分子气体（如CO_2气体）及原子气体（如He-Ne原子气体）。如工作物质为半导体，可采用注入大电流的方法激励发光，这种方法称为注入式激励法，常见的工作物质有砷化镓。此外，化学反应方法（化学激励法）、超音速绝热膨胀法（热激励法）、用电子束或核反应中生成的粒子进行轰击等方法，都能实现粒子数反转。从能量角度看，激励过程就是外界提供能量给粒子体系的过程。

3.1.2 激光器的工作原理

激光器是用来产生激光的装置，包括工作物质、激励系统和光学谐振腔 3 个最基本的部分。

1. 工作物质

激光工作物质是指用来实现粒子数反转并产生光的受激辐射放大作用的粒子体系，也称激光增益介质，它可以是固体（晶体、玻璃、半导体）、气体（原子气体、离子气体、分子气体）和液体等。对激光工作物质的主要要求是，尽可能在其工作粒子的特定能级间实现较大程度的粒子数反转，并使这种反转在整个激光发射过程中尽可能有效地保持下去。因此，工作物质必须具有合适的能级结构和跃迁特性。

2. 激励系统

激励系统是指为使激光工作物质实现并维持粒子数反转而提供能量来源的机构或装置。根据工作物质和激光器工作条件的不同，可以采取不同的激励方式和激励装置，常见的有以下 4 种。

（1）光学激励（光泵）。利用外界光源发出的光来辐照工作物质以实现粒子数反转，这类激励装置通常由气体放电光源（如氙灯、氪灯）和聚光器组成。

（2）气体放电激励。利用在气体工作物质内发生的气体放电过程来实现粒子数反转，这类激励装置通常由放电电极和放电电源组成。

（3）化学激励。利用在工作物质内部发生的化学反应过程来实现粒子数反转，通常要求有适当的化学反应物和相应的引发措施。

（4）核能激励。利用小型核裂变反应所产生的裂变碎片、高能粒子或放射线来激励工作物质并实现粒子数反转。

3. 光学谐振腔

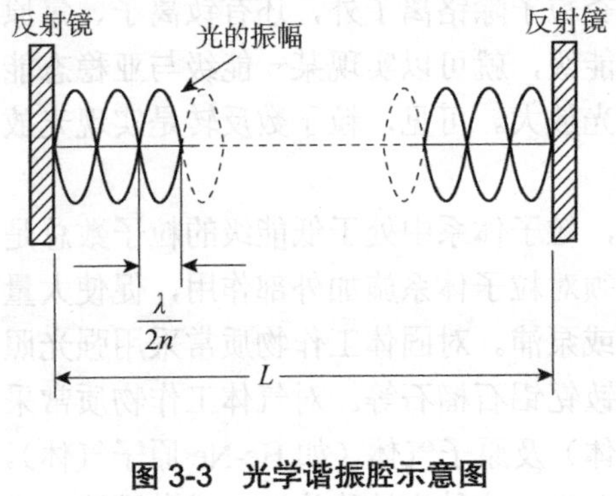

图 3-3 光学谐振腔示意图

光学谐振腔通常是由具有一定几何形状和光学反射特性的两个反射镜按特定的方式组合而成的，光学谐振腔示意图如图 3-3 所示。其作用如下。

（1）提供光学反馈能力，使受激辐射光子在腔内多次往返以形成相干的持续振荡。

（2）对腔内往返振荡光束的方向和频率进行限制，以保证输出激光具有一定的定向性和单色性。

基本的光学谐振腔由两个反射率分别为 R_1、R_2 的平行反射镜构成，称为法布里-珀罗（FP）谐振腔。

光学谐振腔内的激活物质具有粒子数反转分布，可以用它产生的自发辐射光作为入射光，产生稳定振荡的条件为 $2L=m\lambda/n$，m 为纵模基数，n 为激光介质的折射率。

3.2 半导体激光器和发光二极管

3.2.1 半导体激光器的发光机理

半导体激光器是以半导体材料作为工作物质而产生激光的器件，其工作原理是通过一定的激励方式，在半导体物质的能带（导带与价带）之间，或者半导体物质的能带与杂质（受主或施主）能级之间，实现非平衡载流子的粒子数反转，当处于粒子数反转状态的大量电子与空穴复合时，便产生受激辐射作用。

1. PN 结的能带和电子分布

在半导体中，由于邻近原子的作用，电子所处的能态扩展成能级连续分布的能带。能量低的能带称为价带，能量高的能带称为导带，半导体的能带和电子分布如图 3-4 所示。导带底的能量 E_c 和价带顶的能量 E_v 之间的能量差 $E_c - E_v = E_g$ 称为禁带宽度或带隙。电子不可能占据禁带。

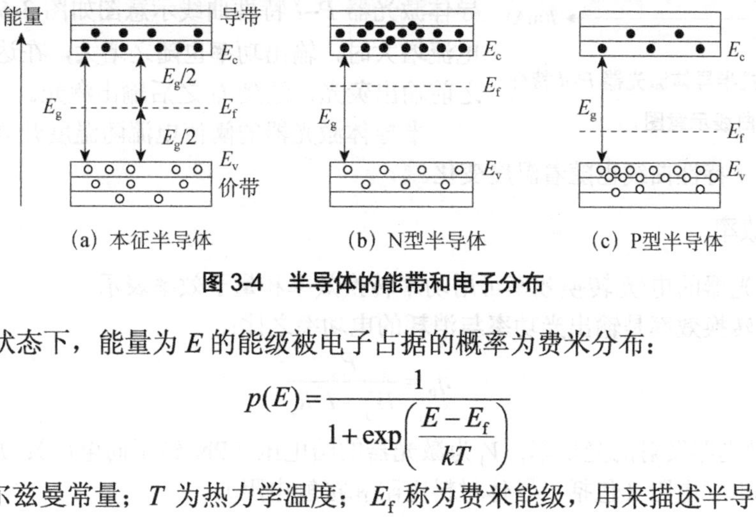

图 3-4 半导体的能带和电子分布

在热平衡状态下，能量为 E 的能级被电子占据的概率为费米分布：

$$p(E) = \frac{1}{1+\exp\left(\dfrac{E-E_f}{kT}\right)} \tag{3-6}$$

式中，k 为玻尔兹曼常量；T 为热力学温度；E_f 称为费米能级，用来描述半导体中各能级被电子占据的状态。在费米能级中，被电子占据和被空穴占据的概率相同。

2. 注入式半导体激光器的工作原理

半导体激光器按激励方式不同，可以分为注入式半导体激光器、光泵激光器和电子束激励式激光器。其中，注入式半导体激光器利用同质结或异质结将大量的过剩载流子（电子–空穴对）注入激活区以实现粒子数反转。这类激光器由于易于实现电流直接调制输出，因此是目前应用较为广泛的一种半导体激光器。下面主要介绍注入式半导体激光器的工作原理。

注入式半导体激光器结构示意图如图 3-5 所示，注入式半导体激光器的主体是一个正向偏置的 PN 结，当电流密度超过阈值时，注入载流子（电子和空穴）在 PN 结结区通过受激辐射复合，产生激光。

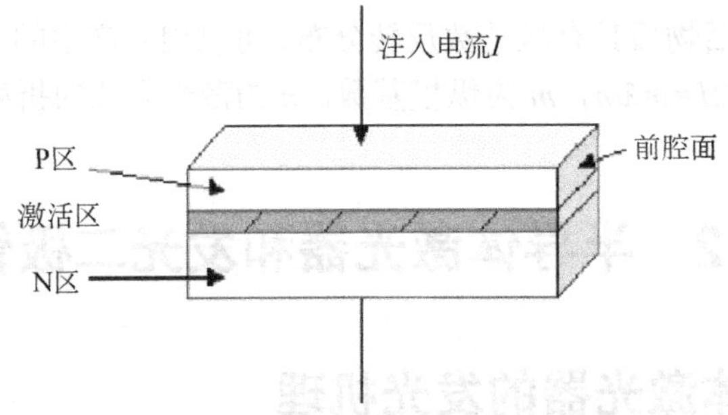

图 3-5　注入式半导体激光器结构示意图

3.2.2　半导体激光器的工作特性

1. 阈值

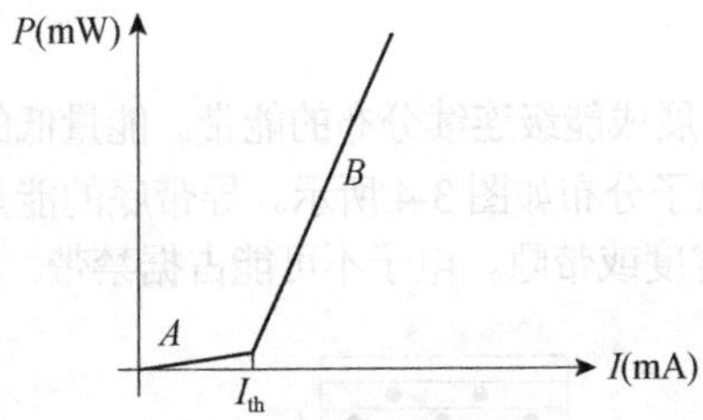

图 3-6　注入式半导体激光器 *P–I* 特性曲线示意图

所有的激光器都有阈值特性。当半导体激光器外加激励的能源功率（一般为电能）超过某一临界值时，激光物质中的粒子数反转达到一定程度，激光器才能克服光学谐振腔内的损耗而产生激光，此临界值就是它的阈值。

P–I 特性是半导体激光器最重要的特性，注入式半导体激光器 *P–I* 特性曲线示意图如图 3-6 所示。当注入电流增大时，输出功率也随之增大，在达到阈值电流 I_{th} 之前输出荧光，达到 I_{th} 之后输出激光。

半导体激光器的阈值电流随温度升高和器件老化而变大，因此 *P–I* 特性曲线也随着温度变化。

2. 转换效率

半导体激光器的电/光转换效率可用功率转换效率和量子效率表示。

（1）功率转换效率是输出光功率与消耗的电功率之比：

$$\eta_p = \frac{P_{ex}}{IV_j + I^2R_s} \tag{3-7}$$

式中，P_{ex} 是激光器发射的光功率；V_j 为激光器的结电压（PN 结正向电压）；I 是注入电流；R_s 是激光器的串联电阻（包括半导体材料电阻和接触电阻）。

（2）输出光子数与注入电子数之比为量子效率：

$$\eta_{ex} = \frac{\text{激光器每秒发射的光子数}}{\text{每秒注入激光器的电子–空穴对数}} = \frac{P_{ex}/hf}{I/e} = \frac{eP_{ex}}{hfI} \tag{3-8}$$

式中，$f=c/\lambda$，f 为发射光频率（Hz），λ 为发射光波长（μm），$c=3\times10^8$m/s，为光速；$h=6.626\times10^{-34}$J·s，为普朗克常数。

3. 激光器的温度特性

半导体激光器的阈值电流、输出光功率和发射光波长随温度而变化的特性称为温度特性。

阈值电流随温度的升高而增大。温度上升使异质结势垒的载流子限制作用下降，因此激光器的阈值电流增大。阈值电流与温度之间的关系可以表示为

$$I_{th}(T) = I_0 \exp\left(\frac{T}{T_0}\right) \tag{3-9}$$

式中，T 为器件的绝对温度；I_0 为常数；T_0 为激光器材料的特征温度，T_0 越大，器件的温度特性越好。

温度升高将导致半导体材料的禁带变窄，使激光器的输出光波长向长波长方向漂移。

温度变化对半导体激光器特性的影响将降低光纤通信系统的稳定性和可靠性。当温度变化超过某一固定范围时，系统将无法正常工作。因此，半导体激光器工作时，都会采取外部制冷措施和设置温度控制电路。

4. 发射波长和光谱特性

1）发射波长

半导体激光器的发射波长取决于导带的电子跃迁到价带时所释放的能量，计算公式为

$$\lambda = \frac{hc}{E_g} = \frac{1.24}{E_g} \tag{3-10}$$

不同的半导体材料有不同的禁带宽度，因而有不同的发射波长，镓铝砷-镓砷（GaAlAs-GaAs）材料适用于 0.85μm 波段，铟镓砷磷-铟磷（InGaAsP-InP）材料适用于 1.3～1.5μm 波段。

2）光谱特性

GaAlAs-DH 激光器的光谱特性如图 3-7 所示。在规定输出功率时，激光器受激辐射发出的若干发射模式中最大的光谱波长为峰值波长；连接 50%最大幅度值线段的中点所对应的波长是中心波长。

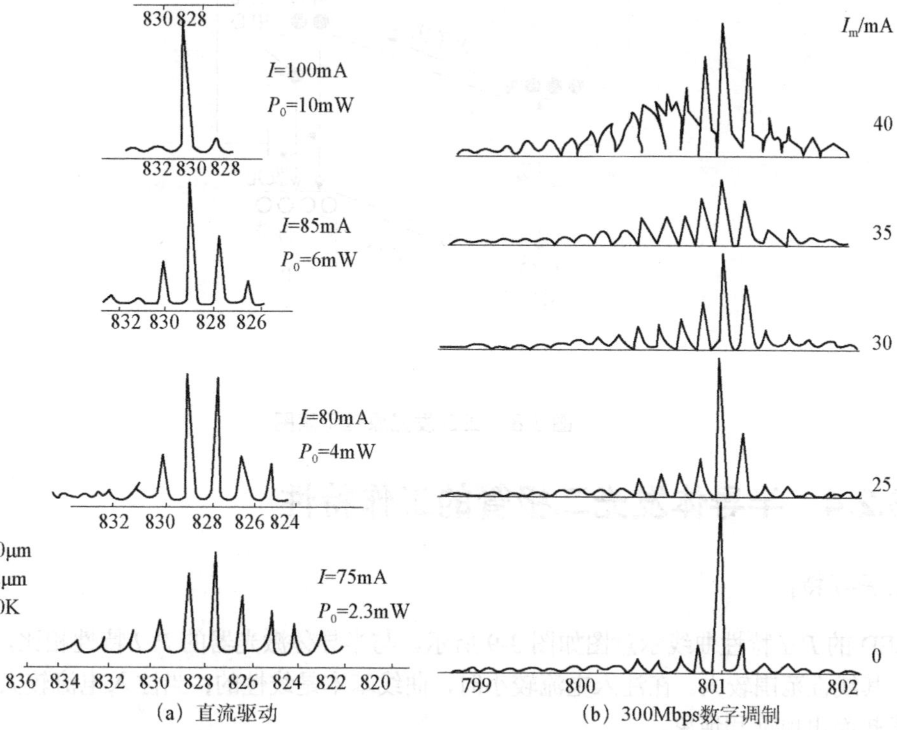

（a）直流驱动　　（b）300Mbps数字调制

图 3-7　GaAlAs-DH 激光器的光谱特性

在图 3-7（a）中，在直流驱动下，只有符合激光振荡的相位条件的发射波长存在，这些波长取决于激光器的纵向长度 L，称为激光器的纵模。驱动电流变大，纵模数变小，谱线变窄。这种变化是由于谐振腔对光波频率和方向的选择使边模消失，主模增益增加而产生的。当驱动电流足够大时，多纵模变为单纵模，这种激光器称为静态单纵模激光器。

图 3-7（b）是 300Mbps 数字调制的光谱特性，随着调制电流增大，纵模数增多，谱线变宽。

3.2.3 半导体发光二极管的发光机理

半导体发光二极管和半导体激光器类似，也有一个 PN 结，也是利用外电源向 PN 结注入电子来发光的。半导体发光二极管（Light Emitting Diode，LED）的 PN 结由 P 型半导体形成的 P 层和 N 型半导体形成的 N 层，以及中间由双异质结构成的有源层组成。有源层是发光区，其厚度为 0.1～0.2μm。

半导体发光二极管是一种把电能转化成光能的固体半导体发光器件，它利用固体半导体作为发光材料，在其两端加上正向电压，半导体中的载流子发生复合后发射光子而产生光。

LED 发光原理示意图如图 3-8 所示，当给发光二极管加上正向电压后，从 P 区注入 N 区的空穴和由 N 区注入 P 区的电子，在 PN 结附近分别与 N 区的电子和 P 区的空穴复合，产生自发辐射的荧光。不同的半导体材料中电子和空穴所处的能量状态不同。电子和空穴复合时释放的能量不同，发出的光的波长就不同，释放的能量越多，则发出的光的波长越小。常用的是发红光、绿光或黄光的二极管。

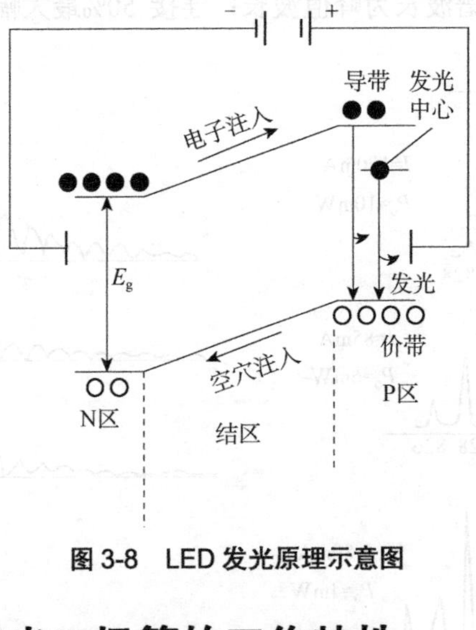

图 3-8　LED 发光原理示意图

3.2.4 半导体发光二极管的工作特性

1. P–I 特性

LED 的 P–I 特性曲线示意图如图 3-9 所示。与半导体激光器的 P–I 特性相比，LED 没有阈值，其线性范围较大。在注入电流较小时，曲线基本是线性的；当注入电流较大时，PN 结由于发热而出现饱和现象。

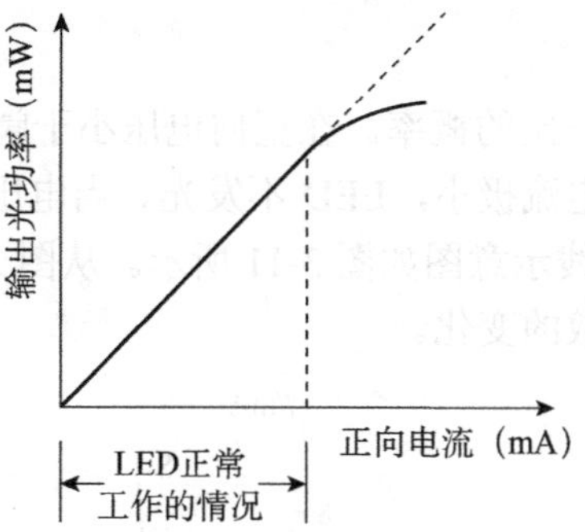

图 3-9 LED 的 P–I 特性曲线示意图

2. 转换效率

LED 的转换效率可用内部量子效率和外部量子效率表示。

（1）内部量子效率是输出光子数与注入电子数之比。光功率 P 等于每秒通过的光子数与单个光子能量 E_p 的乘积，而每秒通过的光子数等于每秒通过的受激电子数与内部量子效率的乘积，因此

$$P = \frac{N\eta_{\text{int}}E_p}{t} \tag{3-11}$$

每秒通过的电子数与电子电量 e 的乘积就是电流 I，即 $I = \frac{Ne}{t}$，故 $N = \frac{It}{e}$，因此

$$P = \frac{It}{e}\frac{\eta_{\text{int}}E_p}{t} = \frac{\eta_{\text{int}}E_p}{e}I \tag{3-12}$$

（2）外部量子效率为

$$\eta_{\text{ex}} = \frac{\text{单位时间内发射到半导体外的光子数}}{\text{单位时间内半导体内发生复合的电子-空穴对数}} \tag{3-13}$$

半导体内产生的光子通过半导体向外传播时，会被半导体吸收，并且会被半导体表面反射。考虑耦合效率，因此耦合进光纤的光功率更小。

3.光谱特性及温度依赖性

由于在 LED 中没有选择波长的谐振腔，所以它的光谱是自发辐射的光谱。LED 的光谱特性如图 3-10 所示，在室温下，短波长 GaAlAs-GaAs LED 谱线宽度为 30～50nm，长波长 InGaAsP-InP LED 谱线宽度为 60～120nm。随着温度升高，谱线宽度增大，且相应的发射峰值波长向长波长方向漂移，其漂移量为 0.3nm/℃左右。

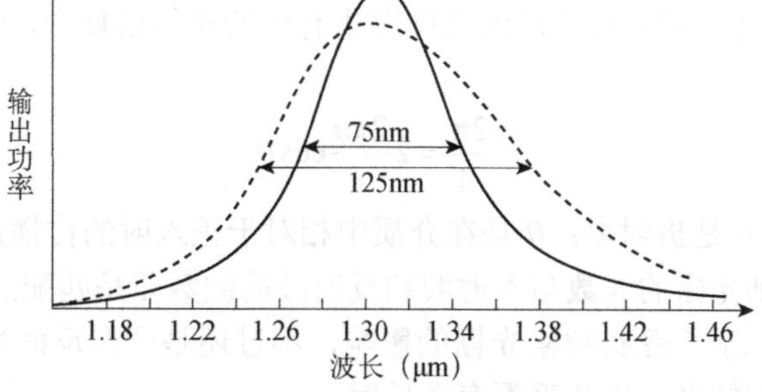

图 3-10 LED 的光谱特性

4. *U–I* 特性

耗尽层中的载流子复合有一定的概率。在正向电压小于阈值电压时，耗尽层中的载流子很少，复合概率也较低，正向电流极小，LED 不发光。当电压超过阈值后，正向电流随电压迅速增大。LED 的 *U–I* 特性曲线示意图如图 3-11 所示。从图 3-11 中可以看到 LED 的正向电压、反向电流及反向电压等参数的变化。

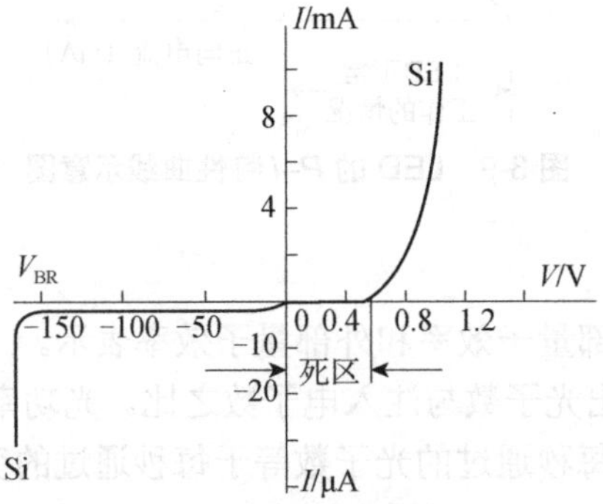

图 3-11　LED 的 *U–I* 特性曲线示意图

3.3　几种特殊结构的半导体激光器

3.3.1　分布反馈激光器

分布反馈（DFB）激光器是采用折射率周期变化的结构实现谐振腔反馈功能的半导体激光器。这种激光器不仅使半导体激光器的某些性能（如模式、温度系数等）获得改善，而且由于采用平面工艺，在集成光路中便于与其他元件耦合和集成。图 3-12 是分布反馈激光器结构示意图。

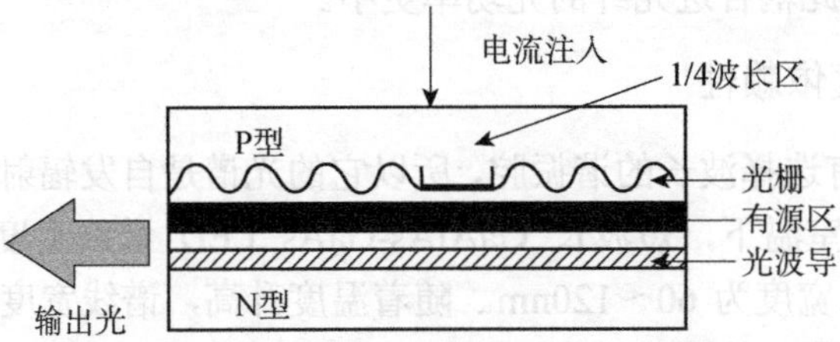

图 3-12　分布反馈激光器结构示意图

为了使 DFB 激光器正向波与反向波之间发生有效的布拉格耦合，要求光栅周期满足布拉格条件：

$$\frac{2\pi}{\Lambda}=2\frac{2\pi n}{\lambda}\cos\theta \tag{3-14}$$

式中，λ 是真空波长；n 是折射率；θ 是在介质中相对于正入射的传播角度；Λ 是光栅周期。如果满足以上条件，则光栅的波数与入射波和反射波的波数差是匹配的。

其他波长的光则几乎不受布拉格光栅的影响，不过还是会在反射光谱中产生一些旁瓣。类似地，其他入射角度的光束也几乎不存在反射。

对于波长在布拉格波长附近的光束，当光栅足够长时，即使很弱的折射率调制也能实现几乎全反射。由于反射率和折射率与波长有关，布拉格光栅可作为光纤滤波器。

分布反馈激光器有多种结构，如同质结、单异质结、双异质结、光和载流子分别限制异质结、沟道衬底平面结构、具有横向消失场分布反馈的沟道衬底平面结构、隐埋异质结、具有横向消失场分布反馈的条形隐埋异质结等。周期结构有的设计在激光器表面，有的设计在激光器内部的界面上，有的则在衬底上。周期结构设计在内部界面的激光器，一般需要二次液相外延，或采用液相外延与分子束外延结合的方法；周期结构设计在衬底或表面的激光器则只需一次外延。在有源层和限制层之间的皱折界面处，注入载流子的无辐射复合影响器件在低阈值室温条件下工作。解决这个问题的办法有：①采用光和载流子分别限制异质结，把皱折界面与有源层分开；②采用分布式布拉格反射镜结构，把光栅与有源区分开。

分布反馈激光器的优点是具有很好的波长选择性和单纵模工作。这种选择性是由布拉格效应对波长的灵敏性产生的，分布反馈激光器的阈值随着偏离布拉格波长而增大。分布反馈激光器具有上述特点，而且体积小，因而受到人们的关注。其中，InP-InGaAsP 半导体分布反馈激光器可作为长距离、大容量单模光纤通信的理想光源，因为这种激光器在高速调制下也能保持单频工作（动态单模）。

3.3.2 分布式布拉格反射激光器

分布式布拉格反射（DBR）激光器利用布拉格光栅充当反射镜，在两段布拉格光栅之间封装一段掺杂光纤，通过泵浦中间的掺杂光纤来提供增益。分布式布拉格反射激光器示意图如图 3-13 所示，在 DBR 激光器中，光栅区仅在两侧或一侧，只用来做反射器，增益区内是没有光栅的。

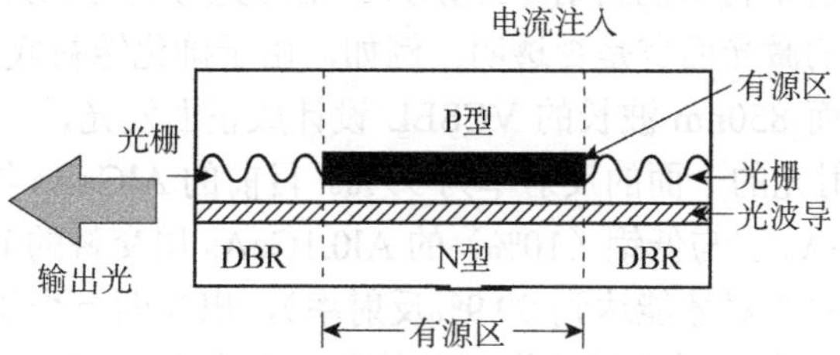

图 3-13 分布式布拉格反射激光器示意图

3.3.3 垂直腔面发射激光器

垂直腔面发射激光器（VCSEL）是很有发展前景的新型光电器件，也是光纤通信中革命性的光发射器件。VCSEL 优于边发射激光器的地方有：易于实现二维平面和光电集成；圆形光束易于实现与光纤的有效耦合；可以实现高速调制，能够应用于长距离、高速率的光纤通信系统；有源区尺寸极小，可实现高封装密度和低阈值电流；芯片生长后无须解理，封装后即可进行在片实验；在很大的温度和电流范围内都能单纵模工作；价格低。VCSEL 的优异性能已引起广泛关注，成为国际上研究的热点。最近十多年来，VCSEL 在结构、材料、波长和应用等方面都得到了飞速发展，部分产品已进入市场。

VCSEL 的外延与芯片结构示意图如图 3-14 所示，VCSEL 由 3 部分组成：顶部布拉格反射器（p-DBR）、谐振腔和底部 n-DBR。一般 DBR 由 20～40 对薄膜组成。谐振腔的厚度一般为几微米。与边发射器的增益长度相比，VCSEL 有源层的增益长度极小（几十纳米），为了能够实现激射，DBR 必须有很高的反射率（一般大于 99%）。在器件的最下方一般是以 GaAs 为材料的衬底。

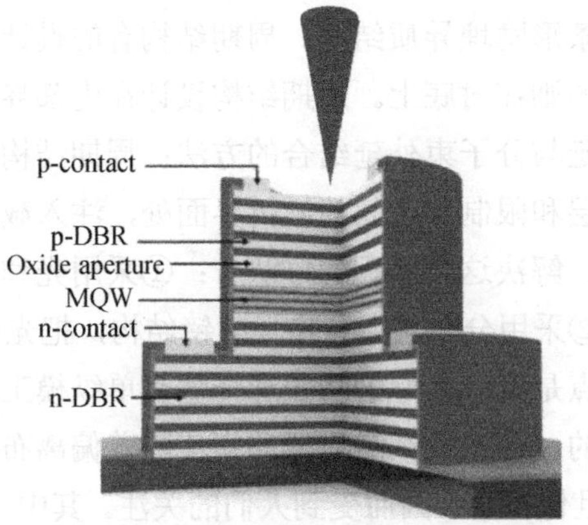

图 3-14　VCSEL 的外延与芯片结构示意图

1. VCSEL 的外延

如图 3-14 所示，以 InGaAs、AlGaAs 制成的多量子阱（MQW）作为发光层是最合适的。与 LED 用 In 来调整波长一样，3D 传感技术使用的 940nm 波长 VCSEL 的 In 组分大约是 20%，当 In 组分是零时，外延工艺比较简单，所以最成熟的 VCSEL 是 850nm 波长、普遍应用于光通信的末端主动元件。发光层上、下两边分别由 1/4 发光波长厚度的高、低折射率交替的外延层形成 p-DBR 与 n-DBR。一般要形成高反射率有两个条件，第一是高、低折射率材料对数够多，第二是高、低折射率材料的折射率差别大。出射光方向可以是顶部或衬底，这主要取决于衬底材料对所发出的激光而言是否透明。例如，由于砷化镓衬底不吸收 940nm 的光，所以设计成衬底面发光，而 850nm 波长的 VCSEL 设计成正面发光，一般不发射光的一面的反射率在 99.9%以上，发射光的一面的反射率为 99%。目前的 AlGaAs 结构 VCSEL 大部分采用高铝（90%）的 Al0.9GaAs 层与低铝（10%）的 Al0.1GaAs 层交替的 DBR，反射面需要 30 对以上 DBR（一般要 30～35 对才能达到 99.9%反射率），出光面至少要 24～25 对 DBR（99%反射率），由于后续需要氧化工艺来缩小谐振腔体积与出光面积，所以在接近发光层的 p-DBR 膜层的高铝层需要使用全铝的 AlAs 材料，这样后面的氧化工艺可以较快完成。

2. 工作原理

在 VCSEL 中，有源区既可以选用双异质结结构的体材料，又可以采用量子阱结构，无论哪一种，其总厚度应很小，使有源区与 DBR 构成短腔激光器。VCSEL 发射光谱的模式间隔为 $\Delta\lambda \approx \dfrac{\lambda^2}{2nL}$，$L$ 为激光器的谐振腔长度，n 为折射率，λ为入射波长。因为 L 很小，所以 VCSEL 可以实现很大的发射光谱模式间隔，从而非常容易实现动态单纵模工作，其发射的是非常窄的纯单纵模光。

当 VCSEL 开始工作时，低于阈值电流的驱动电流被注入有源区，由于光谱范围较宽，VCSEL 将发出多束空间相位不匹配的非相干光。当注入电流逐渐接近并达到阈值电流时，相干性极高的光束经上下 DBR 多次反射后由激光器的顶部或底部射出。

3.3.4 光纤激光器

光纤激光器是指以光纤为基质掺入某些激活离子做成工作物质，或者利用光纤本身的非线性效应制成的一类激光器，光纤激光器基本结构示意图如图 3-15 所示。在泵浦光的作用下，光纤内极易形成高功率密度，造成激光工作物质的激光能级粒子数反转，加入正反馈回路（构成谐振腔）便可形成激光振荡输出。

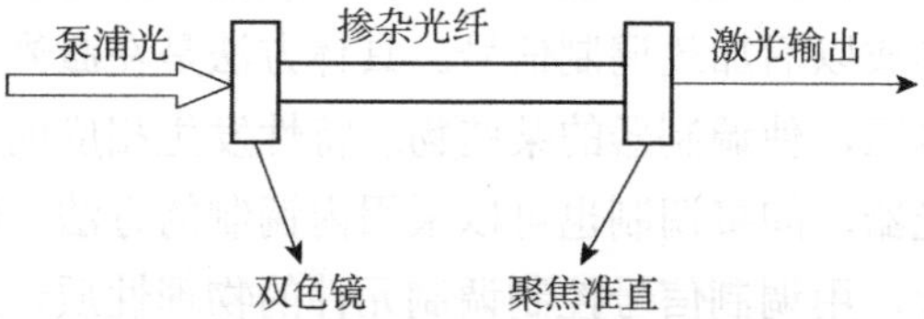

图 3-15 光纤激光器基本结构示意图

3.4 光调制

光调制是用所要传送的信息改变光源输出参数的过程。例如，用电的数字信号来控制光源的光强，使光源输出光数字脉冲信号等。

要实现光纤通信，首先要解决如何将光信号加载到光源的发射光束上，即需要进行光调制。调制后的光波经过光纤信道送至接收端，由光接收机鉴别它的变化并再现原来的信息，这个过程称为光解调。调制和解调是光纤通信系统的重要内容。

常见的光调制方式有内调制和外调制，每种又有 3 种键控方式，光调制方式见表 3-1。

表 3-1 光调制方式

光调制方式	内 调 制	外 调 制
幅度键控	半导体光源：直接调制 调频副载波（数字信号运用）	半导体光源，外腔调制 半导体光源，$LiNbO_3$（铌酸锂）调制器
频移键控	半导体相干光源：直接调制 （电控光频微变）	半导体相干光源，$LiNbO_3$ 调制器
相移键控	半导体相干光源：直接调制 （电控光相变化）	半导体相干光源，$LiNbO_3$ 调制器

（1）幅度键控（ASK）是通过改变光能强度以载送数字信息，也称光强调制。

（2）频移键控（FSK）是通过改变光波的频率以载送数字信息，也称光频调制。

（3）相移键控（PSK）是通过改变光波的相位以载送数字信息，也称光相调制。

FSK 和 PSK 必须采用相干性很好的光源，即单纵模的谱线很窄的激光光源。

根据调制与光源的关系，光调制可分为直接调制和间接调制两大类。

1. 直接调制

直接调制是在光源上直接施加调制信号，使光源在发光过程中完成光的参数调制。半导体激光器或发光二极管都可采用直接调制。半导体激光器的调制信号连同偏流必须超过它的阈值才能实现调制。

2. 间接调制

间接调制是利用晶体电光效应、磁光效应、声光效应等性质来实现对激光辐射的调制，这种调制方式既适用于半导体激光器，也适应于其他类型的激光器。间接调制最常用的是外调制的方法，即在激光形成以后加载调制信号。具体方法是在激光器谐振腔外的光路上放置调制器，在调制器上加电压，使调制器的某些物理特性发生相应的变化，激光通过它时得到调制。对某些类型的激光器，间接调制也可以采用内调制的方法，即用集成光学的方法把激光器和调制器集成在一起，用调制信号控制调制元件的物理性质，从而改变激光输出特性以实现调制。

3.5 光发送机

光发送机（Optical Transmitter）是光纤传输网中的一类设备，和光接收机（Optical Receiver）成对使用。光发送机将电信号转换成光信号，通过光纤发送，光接收机则将光信号转换成电信号。

在光纤通信系统中，光发送机的作用是把电端机送来的电信号转变成光信号，并送入光纤线路进行传输。

3.5.1 光发送机的结构

光发送机由输入接口、光源、驱动电路、监控电路、控制电路等构成，其核心是光源及驱动电路。图 3-16 是光发送机框图。

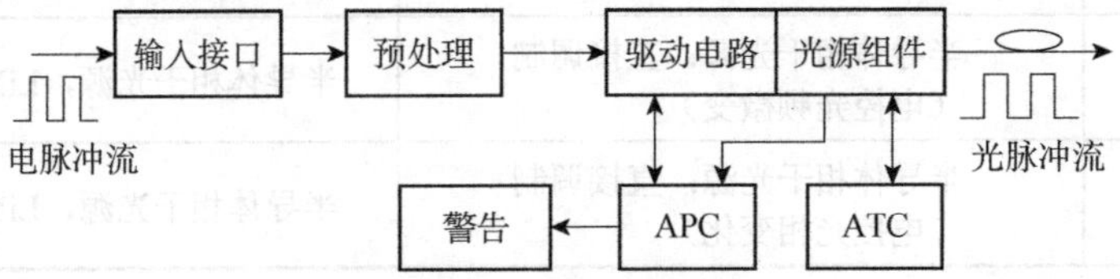

图 3-16 光发送机框图

光发送机的作用就是把数字化的信息码流（如 PCM 语音信号）转换成光信号脉冲码流并送入光纤中进行传输。

（1）输入接口：其作用是进行电平转换。

（2）预处理：对数字电信号的脉冲波进行处理。

（3）驱动电路与光源组件：实际上就是光源及其调制电路。其作用是把电信号变成光脉冲信号发送到光纤中。该部分是光发送机的核心，许多重要技术指标由该部分决定。

（4）自动发光功率控制（APC）：为了使光发送机能输出稳定的光功率信号，可采用相应的负反馈措施来控制光源器件的发光功率。

3.5.2 光发送机的主要技术指标

作为光纤通信系统的重要组成部分，光发送机有许多技术指标，最主要的是如下几项。

1. 平均发光功率

平均发光功率是光发送机最重要的技术指标，它是指在规定伪随机码序列的调制下，光发送机输出的光功率值，单位为 dBm。

一般情况下，光发送机的平均发光功率越大越好。因为其值越大，进入光纤进行传输的光功率越大，从衰耗的角度出发，系统的传输距离可能越长。但其值也不能过大，否则会降低光源器件的寿命，一般不超过 5dBm。

2. 谱宽

谱宽是光源器件的重要光谱特性参数，主要用它来度量光源器件所发送光脉冲的能量集中程度，其单位为 nm。

光源器件的谱线越窄越好，因为谱线越窄，由它引起的光纤色散就越小，就越利于进行大容量传输。

3. 光源器件的寿命

光源器件的寿命越长越好。就目前的水平而言，至少应在 30 万小时以上。

对 LED 而言，当发光功率降低到其初始值的一半时，便认为光源器件的寿命终结；对 LD 而言，当阈值电流增加到其初始值的两倍时，便认为光源器件的寿命终结。

3.6 光检测器

光信号经过光纤传输到达接收端后，首先要转变成电信号，然后由电子线路进行放大，最后还原成原来的信号。其中的接收转换元件称为光检测器或者光电探测器。

3.6.1 光纤通信对光检测器的要求

（1）灵敏度高。灵敏度高表示光检测器把光功率转变为电流的效率高。在实际的光接收机中，光纤传来的信号极其微弱，有时只有 1nW 左右。为了得到较大的信号电流，人们希望灵敏度尽可能高。

（2）响应速度快。射入光信号后，马上就有电信号输出；光信号一停，电信号也停止输出，没有延迟。这样才能重现入射信号。实际上电信号完全不延迟是不可能的，但是延迟应该被限制在一个范围内。随着光纤通信系统传输速率的不断提高，对光检测器响应速度的要求越来越高，对其制造技术也提出了更高的要求。

（3）噪声小。为了改善光纤传输系统的性能，要求系统各个组成部分的噪声足够小。其中，对于光检测器要求特别严格，因为它是在极其微弱的信号条件下工作的，又处于光接收机的最前端，如果在光电变换过程中引入的噪声过大，则会使信号噪声比降低，影响信号重现。

（4）稳定可靠。要求光检测器的主要性能尽可能不受或者少受外界温度变化和环境变化的影响，以提高系统的稳定性和可靠性。

3.6.2 PIN 光电二极管的工作机理

PIN 光电二极管也称 PIN 结二极管、PIN 二极管，是吸收光辐射而产生光电流的一种光检测器，具有结电容小、渡越时间短、灵敏度高等优点。

图 3-17 是 PIN 光电二极管的结构和它在反向偏压下的电场分布。在高掺杂 P 型和 N 型半导体之间有一层本征半导体材料或低掺杂半导体材料，称为 I 层。在半导体 PN 结中，掺杂浓度和耗尽层宽度有如下关系：$L_P/L_N=D_N/D_P$。其中，D_P 和 D_N 分别为 P 区和 N 区的掺杂浓度；L_P 和 L_N 分别为 P 区和 N 区的耗尽层宽度。在 PIN 结中，对于 P 层和 I 层（低掺杂 N 型半导体）形成的 PN 结，由于 I 层近于本征半导体，有 $D_N \ll D_P$，$L_P \ll L_N$，即在 I 层中形成很宽的耗尽层。由于 I 层有较高的电阻，因此电压基本上降落在该区，使耗尽层宽度 W 增大，并且可以通过控制 I 层的宽度来改变它。对于高掺杂的 N 型薄层，产生于其中的光生载流子将很快被复合，因此这一层仅是为了减小接触电阻而加的附加层。

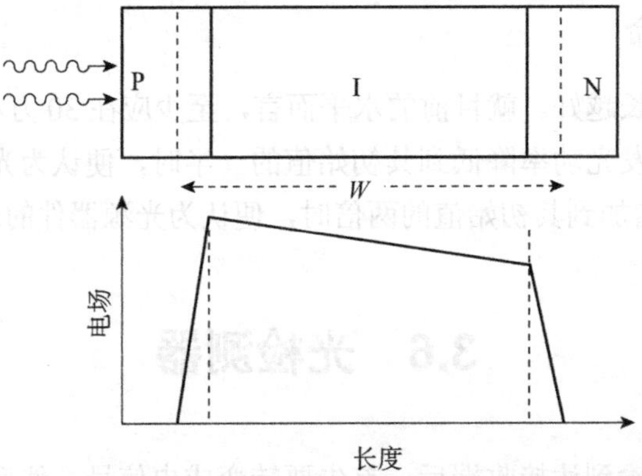

图 3-17　PIN 光电二极管的结构和它在反向偏压下的电场分布

要使入射光有效地转换成光电流，首先必须使入射光能在耗尽层内被吸收，这要求耗尽层宽度 W 足够大。但是随着 W 的增大，在耗尽层的载流子渡越时间 τ_{cr} 也会增大，τ_{cr} 与 W 的关系为 $\tau_{cr}=W/v$。其中，v 为载流子的平均漂移速度。由于 τ_{cr} 增大，PIN 的响应速度将会下降。因此，耗尽层宽度 W 须在响应速度和量子效率之间进行优化。

如采用类似于半导体激光器中的双异质结结构，则 PIN 的性能可以大为改善。在这种设计中，P 区、N 区和 I 区的带隙能量的选择，使得光吸收只发生在 I 区，完全消除了扩散电流的影响。在光纤通信系统的应用中，常采用 InGaAs 材料制成 I 区和 InP 材料制成 P 区及 N 区的 PIN 光电二极管，InGaAs PIN 光电二极管的结构如图 3-18 所示。InP 材料的带隙为 1.35eV，大于 InGaAs 的带隙，对于波长在 1.3～1.6μm 范围内的光是透明的，而 InGaAs 的 I 区对波长为 1.3～1.6μm 的光表现为较强的吸收，几微米的宽度就可以获得较高响应度。在器件的受光面一般要镀增透膜，以减弱光在端面上的反射。InGaAs 光检测器一般用于 1.3μm 和 1.55μm 的光纤通信系统中。

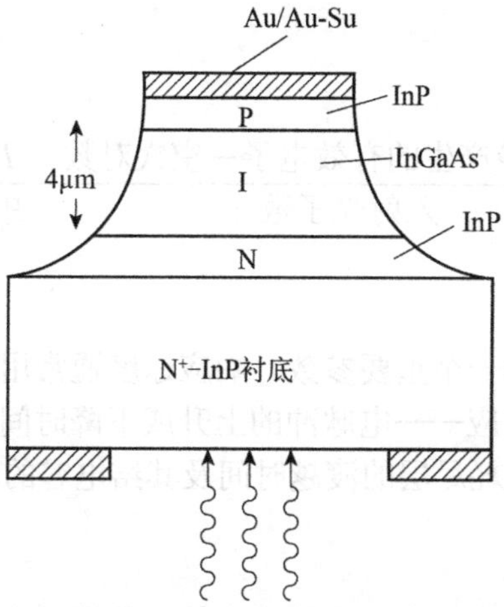

图 3-18　InGaAs PIN 光电二极管的结构

3.6.3　PIN 光电二极管的特性

1. 截止波长 λ_c

从光电二极管的工作原理可以知道，只有光子能量 hf 大于半导体材料的禁带宽度 E_g 才能产生光电效应，即 $hf > E_g$。

$$\lambda_c = \frac{1.24}{E_g} \tag{3-15}$$

对于不同的半导体材料，均存在相应的下限频率 f_c 或上限波长 λ_c，λ_c 也称光电二极管的截止波长。只有入射光的波长小于 λ_c 时，光电二极管才能产生光电效应。Si-PIN 的截止波长为 1.06μm，故可用于 0.85μm 的短波长光检测；Ge-PIN 和 InGaAs-PIN 的截止波长为 1.7μm，所以它们可用于 1.3μm、1.55μm 的长波长光检测。

当入射光波长远远小于截止波长时，光电转换效率会大大下降。因此，PIN 光电二极管可对一定波长范围内的入射光进行光电转换，这一波长范围就是 PIN 光电二极管的波长响应范围。

2. 响应度 R

响应度的定义为

$$R = \frac{I_P}{P_{in}} \tag{3-16}$$

式中，P_{in} 为入射到光电二极管上的光功率；I_P 为在该入射功率下光电二极管产生的光电流；R 的单位为 A/W。

当不同波长的入射光照到光电二极管上时，光电二极管就有不同的灵敏度。光谱响应度表示光电二极管对单色入射光辐射的响应能力，表达式如下：

$$R_V(\lambda)=\frac{V(\lambda)}{P(\lambda)}\text{或者}R_i(\lambda)=\frac{I(\lambda)}{P(\lambda)} \tag{3-17}$$

式中，$P(\lambda)$为入射光功率；$V(\lambda)$为光电二极管在入射光功率 $P(\lambda)$作用下的输出信号电压；$I(\lambda)$为输出信号电流。

3. 量子效率η

量子效率的定义为

$$\eta=\frac{\text{光电转换产生的有效电子}-\text{空穴对数}}{\text{入射光子数}}=\frac{I_P/q}{P_{in}/hf}=R\left(\frac{hf}{q}\right) \tag{3-18}$$

4. 响应速度

响应速度是光电二极管的一个重要参数。响应速度通常用响应时间来表示。响应时间为光电二极管对矩形光脉冲的响应——电脉冲的上升或下降时间。响应速度主要受光生载流子的扩散时间、光生载流子通过耗尽层的渡越时间及其结电容的影响。

5. 线性饱和

光电二极管的线性饱和是指它有一定的功率检测范围，当入射功率太大时，光电流和光功率将不成正比，从而产生非线性失真。PIN 光电二极管有非常宽的线性工作区，当入射光功率低于 mW 量级时，器件不会发生饱和。

6. 暗电流

无光照时，PIN 光电二极管作为一种 PN 结器件，在反向偏压下也有反向电流流过，这一电流称为 PIN 光电二极管的暗电流。它主要由 PN 结内热效应产生的电子–空穴对形成。当偏置电压增大时，暗电流增大。当反向偏压增大到一定值时，暗电流激增，发生反向击穿（即非破坏性的雪崩击穿，如果此时不能尽快散热，就会变为破坏性的齐纳击穿）。发生反向击穿的电压称为反向击穿电压。Si-PIN 光电二极管的典型反向击穿电压为 100 多伏。PIN 光电二极管工作时的反向偏压都远小于击穿电压，一般为 10～30V。

3.6.4 雪崩光电二极管的工作机理

雪崩光电二极管（APD）是以硅或锗为材料制成的光电二极管，在 PN 结上加上反向偏压后，射入的光被 PN 结吸收后会形成光电流，加大反向偏压，从而产生“雪崩”（即光电流成倍地激增）现象，这种二极管因此被称为“雪崩光电二极管”。

雪崩光电二极管是基于碰撞电离效应而具有内部增益的光检测器，它可以用来检测微弱光信号并获得较大的输出光电流。

图 3-19 为 APD 的结构及电场分布。外侧与电极接触的 P 区和 N 区都进行了重掺杂，分别以 P^+和 N^+表示；在 I 区和 N^+区中间是较窄的另一层 P 区。APD 工作在较大的反向偏压下，当反向偏压增大到某一值后，耗尽层从 N^+-P 区一直扩展（或称拉通）到 P^+区，包括中间的 P 区和 I 区。图 3-19 中的结构为拉通型 APD 的结构，从图中可以看到，电场在 I 区分布较弱，而在 N^+-P 区分布较强，碰撞电离区即雪崩区就在 N^+-P 区。尽管 I 区的电场强度比 N^+-P 区低得多，但也足够高（可达 2×10^4V/cm），可以保证载流子达到饱和漂移速度。当入射光照

射时，由于雪崩区较窄，不能充分吸收光子，相当多的光子进入了I区。I区很宽，可以充分吸收光子，提高光电转换效率。我们把I区吸收光子产生的电子-空穴对称为初级电子-空穴对。在电场的作用下，初级光生电子从I区向雪崩区漂移，并在雪崩区产生雪崩倍增；而所有的初级空穴则直接被P层吸收。在雪崩区通过碰撞电离产生的电子-空穴对称为二次电子-空穴对。可见，I区仍然作为吸收光信号的区域并产生初级电子-空穴对。此外，它还具有分离初级电子和空穴的作用，初级电子在N^+-P区通过碰撞电离形成更多的电子-空穴对，从而实现对初级光电流的放大作用。

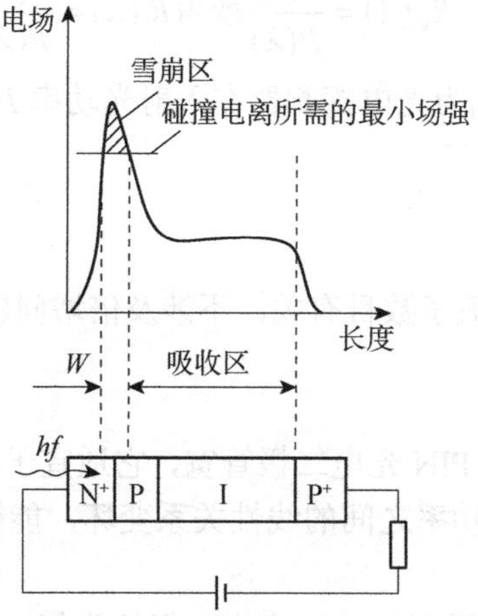

图3-19 APD的结构及电场分布

3.6.5 雪崩光电二极管的特性

碰撞电离产生的雪崩倍增过程本质上是统计性的、随机的，与PIN光电二极管相比，APD的特性较为复杂。

1. 雪崩倍增因子M

APD雪崩倍增因子M的定义为

$$M = \frac{I_P}{I_{P0}} \tag{3-19}$$

式中，I_P是APD的平均输出电流；I_{P0}是平均初级光生电流。从定义可见，雪崩倍增因子是APD的电流增益系数。由于雪崩倍增过程是一个随机过程，因而雪崩倍增因子是在一个平均值上随机起伏的量，雪崩倍增因子M的定义应理解为统计平均倍增因子。M随反向偏压的增大而增大。

2. 噪声

APD的噪声包括量子噪声、暗电流噪声、漏电流噪声、热噪声和附加的倍增噪声。倍增噪声是APD中的主要噪声。

倍增噪声的产生主要与两个过程有关，即光子被吸收产生初级电子-空穴对的随机性，以及在增益区产生二次电子-空穴对的随机性。这两个过程都是不能准确测定的，因此APD倍增因子只能是一个统计平均的概念，表示为一个复杂的随机函数。

3. 响应度

由于 APD 具有电流增益，所以 APD 的响应度比 PIN 光电二极管的响应度提高很多，有

$$R_0 = \langle M \rangle \frac{I_P}{P} = \langle M \rangle \frac{\eta q}{hf} \tag{3-20}$$

光谱响应度表示光电探测器对单色光辐射的响应能力，定义为在波长为 λ 的单位入射光辐射功率下，光电探测器输出的信号电压或信号电流。表达式如下：

$$R_V(\lambda) = \frac{V(\lambda)}{P(\lambda)} \text{或者} R_i(\lambda) = \frac{I(\lambda)}{P(\lambda)} \tag{3-21}$$

式中，$P(\lambda)$为入射光功率；$V(\lambda)$为光电探测器在入射光功率 $P(\lambda)$作用下的输出信号电压；$I(\lambda)$为输出信号电流。

4. 量子效率

量子效率只与初级光生载流子数目有关，不涉及倍增问题，故量子效率值总是小于 1。

5. 线性饱和

APD 的线性工作范围没有 PIN 光电二极管宽，它适宜于检测微弱光信号。当光功率达到几微瓦时，输出电流和入射光功率之间的线性关系变坏，能够达到的最大倍增增益也降低，即产生饱和现象。

APD 的这种非线性转换的原因与 PIN 光电二极管类似，主要是器件上的偏压不能保持恒定。由于偏压降低，使得雪崩区变窄，倍增因子随之下降，这种影响比 PIN 光电二极管的情况更明显。它使数字信号脉冲幅度产生压缩，或使模拟信号产生波形畸变，应设法避免。

在低偏压下，APD 没有倍增效应。当偏压升高时，产生倍增效应，输出信号电流增大。当反向偏压达到某一电压时，电流倍增最大，此时称 APD 被击穿，将该电压称为击穿电压。如果反向偏压进一步提高，则雪崩击穿电流使器件对光生载流子变得越来越不敏感。因此，APD 的偏置电压接近击穿电压，一般在数十伏到数百伏。需注意的是击穿电压并不是 APD 的破坏电压，撤去该电压后 APD 仍能正常工作。

6. 暗电流

APD 的暗电流有初级暗电流和倍增后的暗电流，它随倍增因子的增大而增大；此外还有漏电流，漏电流没有经过倍增。

7. 响应速度

APD 的响应速度主要取决于载流子完成倍增过程所需要的时间、载流子越过耗尽层所需的渡越时间，以及二极管结电容和负载电阻的 RC 时间常数等因素。而渡越时间的影响相对较大，其余因素可通过改进结构设计使影响减至很小。

3.7 光接收机

光接收机和光发送机的作用正好相反，是从光纤中接收光信号，转化成电信号，再发送

给相应的设备。

3.7.1 光接收机的结构

光接收机的作用是探测经过传输的微弱光信号，并放大、再生成原发射的光信号。对强度调制的数字光信号，在接收端采用直接检测（DD）方式时，光接收机的结构如图 3-20 所示。

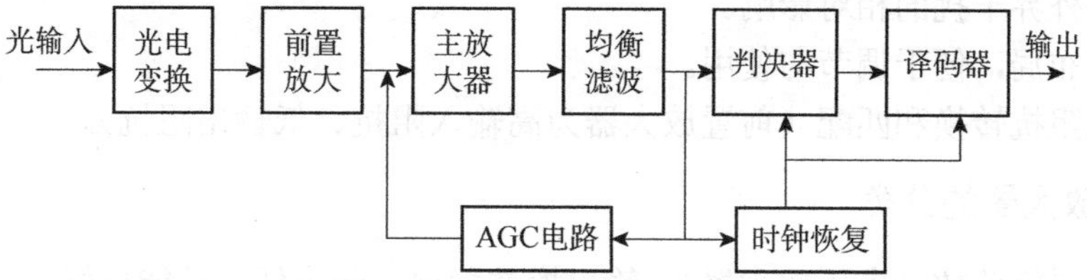

图 3-20 光接收机的结构

光接收机的组成部分主要有以下几个。

1. 光电探测器

它的主要作用是利用光电效应把光信号转变为电信号。在光通信系统中，对光电探测器的要求是灵敏度高、响应快、噪声小、成本低和可靠性高。光电探测过程的基本原理是光吸收。在光通信系统中常用的光电探测器是 PIN 光电二极管和雪崩光电二极管。相同性能的 PIN 光电二极管与雪崩光电二极管相比，前者价格低廉，而且噪声小。

2. 光学接收系统

在接收端，接收天线的作用是将空间传播的光场收集并汇聚到探测器表面。

3. 信号处理系统

空间光通信系统中，光接收机接收的信号是十分微弱的，加上高背景噪声场的干扰，会导致接收端信噪比小于 1，所以对信号的处理是十分必要的。通常采取的措施有以下几种。

（1）在光学信道上，采用光窄带滤波器对所接收的光信号进行处理，以抑制背景杂散光的干扰。滤波器的基本类型有吸收滤光器、干涉滤光器、双折射滤光器和新型的原子共振滤光器等。

（2）在电信道上，采用前置放大器将光电探测器产生的微弱的光生电流信号转化为电压信号，再通过主放大器对信号进一步放大，然后采用均衡和滤波等方法对信号进行整形和处理，最后通过时钟提取、判决电路及解码电路，恢复发送端的信息。

3.7.2 前置放大器

前置放大器是置于信源与主放大器之间的电路或电子设备，是专为接收来自信源的微弱电压信号而设计的。

前置放大器在放大有用信号的同时也将噪声放大，低噪声前置放大器就是使电路的噪声系数达到最小值的前置放大器。对于微弱信号检测仪器或设备，前置放大器是引入噪声的主要部件之一。整个检测系统的噪声系数主要取决于前置放大器的噪声系数。仪器可检测的最小信号也主要取决于前置放大器的噪声。前置放大器一般直接与检测信号的传感器相连，只有在前置放大器的最佳源电阻等于信号源输出电阻的情况下，才能使电路的噪声系数最小。

1. 前置放大器的作用

（1）提高系统的信噪比（前置放大器紧靠探测器，传输线路短，分布电容减小，可提高信噪比）。

（2）减少外界干扰的相对影响。

（3）合理布局，便于调节与使用。

（4）实现阻抗转换和匹配（前置放大器为高输入阻抗、低输出阻抗）。

2. 前置放大器的分类

（1）电压灵敏前放（电压放大器）：输出增益稳定，噪声低，性能良好。

（2）电流灵敏前放（电流前置放大器、并联反馈电流放大器）：响应快，可获得时间信息。可远距离传输。

3.7.3 光接收机的主要性能指标

光接收机的主要性能指标是误码率（BER）、灵敏度及动态范围。

1. 误码率

误码是指在一定的时间间隔内，发生差错的脉冲数和在这个时间间隔内传输的总脉冲数之比。例如，误码率为 10^{-9} 表示平均每发送 10 亿个脉冲有 1 个误码出现。光纤通信系统的误码率较低，典型误码率范围是 10^{-12}～10^{-9}。

光接收机的误码来自系统的各种噪声和干扰。这种噪声经接收机转换为电流噪声叠加在接收机前端的信号上，使得接收机不是对任何微弱的信号都能正确接收。

2. 灵敏度

光接收机灵敏度的定义为满足给定的误码率指标的条件下，最低接收的平均光功率 $P_{\min}$，在工程上常用绝对功率值（dBm）来表示。光接收机的灵敏度主要由光接收机的噪声决定。噪声主要包括检测器和放大器的噪声，有以下几种类型。

（1）散粒噪声：当光进入光电二极管时，光子的产生和结合具有统计特性，使得实际电子数围绕平均值起伏，这种噪声称为散粒噪声。

（2）热噪声：起源于电阻内电子的热运动，即使没有外加电压，由于电子热运动的随机性，电子的瞬间数目也围绕它的平均值起伏。

（3）暗电流噪声：光电二极管在反向偏压条件下，即使处于没有光照的环境中，电路中也会有反向直流电流，称为暗电流。对接收机来说，暗电流决定了其可探测的信号功率水平的噪声基底。暗电流的典型值为几纳安。如果暗电流达到 100nA，可能会引起严重的问题。

3. 动态范围

在长期的使用过程中，接收机的光功率可能会有所变化，因此要求接收机有一个动态范围。低于这个动态范围的下限（即灵敏度），将产生过大的误码率；高于这个动态范围的上限

（又称接收机的过载功率），在判决时也将造成过大的误码率。显然，一台质量好的接收机应有较宽的动态范围。在保证系统误码率指标要求的情况下，接收机的最小输出光功率（用 dBm 来描述）和最大允许输入光功率（用 dBm 来描述）之差（dB）就是其动态范围。

在接收机的研究中，核心问题是如何降低输入端的噪声、提高接收灵敏度。灵敏度主要取决于检测器的响应度，以及检测器和放大器引入的噪声。

复习与思考

3-1 能级跃迁过程有哪些？

3-2 什么是粒子数反转？什么情况下能实现光放大？

3-3 比较半导体激光器和发光二极管的异同。半导体激光器有哪些特性？发光二极管有哪些特性？

3-4 什么是激光器的阈值电流？激光器的阈值电流与激光器的使用温度、使用时间有什么关系？

3-5 什么是直接调制？

3-6 什么是间接调制？最常用的方法是什么？

3-7 简述光发送机的概念、作用及构成。

3-8 光发送机的主要技术指标有哪些？

3-9 光纤通信对光检测器有哪些要求？

3-10 光电二极管的 PN 结中间掺入一层浓度很低的 N 型半导体有什么作用？

3-11 光接收机的作用及主要构成是什么？

3-12 光接收机的主要性能指标是什么？

3-13 一个半导体激光器平均每秒注入 4 个电子–空穴对，发射 1 个光子。

（1）计算该器件的量子效率；

（2）当禁带宽度为 0.8eV 时，计算发射波长。

3-14 一个 GaAs PIN 光电二极管平均每 3 个入射光子产生 1 个电子–空穴对，假设所有电子都被收集。

（1）计算该器件的量子效率；

（2）在 0.8μm 波段的接收功率是 10^{-7}W，计算平均输出光电流；

（3）计算截止波长λ_c。（$E_g = 1.424$ eV）

3-15 设 PIN 光电二极管的量子效率为 80%，计算 1.3μm 和 1.55μm 波长下的响应度，说明为什么在 1.55μm 处光电二极管比较灵敏。

第 4 章　光纤放大器与光纤激光器

教 学 导 航

知识目标

理解光纤放大器和光纤激光器的工作原理和特性。

能力目标

通过学习光纤放大器和光纤激光器的工作原理和特性，具备应用光纤放大器和光纤激光器的能力。

学习重点

1. 光纤放大器和光纤激光器的工作原理、特性和应用。
2. 掺铒光纤放大器的设计及测试。

学习难点

本章学习难点在于光纤放大器和光纤激光器的工作原理和特性。

4.1　光纤放大器

光信号沿光纤传播时会产生衰减，传输距离受衰减的制约。因此，为了使信号传得更远，我们必须增强光信号。传统的增强光信号的方法是使用再生器。但是，这种方法存在许多缺点：首先，再生器只能工作在确定的信号比特率和信号格式下，不同的比特率和信号格式需要不同的再生器；其次，每个信道需要一个再生器，网络的成本很高。随着光纤通信技术的发展，现在已经有一种不采用再生器也可以增强光信号的方法，即光放大技术。

光纤放大器是光纤通信系统中对光信号进行放大，提高光信号强度的器件。光纤放大器的原理基于激光的受激辐射，通过将泵浦光的能量转变为信号光的能量来实现放大作用。光纤放大器自 20 世纪 90 年代商业化以来，已经深刻改变了光纤通信工业。

光纤放大器是用来提高光信号强度的器件，如图 4-1 所示。

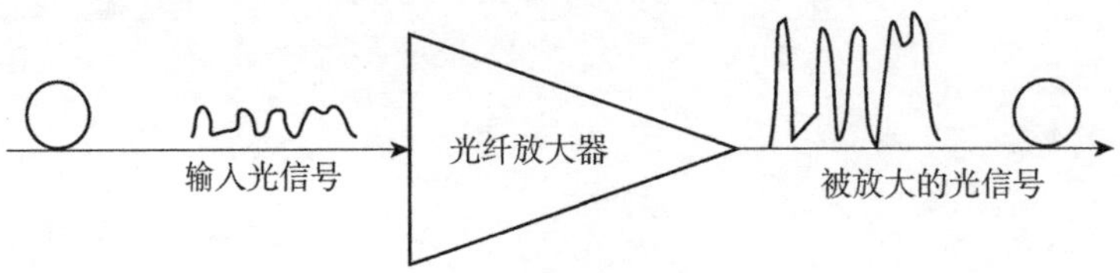

图 4-1　光纤放大器

光纤放大器工作时不需要将光信号转换为电信号，然后转回光信号。这个特性使得光纤放大器相对于再生器而言有两大优势。第一，光纤放大器支持任何比特率和信号格式，因为光纤放大器简单地放大所收到的信号，这种属性通常被描述为光纤放大器对任何比特率及信号格式都是透明的。第二，光纤放大器不仅支持单个信号放大，而且支持一定波长范围内的光信号放大。例如，我们后面将要讨论的掺铒光纤放大器（EDFA）能够放大 1530～1610nm 波长范围内的光信号。而且，只有光纤放大器能够支持多种比特率、各种调制格式和不同波长的时分复用和波分复用网络。实际上，正是光纤放大器特别是 EDFA 的出现，才使波分复用技术得到了迅速发展并成为大容量光纤通信系统的主力。EDFA 是现在应用最广泛的光纤放大器之一，它的出现极大地推动了波分复用技术的发展。

4.1.1 增益和增益带宽

1. 增益

增益 G 是描述光纤放大器对信号放大能力的参数，定义为输出光功率与输入光功率之比。

$$G=\frac{P_{out}}{P_{in}} \tag{4-1}$$

式中，P_{out} 和 P_{in} 分别是输出光功率和输入光功率，单位为瓦特（W）。通常，我们以分贝（dB）为单位来表示增益，也就是

$$G(dB)=10\lg\frac{P_{out}}{P_{in}} \tag{4-2}$$

影响增益的因素有泵浦光功率、输入光功率、掺杂光纤的长度和掺杂浓度等。

2. 增益带宽

增益带宽是指光纤放大器有效的频率（或波长）范围，通常指增益从最大值下降 3dB 时对应的波长范围。增益带宽的单位是纳米（nm）。

对于 WDM 系统，所有光波长通道都要得到放大。因此，光纤放大器必须具有足够大的增益带宽。

4.1.2 增益饱和

光纤放大器对输入光功率范围有一定的要求，当输入光功率大于某一阈值时，就会出现增益饱和现象。增益饱和是指输出功率不再随输入功率增加而增加或增量很小。根据 ITU-T 的建议，将增益比正常情况低 3dB 时的输出光功率称为饱和输出功率，其单位通常采用 dBm。dBm 是光纤通信中最常用的表示绝对功率电平的单位。

4.1.3 噪声指数

光纤放大器噪声指数（NF）的定义为光纤放大器输入、输出端口信噪比（SNR）的比值：

$$NF=\frac{SNR_{in}}{SNR_{out}} \tag{4-3}$$

4.2 掺铒光纤放大器

掺稀土离子光纤放大器利用稀土金属离子作为工作物质，利用离子的受激辐射进行光信号放大，用在光纤放大器中的稀土金属离子通常有铒（Er）、钕（Nd）、镨（Pr）、铥（Tm）等。掺稀土离子光纤放大器中比较成熟的是掺铒光纤放大器（EDFA）。

4.2.1 掺铒光纤放大器的构成

EDFA 主要由 5 个部分组成：掺铒光纤（EDF）、光纤耦合器（WDM）、光隔离器（ISO）、光滤波器、泵浦源。掺铒光纤是一种掺杂了少量稀土元素铒的光纤。在输入端和输出端各有一个隔离器，目的是使光信号单向传输。泵浦源波长为 980nm 或 1480nm，用于提供能量。光纤耦合器的作用是把输入光信号和泵浦光耦合进掺铒光纤中，通过掺铒光纤的作用把泵浦光的能量转移到输入光信号中，实现输入光信号的能量放大。实际使用的掺铒光纤放大器为了获得较大的输出光功率，同时又具有较低的噪声指数等其他参数，采用两个或多个泵浦源的结构，中间加上隔离器进行相互隔离。为了获得较宽较平坦的增益曲线，还加入了增益平坦滤波器。

图 4-2 是一种典型的双泵浦源的掺铒光纤放大器的光学结构图。

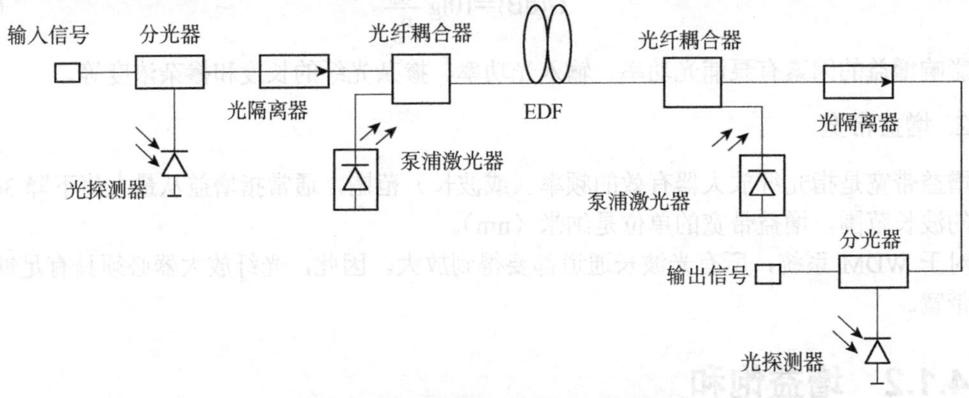

图 4-2 掺铒光纤放大器的光学结构图

如图 4-2 所示，信号光和泵浦激光器发出的泵浦光经过耦合器后进入掺铒光纤，其中两个泵浦激光器构成两级泵浦，掺铒光纤在泵浦光的激励下可以产生放大作用，从而实现放大光信号的功能。

980nm 的泵浦源噪声系数较低；1480nm 的泵浦源泵浦效率更高，可以获得较大的输出功率（比 980nm 的泵浦源高 3dB 左右）。

4.2.2 掺铒光纤放大器的工作原理及特性

1. 工作原理

掺铒光纤是光纤放大器的核心，它是一种内部掺有一定浓度 Er^{3+}的光纤，为了阐明其放大原理，首先从铒离子的能级图讲起。铒离子的外层电子具有三能级结构，其中 E_1 是基态能级，E_2 是亚稳态能级，E_3 是激发态能级，铒离子能级图如图 4-3 所示。

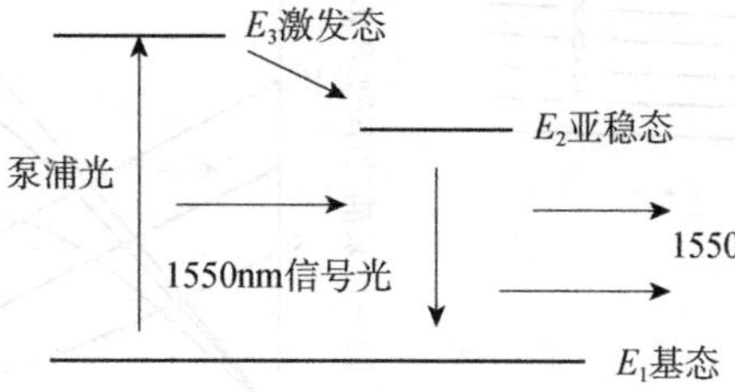

图 4-3　铒离子能级图

当用高能量的泵浦激光来激励掺铒光纤时，可以将大量铒离子的束缚电子从基态能级激发到激发态能级 E_3。然而，激发态能级是不稳定的，因而铒离子很快会经历无辐射跃迁（即不释放光子）落入亚稳态能级 E_2。而 E_2 能级是一个亚稳态的能级，在该能级上，粒子的存活寿命较长（大约 10ms）。受到泵浦光激励的粒子，以非辐射跃迁的形式不断地向该能级汇集，从而实现粒子数反转，即亚稳态能级 E_2 上的粒子数比基态 E_1 上的多。当具有 1550nm 波长的光信号通过这段掺铒光纤时，亚稳态的粒子受信号光子的激发以受激辐射的形式跃迁到基态，并产生与入射信号光子完全相同的光子，从而大大增加信号光中的光子数量，即实现了信号光在掺铒光纤传输过程中不断被放大的功能。

在 EDF 中，绝大多数受激铒离子因受激辐射而被迫回到基态 E_1，但它们中有一部分是自发回落到基态的。当这些受激离子衰变时，它们也自发地辐射光子。自发辐射的光子与信号光子的频率（波长）在相同范围内，但它们的辐射是随机的。那些与信号光子同方向的自发辐射光子也在 EDF 中被放大。这些自发辐射并被放大的光子形成放大的自发辐射（ASE）。由于它们的辐射是随机的，对信号没有贡献，反而产生了在信号光谱范围内的噪声。

2. 特性

增益、带宽、输出功率和噪声系数是评价放大器优劣的 4 个基本参数，下面讨论 EDFA 的特性。

1）增益特性

（1）小信号增益特性。输入光功率较小时，随输入泵浦光功率的增大，增益 G 基本维持不变，这种增益称为小信号增益。

EDFA 的小信号增益可以用下式计算：

$$\ln G_{\mathrm{k}} = -\alpha_{\mathrm{k}} L + \varepsilon_{\mathrm{k}}(1+A)P_{\mathrm{p}}(0)\left\{1-\exp\left[\frac{1}{\varepsilon_{\mathrm{k}}(1+A)}\ln G_{\mathrm{k}} - \frac{A}{1+A}\alpha_{\mathrm{k}} L\right]\right\} \tag{4-4}$$

式中，G_{k} 是小信号增益；L 是 EDF 长度；α_{k} 是信号光的铒掺杂吸收系数；$\varepsilon_{\mathrm{k}}=\dfrac{\alpha_{\mathrm{k}}}{\alpha_{\mathrm{p}}}$，$A=\dfrac{\eta_{\mathrm{k}}-\eta_{\mathrm{p}}}{1+\eta_{\mathrm{p}}}$，$P_{\mathrm{p}}(0)$ 是初始泵浦光功率，α_{p} 是泵浦光的铒掺杂吸收系数，η_{p} 是泵浦光的唯象截面比，η_{k} 是信号光的唯象截面比。

利用式(4-4)可以求得长度确定时，EDFA 小信号增益随输入泵浦功率的变化［图 4-4(a)］，以及 EDFA 小信号增益随 EDF 长度的变化［图 4-4（b)］。

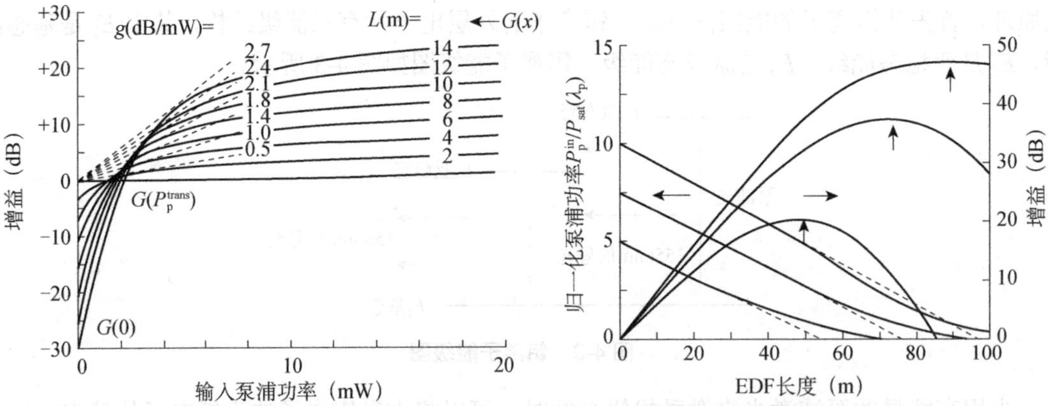

(a) EDFA小信号增益随输入泵浦功率的变化　　(b) EDFA小信号增益随EDF长度的变化

图 4-4　EDFA 小信号增益特性

（2）增益谱特性与放大器带宽。EDFA 的增益不仅随输入功率而变，还随信号波长 λ_s 而变，增益随 λ_s 变化的特性称为增益谱特性。

长度为 L 的未饱和 EDFA 的增益谱 $G(\lambda)=\dfrac{P_s^{out}(\lambda)}{P_s^{in}(\lambda)}$ 表示为

$$G(\lambda)_{dB}=\frac{10N_0L}{\ln(10)}\left[n_2\sigma_e(\lambda)-n_1\sigma_a(\lambda)\right] \tag{4-5}$$

式中，n_1 和 n_2 分别为整个 EDFA 长度上激光下能级和上能级的归一化平均粒子数；$\sigma_e(\lambda)$ 和 $\sigma_a(\lambda)$ 分别是波长λ处的受激辐射截面与受激吸收截面。

图 4-5 展示了 980nm 泵浦 EDFA 的增益谱特性，对某个给定的泵浦功率 $P_p(0)$，存在 $G>1$ 的增益谱范围，超出此范围，$G<1$，EDF 表现为损耗光纤；当 $P_p(0)$ 增大时，$G>1$ 的范围增大，EDFA 的增益带宽增大。

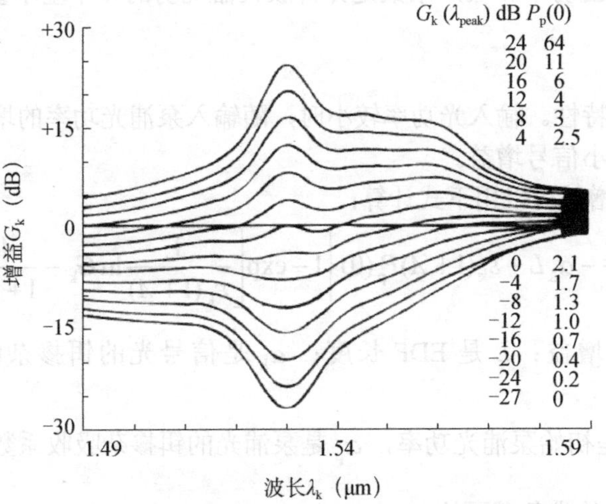

图 4-5　980nm 泵浦 EDFA 的增益谱特性（EDFA 的参数）

EDFA 的输入、输出功率关系可以使用能量守恒定律表示为

$$P_s^{out} \leqslant P_s^{in} + \frac{\lambda_p}{\lambda_s} P_p^{in} \tag{4-6}$$

式中，P_p^{in} 是输入泵浦功率；λ_p 是泵浦光波长；λ_s 是信号光波长。式（4-6）的基本物理意义是从 EDFA 输出的信号能量总和不能超过注入的泵浦能量。该式也反映了系统可能会受到的影响，如不同原因（如杂质间相互作用）造成的泵浦光子损失或由自发辐射导致的泵浦能量损失，都会使系统受到影响。

对于 EDFA，为使泵浦系统能够工作，必须有 $\lambda_p < \lambda_s$。为了得到适当的增益，必须满足 $P_s^{in} \ll P_p^{in}$，然后进一步确定 EDFA 的效率。对应用于最大输出功率的饱和 EDFA（称为功率放大器），可定义功率转换效率为

$$\text{PCE} = \frac{P_s^{out} - P_s^{in}}{P_p^{in}} \approx \frac{P_s^{out}}{P_p^{in}} \leqslant \frac{\lambda_p}{\lambda_s} \leqslant 1 \tag{4-7}$$

假设没有自发辐射，结合式（4-1）和式（4-6），放大器的增益 G 可以表示为

$$G = \frac{P_s^{out}}{P_s^{in}} \leqslant 1 + \frac{\lambda_p}{\lambda_s} \frac{P_p^{in}}{P_s^{in}} \tag{4-8}$$

上式给出了输入信号功率和增益的关系。当输入信号功率非常大时，即 $P_s^{in} \gg (\lambda_p/\lambda_s) P_p^{in}$ 时，放大器的最大增益是 1，这表示放大器对信号是透明的。因此，为了达到一个给定的最大增益 G，输入信号功率必须满足下式：

$$P_s^{in} \leqslant \frac{(\lambda_p/\lambda_s) P_p^{in}}{G-1} \tag{4-9}$$

2）增益饱和与饱和输出功率

在小信号工作区，增益与信号光输入功率的大小无关，恒为常数。但是当输入功率增大到超出小信号工作区时，增益将随输入功率的增大而变化，出现增益饱和或压缩，增益随输入功率的变化如图 4-6（a）所示。饱和输出功率 P_{sat}^{out} 是放大器小信号增益 G_{max} 降至 3dB 时的输出功率，饱和输入功率和饱和输出功率的关系可表示为

$$P_{sat}^{out} = P_{sat}^{in}(\text{dBm}) + G_{max}(\text{dB}) - 3\text{dB} \tag{4-10}$$

图 4-6（b）展示了增益随输出功率的变化。

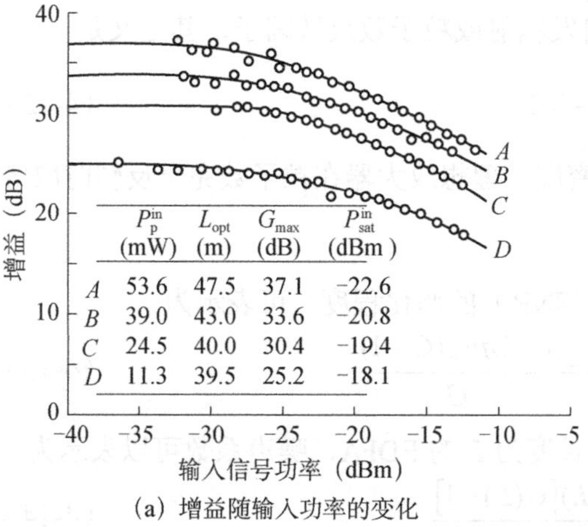

	P_p^{in} (mW)	L_{opt} (m)	G_{max} (dB)	P_{sat}^{in} (dBm)
A	53.6	47.5	37.1	−22.6
B	39.0	43.0	33.6	−20.8
C	24.5	40.0	30.4	−19.4
D	11.3	39.5	25.2	−18.1

（a）增益随输入功率的变化

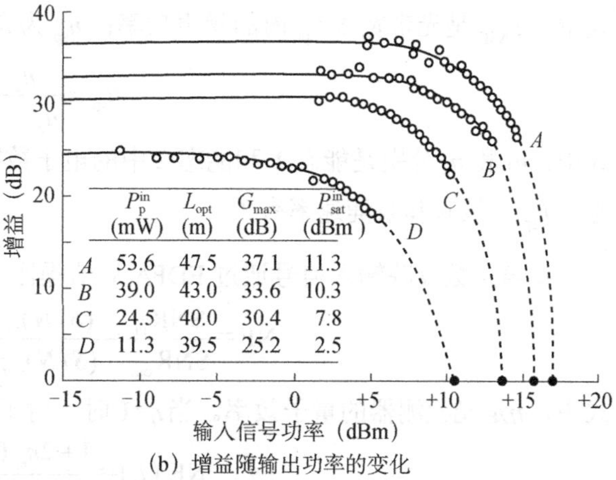

	P_p^{in} (mW)	L_{opt} (m)	G_{max} (dB)	P_{sat}^{in} (dBm)
A	53.6	47.5	37.1	11.3
B	39.0	43.0	33.6	10.3
C	24.5	40.0	30.4	7.8
D	11.3	39.5	25.2	2.5

（b）增益随输出功率的变化

图 4-6　EDFA 的增益饱和与饱和输出功率

3）放大自发辐射噪声与噪声系数

放大自发辐射（ASE）是 EDFA 的基本噪声源，其谱特性直接反映了 EDFA 的增益谱特性的线形，能给出不同泵浦功率和不同信号功率条件下 EDFA 增益谱特性的有用信息。图 4-7 展示了掺 Al 的 EDFA 在不同泵浦功率 $P_{\mathrm{p}}^{\mathrm{in}}$ 下的前向和反向 ASE 功率谱 $P_{\mathrm{ASE}}^{\pm}(\lambda)$，图中右边也标示了每个输入泵浦功率 $P_{\mathrm{p}}^{\mathrm{in}}$ 下的总 ASE 输出功率 $P_{\mathrm{ASE}}^{\mathrm{out}}$。可见，总的反向 ASE 功率总是大于前向 ASE 功率，而两者之比随泵浦功率的增大而趋于 1。

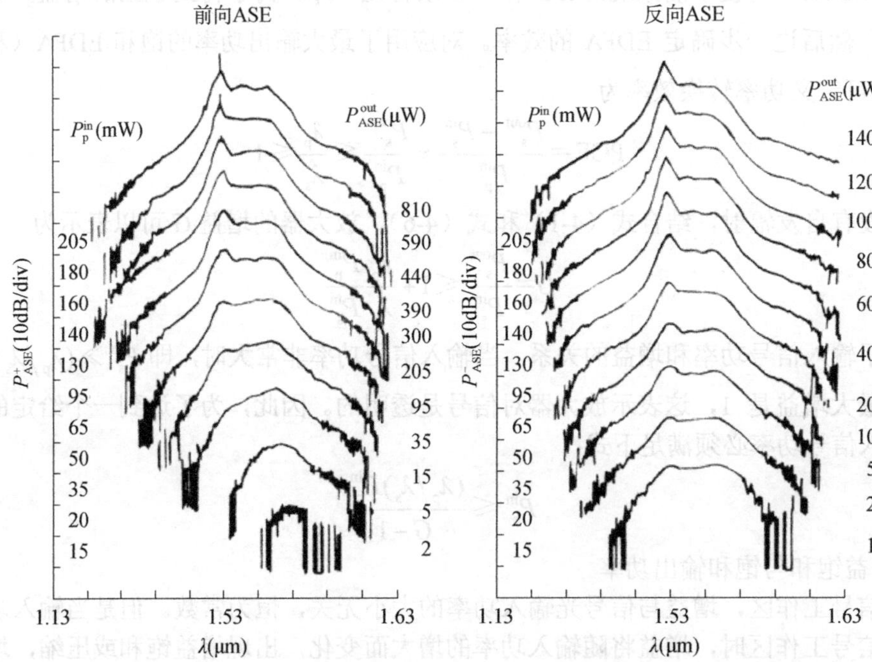

图 4-7　掺 Al 的 EDFA 在不同泵浦功率 $P_{\mathrm{p}}^{\mathrm{in}}$ 下的前向和反向 ASE 功率谱 $P_{\mathrm{ASE}}^{\pm}(\lambda)$

自发辐射噪声可以使用分布在放大器介质中无数个短脉冲的随机脉冲串来模拟，这个随机过程通过频率平坦的噪声功率谱来表征 ASE 噪声的功率谱密度：

$$S_{\mathrm{ASE}}(f)=h\nu n_{\mathrm{sp}}[G(f)-1]=P_{\mathrm{ASE}}/\Delta\nu_{\mathrm{opt}} \tag{4-11}$$

式中，P_{ASE} 是光带宽 $\Delta\nu_{\mathrm{opt}}$ 内的噪声功率；n_{sp} 为自发辐射或粒子数反转因子，其定义是

$$n_{\mathrm{sp}}=\frac{n_2}{n_2-n_1}\geqslant 1 \tag{4-12}$$

式中，n_1 和 n_2 分别是能态 1 和能态 2 中的电子数密度，理想放大器在粒子数完全反转时取等号。n_{sp} 与波长和泵浦速率有关。

噪声系数反映输入信号通过 EDFA 后信噪比（SNR）的恶化程度，可表示为

$$\mathrm{NF}=\frac{\mathrm{SNR_{in}}}{\mathrm{SNR_{out}}}=\frac{(S/N)_{\mathrm{in}}}{(S/N)_{\mathrm{out}}}=\frac{1+2\eta n_{\mathrm{sp}}(G-1)}{G} \tag{4-13}$$

式中，η是光检测器的量子效率。当η=1 时，对于长度为 L 的 EDFA，噪声系数可以表示为

$$\mathrm{NF}_0(L)=\frac{1+2n_{\mathrm{sp}}(L)[G(L)-1]}{G(L)} \tag{4-14}$$

EDFA 的噪声系数谱特性如图 4-8 所示，给出了长度 L=50m 的 Al/Ge 共掺 EDFA 的噪声系数谱特性。实线对应于前向泵浦 EDFA 的噪声系数谱，虚线对应于反向泵浦 EDFA 的噪声系数谱，5 条从上而下的谱线相应的峰值增益变化为 24～8dB。

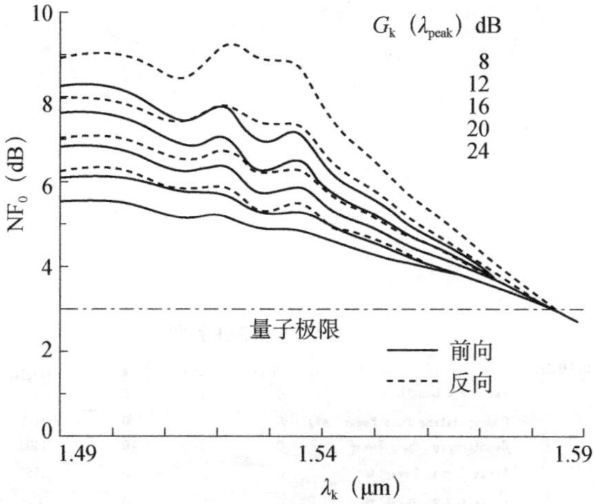

图 4-8　EDFA 的噪声系数谱特性

4.2.3　掺铒光纤放大器的设计

前面介绍了掺铒光纤放大器的工作原理及特性。在实际应用中，如何运用所掌握的 EDFA 基本结构、工作原理和增益特性设计性能符合预期的 EDFA 就显得至关重要。为此，本节将简单介绍 C 波段 EDFA 的设计过程。

由于 EDFA 的增益特性需要求解粒子数反转速率方程、信号光传输方程和泵浦光传输方程才能得到，而此类方程十分复杂，难以解析求解，且 EDFA 的增益特性由许多参数共同决定，无法直接得出各参数对增益特性的影响，因此，设计 EDFA 时必须借助一些辅助工具。市场上，许多掺铒光纤生产厂家在客户购买其产品时，都会赠送与产品相关的 EDFA 设计软件。下面以朗讯公司 OASIX 工具软件为例，介绍 C 波段 EDFA 的设计过程。

1. 软件功能介绍

朗讯公司的 OASIX 软件是配合康宁公司掺铒光纤使用的 EDFA 专业模拟软件，可以模拟多级（包括单级）EDFA 的增益谱、噪声指数、噪声谱、增益饱和、光谱烧孔、均衡滤波等参数和特性，其输出数据可以直接调入 Excel 中，并画出相应的曲线，非常直观。其模拟结果与实际实验的误差在 5%以内。因此，该软件也是 EDFA 生产厂家研发必备软件之一。

OASIX 主界面如图 4-9（a）所示。在“File”下拉菜单中可以完成打开、保存和打印文件等操作。在“Edit”下拉菜单中可以完成撤销、剪切、复制和粘贴等操作。在“View”下拉菜单中可以完成工具条和状态条的选择。在“Setup”下拉菜单中可以完成如图 4-9（b）、4-9（c）和 4-9（d）所示的参数设置。利用“Run”命令可以完成模拟运行。在“Type”下拉菜单中可以完成单级、双级直至六级 EDFA 的设置，以及 ASE 的选择设置。在“Help”下拉菜单中可以查看软件的版本等相关信息。软件界面及参数设置如图 4-9 所示。

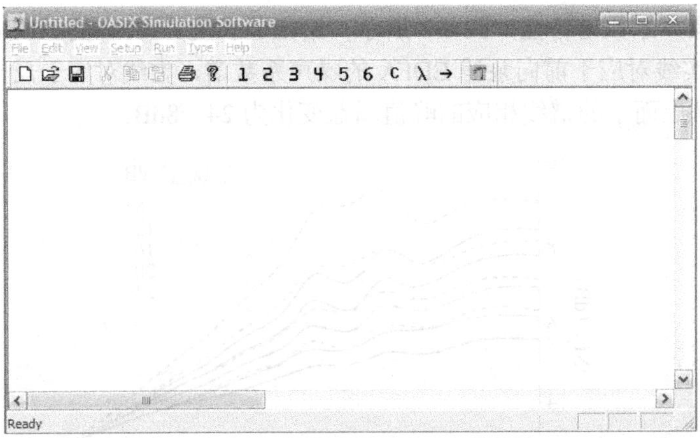

（a）OASIX 软件主界面

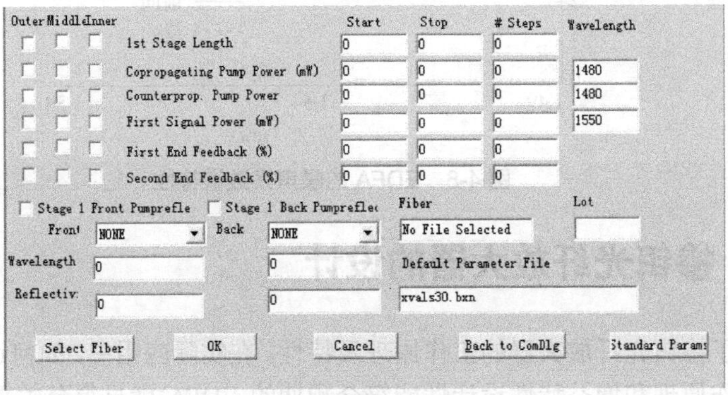

（b）参数设置（一）

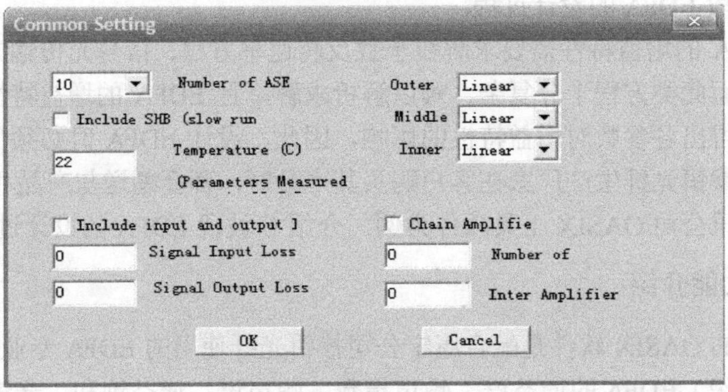

（c）参数设置（二）

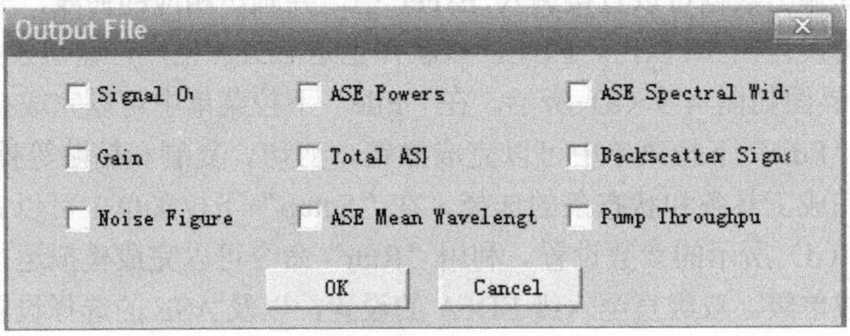

（d）参数设置（三）

图 4-9　软件界面及参数设置

2. 双级 EDFA 的设计

1）铒纤长度和泵浦功率对信号增益特性的影响

放大器的增益与增益系数有关，而增益系数则是随光纤长度变化的，并与输入功率、饱和光功率、中心频率、小信号增益系数等参数有关。在设计放大器时，为满足放大器的增益，主要考虑铒纤长度和泵浦功率。所以，要设计 EDFA，首先要深入了解铒纤长度和泵浦功率对信号增益特性的影响。

在 OASIX 软件的类型菜单中选择单级，然后在参数设置菜单中设置参数及信号工作波长，最后在输出菜单中选择需要输出的各种参数，并运行程序。将运算得到的数据直接调入 Excel，并作出曲线图。图 4-10 便是信号增益随铒纤长度和泵浦功率变化的曲线图（泵浦波长是 980nm）。从图中可以看出，EDFA 在放大输入光信号时存在最佳长度，超过此长度，增益将降低。而最佳长度与输入泵浦光功率、输入信号光功率、ASE 功率、铒离子浓度及铒离子浓度分布等因素有关。另外，随着泵浦功率的增大，最佳长度也将增大。

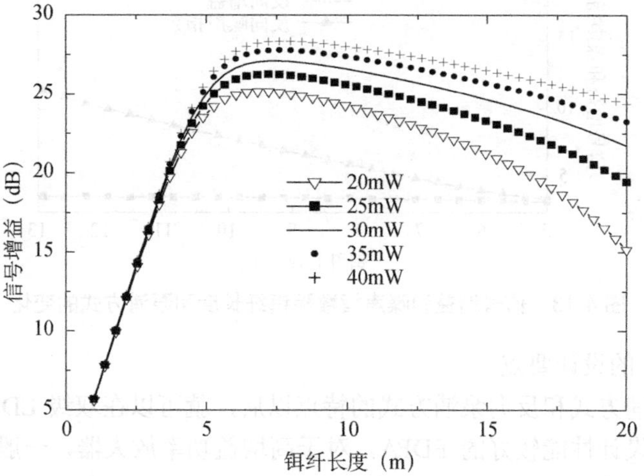

图 4-10　信号增益随铒纤长度和泵浦功率变化的曲线图（泵浦波长是 980nm）

2）泵浦方式对 EDFA 增益和噪声的影响

EDFA 的泵浦方式主要包括同向泵浦（图 4-11）和反向泵浦（图 4-12），以及二者的结合——双向泵浦。可以通过软件模拟深入了解同向泵浦和反向泵浦的优缺点。

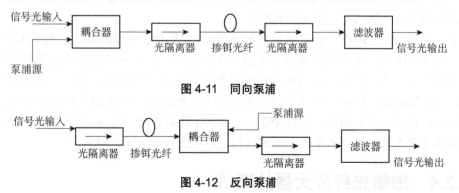

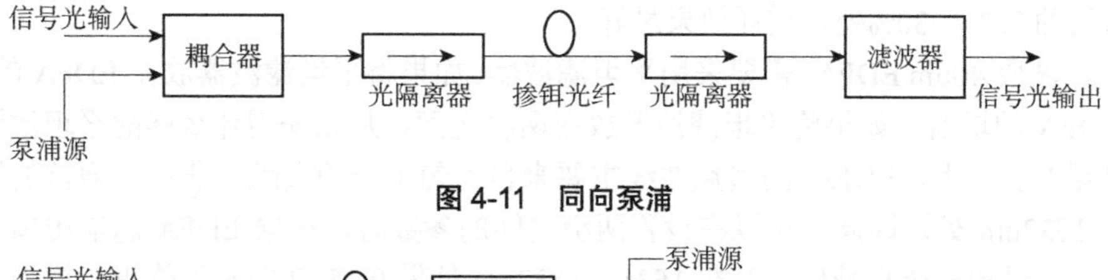

图 4-11　同向泵浦

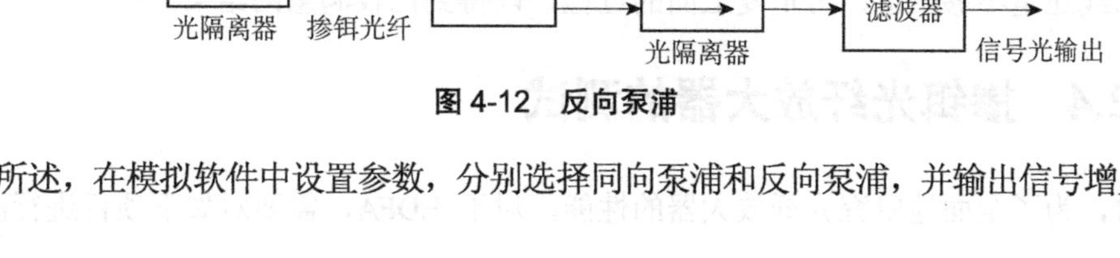

图 4-12　反向泵浦

如前所述，在模拟软件中设置参数，分别选择同向泵浦和反向泵浦，并输出信号增益和噪声指数，最后在 Excel 中作图，信号增益和噪声指数随铒纤长度和泵浦方式的变化如图 4-13 所示。

由图 4-13 可以看出，同向泵浦的增益比反向泵浦的增益小，但同向泵浦的噪声指数也比反向泵浦小。这是因为对于同向泵浦，泵浦光和信号光从同一端注入掺铒光纤，在掺铒光纤的输入端泵浦光较强，粒子反转激励也较强，故噪声性能好。但由于铒纤吸收，泵浦光强度将沿光传输方向衰减，从而在一定的光纤长度上达到增益饱和，使信号难以得到进一步放大。而对于反向泵浦方式，泵浦光和信号光从不同的方向输入掺铒光纤，在铒纤中反向传输，当光信号被放大到很强时，泵浦光也很强，不易达到饱和，故信号增益较大。但在信号输入端泵浦光较弱，粒子反转激励也较弱，所以其噪声性能较差。

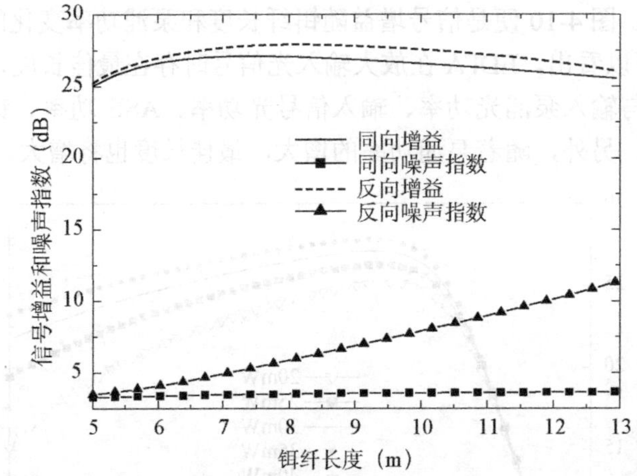

图 4-13　信号增益和噪声指数随铒纤长度和泵浦方式的变化

3）双级 EDFA 的设计要点

掌握了同向泵浦方式和反向泵浦方式的特点以后，就可以在双级 EDFA 设计中灵活运用这两种泵浦方式，设计性能较好的 EDFA。对于高增益功率放大器，一般采用双级 EDFA 的设计。其设计要点如下。

（1）为使 EDFA 具有低噪声，前级采用同向泵浦，因为多级 EDFA 的噪声主要由第一级噪声所决定。

（2）为得到高增益，在第二级采用反向泵浦，以使系统的功率得到进一步提高。

（3）为降低自发辐射对系统的影响，在前后两级之间加隔离器，隔离器的位置一般在两级铒纤总长的 25%～30%处，这样效果最好。

对于 C 波段 40nm EDFA，需要采用平坦滤波器。如果将平坦滤波器放在 EDFA 的输出端，将影响 EDFA 的增益。如果将平坦滤波器放在两级之间，那么采用什么样的平坦滤波曲线来进行模拟呢？实际上，EDFA 的增益曲线主要来自均匀增益的贡献，非均匀增益的影响主要在 1531～1532nm 处。因此，可以在设置两级之间的参数时，根据 EDFA 总输出增益曲线的不平坦部分，设置一个衰减值，并在 1531～1532nm 处做 0.15dB 左右的修正。模拟之后，如果输出曲线还是不够平坦，可重复上面的过程，以得到比较满意的结果。

4.2.4　掺铒光纤放大器的测试

通常，为了全面地研究光纤放大器的性能，对于 EDFA，需要对如下项目进行测试：NF

(噪声指数)、Gain（增益）与波长的相关特性、输入光功率和 NF/Gain 的相关特性。

EDFA 的测试方法可分为直接法和间接法两大类。通常采用的方法包括内插法、偏振消光法、脉冲法（也称时域消光法）和增益噪声法（也称光脉冲探针法）等，下面分别加以阐述。

1. 内插法

对于光纤放大器而言，通常 ASE 功率在较小的波长范围内，几乎都是以线性方式发生变化的，因此可利用该特性对 EDFA 进行测试。其中，内插法的测试原理如图 4-14 所示，它通过测试信号光附近的 ASE（放大自发辐射）电平，并进行适当的电平插补来推算信号光处的 ASE 电平，从而实现对光纤放大器的噪声指数和增益的测量。

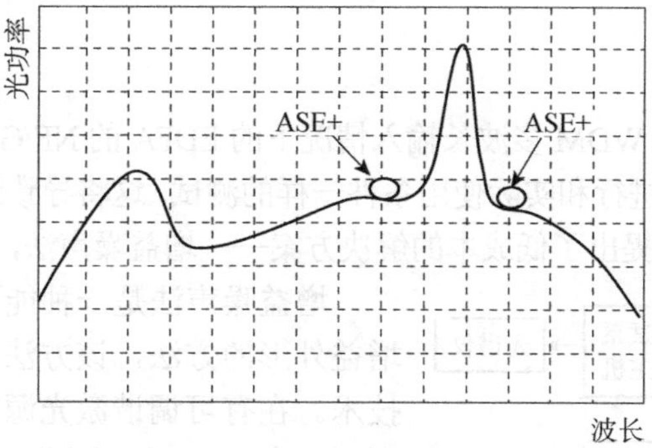

图 4-14 内插法的测试原理

和其他测试方法相比，内插法具有测试设备少、结构简单、插入损耗小、重复再现性好等技术优势。但实际测试中，由于 EDFA 的增益倾斜将导致测试点处 ASE 不平坦、信号为 WDM 信号，相邻信号间隔很小而得不到足够的内插间隔时将导致内插难度增大，并使得测试误差增大。

2. 偏振消光法

偏振消光法测试系统框图如图 4-15 所示，它利用信号光具有极性而 ASE 无极性来实现对 EDFA 参数的测量。在测试信号光时，EDFA 输出信号光的偏振方向和偏振控制器的偏振方向一致。而在测试 ASE 时，使偏振控制器的偏振方向和信号光的偏振方向正交，因此可将信号光消除，由于 ASE 无偏振态，从而可实现对 ASE 的测量。

在这种测试方法中，当信号光的偏振态发生变化时，需要重新调整偏振控制器的偏振态，因此其重复再现性差，在生产和检测等领域不太适用。但该方法采用的测试设备较为简单，可用于实验室中对单个 EDFA 的评价。

图 4-15 偏振消光法测试系统框图

3. 脉冲法（时域消光法）

在实际的 EDFA 中，由于铒离子从亚稳态到基态的恢复时间较长，通常约为 1ns，因此即使切断输入信号，ASE 的功率电平也不会立刻改变。脉冲法正是利用该特性来测量各种波长

（包括信号波长）的 ASE 功率。脉冲法测试系统框图如图 4-16 所示。

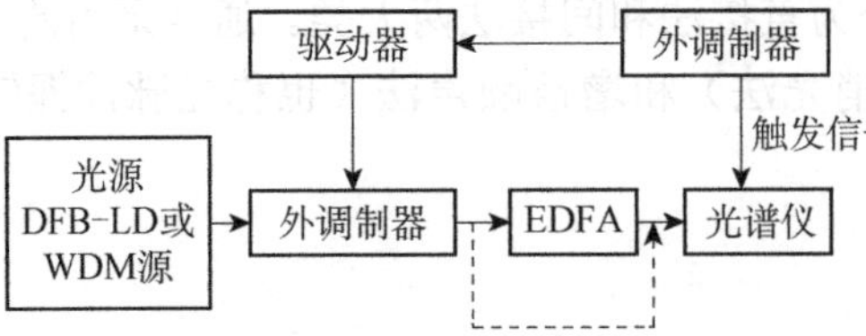

图 4-16　脉冲法测试系统框图

利用脉冲法测试 EDFA 时，测试精度高，重复再现性好，ASE 的测试是直接测试而不是插补，插入损耗小，并且可用于 WDM 信号；但需要的外围设备比内插法和偏振消光法多，结构相对复杂。

4. 增益噪声法

为了对工作在一定的 WDM 多波长输入情况下的 EDFA 的 NF/Gain 进行评价，通常需要准备多个 DFB-LD 光源，以进行和实际使用条件一样的测试，这将导致测试系统成本的直线上升。对于该类测试，多家公司提出了低成本的解决方案——增益噪声法，也称光脉冲探针法。

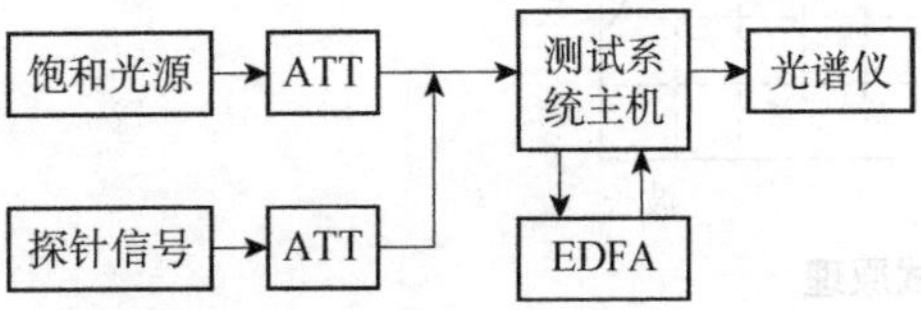

图 4-17　增益噪声法测试系统框图

增益噪声法是一种能更快地特征化光纤放大器增益外形的方法，该方法采用了噪声源和时域消光技术。在有可调谐激光源发出饱和信号的情况下，利用一个 SLD 或可调谐光源来探测光纤放大器。图 4-17 是增益噪声法测试系统框图，图中饱和光源可按实际系统 WDM 通道覆盖的波长范围来配置可调谐光源或 WDM 光源。探针信号可由宽带 SLD 光源或可调谐光源组成，使用 SLD 光源时测试速度快，价格相对较低，但精度比使用可调谐光源要差。

增益噪声法不仅有助于确定增益特性，还可用于鉴定 WDM 应用中的掺铒光纤放大器，且每个噪声增益曲线的饱和信号可根据通道波长进行设定，因此其重复性和精度较高，缺点是测试系统成本高。

各种 EDFA 测试方法的性能比较见表 4-1。

表 4-1　各种 EDFA 测试方法的性能比较

	测试方法	精度	测试重复性	优　点	缺　点
1	内插法	差	好	测试简单，插入损耗小	插补带来的误差不能确定，对 WDM 的测试误差大，可用于测试分布式拉曼光纤放大器
2	偏振消光法	普通	差	ASE 直接测试	每次测试须调整其偏振态，实用性差
3	脉冲法	差	好	ASE 直接测试，插入损耗小	信号光与 ASE 的电平差所带来的测试误差很大
4	增益噪声法	好	好	可测试 WDM 信号的 NF，ASE 直接测试，精度高	插入损耗大，系统成本高

在实际应用中，究竟采用何种 EDFA 测试方法，需要根据生产规模和要求进行综合考虑。内插法、偏振消光法、脉冲法成本相对较低，可用于实验室中对单个 EDFA 的评价。若要对工作在一定的 WDM 多波长输入情况下的 EDFA 的 NF/Gain 等特性进行评价，则应该选择光脉冲探针法，但该测试方法的成本和饱和信号光源的选择直接相关。一般而言，若是对 EDFA 进行生产测试，可以采用一个可调谐光源来取代多路 WDM 光源；但若是对 EDFA 进行计量，则采用多波长 WDM 光源作为饱和信号更加合理，因其可获得更高的测试精度。

4.2.5 掺铒光纤放大器的应用

EDFA 可用作光发射机输出的功率放大器、远距离传输的线路放大器和接收机前端的前置放大器。

1. 功率放大器

将 EDFA 置于光发射机半导体激光器之后，光信号经 EDFA 放大后进入光纤线路，从而使光纤传输的无中继距离增大，可达 200km 以上。其具有输出功率大、输出稳定、噪声小、增益频带宽、易于监控等优点。

2. 线路放大器

将 EDFA 置于功率放大器之后，用于周期性地补偿线路传输损耗，一般要求有比较小的噪声指数和较大的输出光功率。EDFA 作为线路放大器有许多特殊功能，是电子线路放大器不可比拟的。

3. 前置放大器

将 EDFA 置于分波器之前、线路放大器之后，用于信号放大，提高接收机的灵敏度。EDFA 具有接近量子极限的低噪声优点，因而可用作接收机的前置放大器以提高接收灵敏度，要求噪声指数很小，对输出功率没有太大的要求。把 EDFA 置于光接收机中 PIN 光检测器的前面，来自光纤的信号经 EDFA 放大后再由 PIN 光检测器检测。强大的光信号使电子放大器的噪声可以被忽略，用 EDFA 作为预放的光接收机具有更高的灵敏度。

如果综合上述各种应用，一个 EDFA 用作接收机前置放大器，另一个 EDFA 用作发送机的功率提升放大器，就可以实现长距离的无中继传输。这主要用于海底光纤通信系统。

4.3 光纤拉曼放大器

光纤拉曼放大器（FRA）是光纤放大器的一种。由于光纤的非线性，当光通过光纤传输时将产生受激拉曼散射。光纤拉曼放大器正是利用受激拉曼散射效应将强泵浦光能量转移到信号光束中，从而达到放大光信号的目的。它的增益带宽很大，可达 40THz，可用平坦增益范围为 20～30nm。从理论上讲，只要有功率合适的高功率泵浦源，它就可以放大任意波长的信号。另外，它具有低噪声、可利用传输光纤在线放大等优点，是光纤放大器家族中的重要一员。

4.3.1 光纤拉曼放大器的工作原理

光纤拉曼放大器的工作原理基于光纤中的受激拉曼散射效应。当强激光输入非线性介质中时，在一定条件下，拉曼散射有激光的性质，不论是斯托克斯光（Stokes）还是反斯托克斯光（Anti-Stokes），都是相干光。这样，当弱信号光与强泵浦光同时在光纤中传输，且信号光波长在泵浦光的拉曼增益谱内时，光能量将会从泵浦光转移到信号光，从而实现光放大。

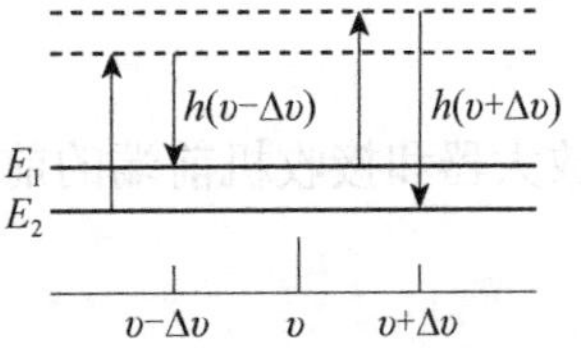

图 4-18　FRA 工作原理示意图

FRA 工作原理示意图如图 4-18 所示。

FRA 中一个入射泵浦光子通过光纤非线性散射转移部分能量，产生低频斯托克斯光子，而剩余能量被介质以分子振动（光学声子）的形式吸收，完成振动态之间的跃迁。斯托克斯频移 $V_r=V_p-V_s$ 由分子振动能级决定，其值决定了 SRS 的频率范围，其中 V_p 是泵浦光的频率，V_s 是信号光的频率。对非晶态石英光纤来说，其分子振动能级融合在一起，形成了一条能带，因而可在较宽的频差（V_p-V_s）范围（40THz）内通过 SRS 实现信号光的放大。

4.3.2 光纤拉曼放大器的结构和特点

1. 光纤拉曼放大器的结构

光纤拉曼放大器的基本结构如图 4-19 所示，用激光器产生的泵浦光经光隔离器耦合到波分复用器（WDM），并与信号光一起通过波分复用器耦合到一段光纤中，在这段光纤内利用受激拉曼散射效应使泵浦光能量向信号光转移，从而使信号光得到放大。

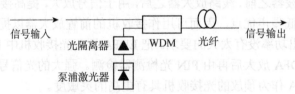

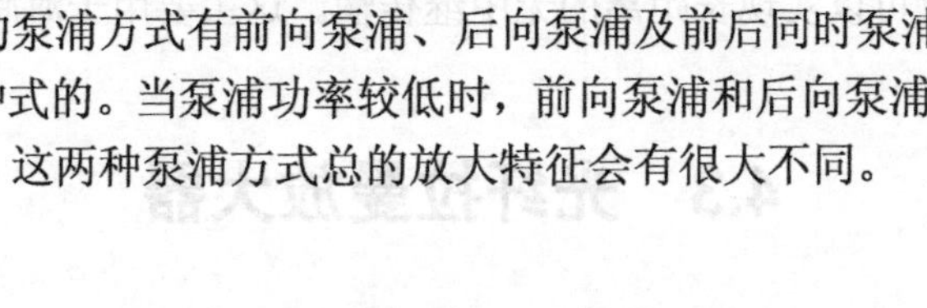

图 4-19　光纤拉曼放大器的基本结构

光纤拉曼放大器的泵浦方式有前向泵浦、后向泵浦及前后同时泵浦 3 种。泵浦光可以是连续的，也可以是脉冲式的。当泵浦功率较低时，前向泵浦和后向泵浦方式的拉曼增益一致。处于泵浦饱和区域时，这两种泵浦方式总的放大特征会有很大不同。

2. FRA 的特点

（1）拉曼放大是一个非谐振过程，其增益响应仅依赖于泵浦光波长及其带宽，选择合适的泵浦源就可放大任意波长的信号。其对于开发光纤的整个低损耗区具有无可替代的作用。

（2）增益介质为传输光纤本身，与光纤系统具有良好的兼容性，可利用现已大量铺设的 G.652 或 G.655 光纤作为增益介质，对光信号进行分布式放大，从而实现长距离的无中继传输和远程泵浦，尤其适用于海底光缆通信等不方便设立中继器的场合。

（3）串扰小，温度稳定性好，噪声指数低。

(4) FRA 饱和功率高，增益谱调整的方式直接且多样，放大作用的时间短，可实现对超短脉冲的放大。

FRA 也存在一些缺点：需要特大功率的泵浦源，这是一个比较苛刻的要求；另外，其对光的偏振态较敏感，可以通过增加偏振光纤耦合器来解决；拉曼增益被放大自发辐射的瑞利后向散射和信号的双重瑞利后向散射所限制，会引起多点反射和多路径干涉，产生码间干扰，降低信噪比等。

4.3.3 光纤拉曼放大器的应用

1. 主要应用

(1) 扩大系统容量。在传输速率不变的情况下，可通过增加信道复用数来扩大系统容量。开辟新的传输窗口是增加信道复用数的途径，FRA 的全波段放大恰好满足要求。分布式 FRA 的低噪声特性可以减小信道间隔，提高光纤传输的复用程度，扩大传输容量。

(2) 提高频谱利用率和系统传输速率。FRA 的全波段放大特性使它可以工作在光纤的整个低损耗区，极大地提高了频谱利用率。分布式 FRA 是将现有系统的传输速率升级到 40Gbps 的关键器件之一。FRA 已广泛应用于光纤传输系统中，特别是超长跨距的光纤传输系统，如跨海光缆、陆地长距离光纤干线等。

(3) 增大无中继传输距离。无中继传输距离主要是由光传输系统信噪比决定的，分布式 FRA 的等效噪声指数极低（−2～0dB），比 EDFA 的噪声指数低 4.5dB，利用分布式 FRA 作为前置放大器可明显增大无中继传输距离。

(4) 补偿色散补偿光纤（DCF）的损耗。DCF 的损耗系数远大于单模光纤和非零色散位移光纤，比拉曼增益系数也要大。采用 DCF 与光纤拉曼放大器相结合的方式，既可以进行色散和损耗的补偿，还可以提高信噪比。

(5) 通信系统升级。在接收机性能不变的前提下，如果提高系统的传输速率，并且要保证接收端的误码率不变，就必须提高接收端的信噪比。采用与前置放大器相配合的 FRA 来提高信噪比，是实现系统升级的方法之一。

FRA 由于具有全波段放大、低噪声、可以抑制非线性效应和能进行色散补偿等优点，近年来已引起人们的广泛关注，现已逐步走向商用。FRA 主要用作分布式放大器，辅助 EDFA 进行信号放大；也可以单独使用，放大 EDFA 不能放大的波段，它克服了 EDFA 级联噪声大及放大带宽有限等缺点。目前，FRA 在长距离骨干网和海底光缆中的地位已得到承认；在城域网中，FRA 也有其利用价值。通信波段扩展和密集波分复用技术的运用，给 FRA 带来了广阔的应用前景。FRA 的一系列优点，使它有可能成为下一代光纤放大器的主流。

2. 使用安全

FRA 中一般有几组不同波长的高功率激光器同时泵浦，泵浦总功率甚至会超过 30dBm，所以在使用时要特别注意光缆线路安全、仪表设备安全和人身安全。

(1) 目前，商用的拉曼放大器一般都是后向泵浦，泵浦光从信号光的输入端反向输出，这与我们平时维护的其他设备完全不同。

(2) 后向泵浦光功率一般很高，超出了机房一般光功率计，包括光谱分析仪的测试范围，不要用它们直接测试泵浦光的输出功率。泵浦光波长在光纤里的传输损耗较小，如果FRA没有断开，100km之外的光时域分析仪（OTDR）的光检测器件完全可能被烧毁。

（3）裸眼短时间可忍受的激光功率为1mW，400mW的漫反射光有可能对人眼造成伤害，无论机房维护还是光缆施工，都不要直视或使用显微镜观察带有激光的光纤端面。

（4）连接FRA的尾纤端面要求为APC或更低反射损耗端面，而且要保证端面清洁，否则会烧毁尾纤，尾纤的弯曲半径过小同样会烧毁尾纤。

（5）接近FRA端至少25km内的光缆固定熔接点要求熔接质量良好，否则会烧坏熔接点或者降低FRA的增益。

4.4 光纤激光器

光纤激光器（Fiber Laser）是指用掺稀土元素石英光纤作为增益介质的激光器，光纤激光器可在光纤放大器的基础上开发出来，在泵浦光的作用下光纤内极易形成高功率密度，造成激光工作物质的激光能级粒子数反转，适当加入正反馈回路（构成谐振腔）便可实现激光振荡输出。

4.4.1 光纤激光器的工作原理及分类

1. 光纤激光器的工作原理

光纤激光器的结构如图4-20所示，以稀土掺杂光纤激光器为例，掺有稀土离子的纤芯作为增益介质，掺杂光纤固定在两个反射镜间构成谐振腔，泵浦光从反射镜1入射到光纤中，从反射镜2输出激光。

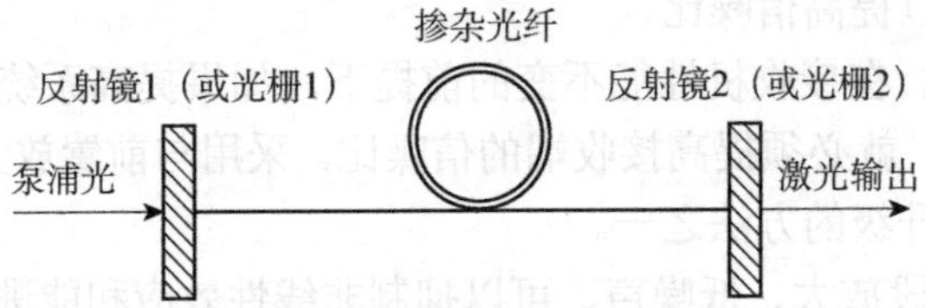

图4-20 光纤激光器的结构

当泵浦光通过光纤时，光纤中的稀土离子吸收泵浦光，其电子被激励到较高的激发能级上，实现了粒子数反转。反转后的粒子以辐射形式从高能级转移到基态，输出激光。图4-20中的反射镜谐振腔主要用以说明光纤激光器的原理。实际的光纤激光器可采用多种全光纤谐振腔。

全光纤激光器的构成示意图如图4-21所示，展示了采用2×2光纤耦合器构成的光纤环反射器及由此种反射器构成的全光纤激光器，图4-21（a）表示将光纤耦合器两输出端口连成环，图4-21（b）表示与此光纤环等效的用分立光学元件构成的光学系统，图4-21（c）表示两个光纤环反射器串接一段掺稀土离子光纤，构成全光纤激光器。以掺Nd^{3+}石英光纤激光器为例，应用806nm波长的AlGaAs（铝镓砷）半导体激光器作为泵浦源，光纤激光器的激光发射波长为1064nm，泵浦阈值约为470μW。

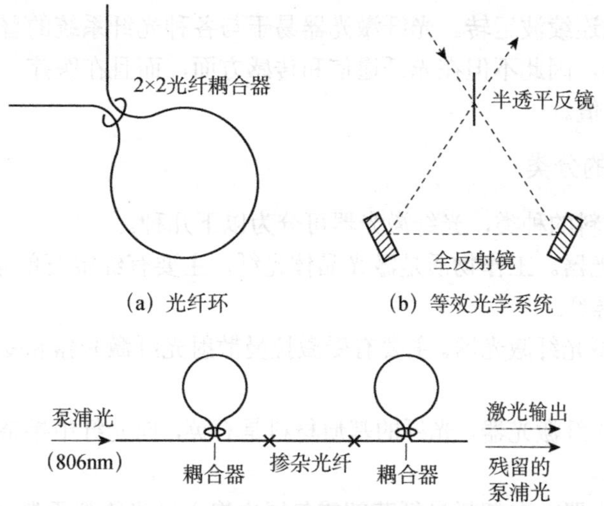

(a) 光纤环　(b) 等效光学系统

(c) 全光纤激光器

图 4-21　全光纤激光器的构成示意图

利用 2×2 光纤耦合器可以构成光纤环形激光器。光纤环形激光器示意图如图 4-22 所示。结构图如图 4-22（a）所示，在光纤耦合器输入端 2 连接一段稀土掺杂光纤，再用掺杂光纤连接耦合器输出端 4 形成环。泵浦光由耦合器端 1 注入，经耦合器进入光纤环而泵浦其中的稀土离子，激光在光纤环中形成并由耦合器端 3 输出。这是一种行波型激光器，光纤耦合器的耦合比越小，表示储存在光纤环内的能量越大，激光器的阈值也越低。典型的掺 Nd^{3+}光纤环形激光器的耦合比小于等于 10%，利用染料激光器 595nm 波长的输出进行泵浦，产生 1078nm 的激光，阈值为几毫瓦。上述光纤环形激光器的等效光学系统如图 4-22（b）所示。

利用光纤中稀土离子荧光谱带宽的特点，在上述各种激光腔内加入波长选择性光学元件，如光栅等，可构成可调谐光纤激光器，典型的掺 Er^{3+}光纤激光器在 1536nm 和 1550nm 处可调谐 14nm 和 11nm。如果采用特殊的光纤激光腔设计，可实现单纵模运转，激光线宽可降至数十兆赫，甚至达 10kHz 量级。光纤激光器在腔内加入声光调制器，可实现调 Q 或锁模运转。调 Q 掺 Er^{3+}石英光纤激光器脉冲宽度为 32ns，重复频率为 800Hz，峰值功率可达 120W。锁模实验得到光脉冲宽度 2.8ps 和重复频率 810MHz 的结果，可用作孤子激光源。

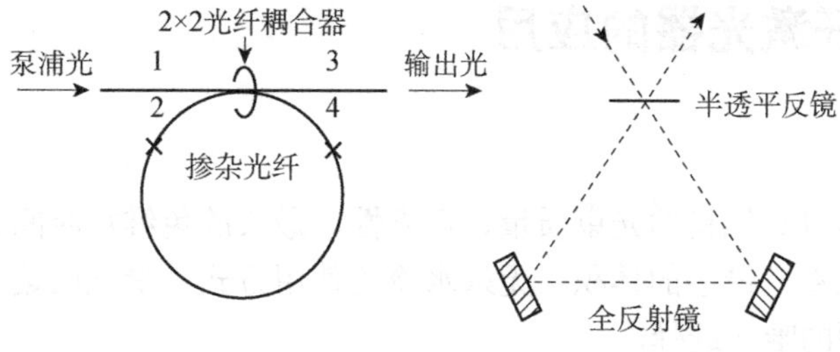

(a) 结构图　(b) 等效光学系统

图 4-22　光纤环形激光器示意图

稀土掺杂石英光纤激光器以成熟的石英光纤工艺为基础，因而低损耗和精确的参数控制均得到保证。适当加以选择可使光纤在泵浦波长和激射波长均工作于单模状态，可达到较高的泵浦效率，光纤的表面积与体积之比很大，散热效果很好，因此，光纤激光器一般仅需低功率的泵浦即可实现连续波运转。光纤激光器易于与各种光纤系统的普通光纤实现高效率的接续，且柔软、细小，因此不但在光纤通信和传感方面，而且在医疗、计测及仪器制造等方面都有极大的应用价值。

2. 光纤激光器的分类

（1）按照光纤材料的种类，光纤激光器可分为以下几种。

① 晶体光纤激光器。工作物质是激光晶体光纤，主要有红宝石单晶光纤激光器和 Nd^{3+}: YAG 单晶光纤激光器等。

② 非线性光学型光纤激光器。主要有受激拉曼散射光纤激光器和受激布里渊散射光纤激光器。

③ 稀土类掺杂光纤激光器。光纤的基质材料是石英，向光纤中掺杂稀土元素离子使之激活，制成光纤激光器。

④ 塑料光纤激光器。向塑料光纤芯部或包层内掺入激光染料而制成光纤激光器。

（2）按谐振腔结构分为 FP 腔光纤激光器、环形腔光纤激光器、环路反射器光纤激光器、8 字形腔光纤激光器、DBR 光纤激光器、DFB 光纤激光器等。

（3）按光纤结构分为单包层光纤激光器、双包层光纤激光器、光子晶体光纤激光器、特种光纤激光器。

（4）按输出激光特性分为连续光纤激光器和脉冲光纤激光器，其中，脉冲光纤激光器根据其脉冲形成原理又可分为调 Q 光纤激光器（脉冲宽度为 ns 量级）和锁模光纤激光器（脉冲宽度为 ps 或 fs 量级）。

（5）根据激光输出波长数目可分为单波长光纤激光器和多波长光纤激光器。

（6）根据激光输出波长的可调谐特性分为可调谐单波长激光器和可调谐多波长激光器。

（7）按激光输出波长的波段分为 S 波段（1460～1530nm）、C 波段（1530～1565nm）、L 波段（1565～1610nm）激光器。

（8）按照是否锁模可以分为连续光激光器和锁模激光器。多波长激光器通常属于连续光激光器。

（9）按照锁模器件可以分为被动锁模激光器和主动锁模激光器。

4.4.2 光纤激光器的应用

1. 标刻应用

脉冲光纤激光器以其优良的光束质量、可靠性、最长的免维护时间、最高的整体电光转换效率、脉冲重复频率、最小的体积、无须水冷的使用方式、最低的运行费用，成为高速、高精度激光标刻方面的唯一选择。

一套光纤激光打标系统可以由一个或两个功率为 25W 的光纤激光器，一个或两个用来导光到工件上的扫描头，以及一台控制扫描头的工业电脑组成。这种方式的效率比用一个 50W 激光器分束到两个扫描头上的方式高出 4 倍以上。该系统最大打标范围是 175mm×295mm，光斑大小是 35μm，在全标刻范围内绝对定位精度是±100μm，100μm 工作距离下的聚焦光斑可小到 15μm。

2. 材料处理

光纤激光器的材料处理基于材料吸收激光能量的部位被加热的热处理过程。1μm左右波长的激光能量很容易被金属、塑料及陶瓷材料吸收。

3. 材料弯曲

光纤激光成形或折曲是一种用于改变金属板或硬陶瓷曲率的技术。集中加热和快速自冷却会导致激光加热区域的可塑性变形，能永久性改变目标工件的曲率。研究发现，用激光处理微弯曲比其他方式具有更高的精度。这在微电子制造领域是一个很理想的方法。

4. 激光切割

随着光纤激光器的功率不断增大，光纤激光器在工业切割方面得到规模化应用。例如，用快速斩波的连续光纤激光器微切割不锈钢动脉管。由于它的高光束质量，光纤激光器可以获得非常小的聚焦直径和由此带来的小切缝宽度，这正在刷新医疗器械工业的标准。

由于其波段涵盖了1.3μm和1.5μm两个主要通信窗口，光纤激光器在光通信领域拥有不可替代的地位，大功率双包层光纤激光器的研制成功使其在激光加工领域的市场需求也呈迅速扩大的趋势。光纤激光器在激光加工领域的应用和所需性能具体如下：软焊和烧结，50～500W；聚合物和复合材料切割，200W～1kW；去激活，300W～1kW；快速印刷和打印，20W～1kW；金属淬火和涂敷，2～20kW；玻璃和硅切割，500W～2kW。此外，随着紫外光纤光栅写入和包层泵浦技术的发展，输出波段在紫光、蓝光、绿光、红光及近红外光的波长上转换的光纤激光器已可以作为实用的全固化光源，广泛应用于数据存储、彩色显示和医学荧光诊断。远红外波长输出的光纤激光器由于其结构紧凑、能量和波长可调谐等优点，也在激光医疗和生物工程等领域得到应用。

复习与思考

4-1 光纤放大器的原理是什么?
4-2 光纤放大器有哪些重要参数?
4-3 掺铒光纤放大器的构成部分有哪些?
4-4 掺铒光纤放大器有哪些应用?
4-5 双级EDFA的设计要点是什么?
4-6 EDFA的测试方法有哪些?
4-7 简述光纤拉曼放大器的工作原理。
4-8 光纤拉曼放大器有哪些优缺点?
4-9 简述光纤拉曼放大器的应用。
4-10 光纤拉曼放大器使用和维护过程中应注意哪几个方面?
4-11 简述光纤激光器的工作原理。
4-12 简述光纤激光器的应用。
4-13 有一个掺铒光纤放大器，波长为1542nm的输入信号功率为2dBm，得到的输出功率为 27dBm，求放大器的增益。

4-14 掺铒光纤放大器的输入光功率是 300μW，输出功率是 60mW。

（1）EDFA 的增益是多少？

（2）假设放大自发辐射噪声功率是 P_{ASE}=30W，EDFA 的增益变为多少？

4-15 有一个 980nm 泵浦的 EDFA，其泵浦功率为 30mW，如果在 1550nm 处的增益是 20dB，求信号光的最大输入功率和最大输出功率。

第 5 章　光纤通信中的光无源器件

教 学 导 航

知识目标

1. 掌握光纤通信中常用的光无源器件的结构及工作原理。

2. 熟悉光纤连接器、光纤耦合器、光隔离器的结构及工作原理。

能力目标

1. 通过对各种光无源器件的结构及工作原理的学习，具备区分相关光无源器件的能力。

2. 通过学习光器件的测试方法及相关测试仪器的使用方法，具备独立测试相关光器件性能的能力。

学习重点

1. 常用的光无源器件的结构及工作原理。

2. 光器件性能参数的测试方法及技巧。

学习难点

本章学习难点在于对各种光无源器件的结构及工作原理的理解与区别。

光纤通信中所用的光器件可分为光有源器件和光无源器件两大类，两者的区别在于器件在实现自身功能的过程中内部是否发生光电能量转换。如果发生光电能量转换，则称其为光有源器件；如果未发生光电能量转换，即便需要一些电信号的介入，也称其为光无源器件。光无源器件有多种分类方法，目前，最常用的是按其功能进行分类。按照这种方法可将光源器件分为光隔离器、光纤连接器、光纤耦合器、光开关、光衰减器、光极化控制器、光环行器、滤光器等。

本章主要介绍目前常用的光无源器件中的光纤连接器、光纤耦合器、光调制器、光开关、光纤光栅、光衰减器、光隔离器和光环行器等的结构、工作原理及特性参数。

5.1　光纤连接器

光纤连接器是光纤与光纤之间进行可拆卸（活动）连接的器件，它把光纤的两个端面精密对接起来，以使发射光纤输出的光能量能最大限度地耦合到接收光纤中，并使由于其介入光链路而对系统造成的影响减到最小，这是光纤连接器的基本要求。在一定程度上，光纤连接器影响光传输系统的可靠性和各项性能。它是光纤通信中必不可少的器件。为便于施工，光缆须分段敷设，一般光缆长度为 1.2～2km，在两段光纤（光缆）之间要进行连接。这种连接是固定的、永久的，常用光纤固定接头来进行连接。在光发送机、光接收机或仪表与光纤之间也要进行连接，这种连接必须是活动的、可拆卸的，要通过光纤连接器来实现。光纤连接器因此成为光纤通信中需求量最大的光无源器件，如图 5-1 所示为套筒结构的光纤连接器示意图，包括用于对中的套筒、带微孔的插针和端面（图中画出的是平面的端面）。光纤固定在插针的微孔内，两根带光纤的插针用套筒对中实现连接。

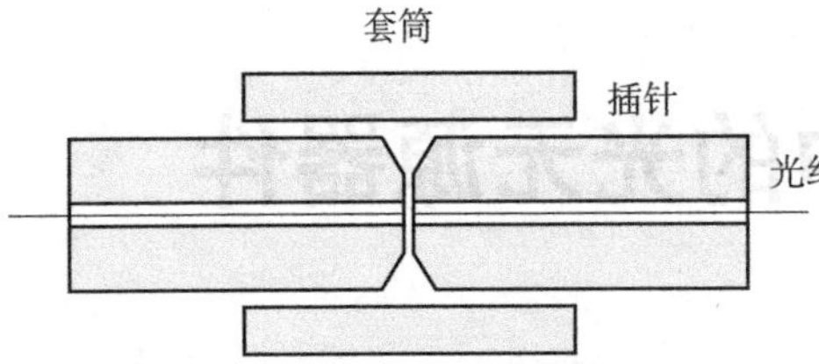

图 5-1　套筒结构的光纤连接器示意图

对光纤连接器的基本要求是使发射光纤输出的光能量最大限度地耦合进入接收光纤。光纤连接器是光纤通信中应用最广泛、最基础的光无源器件。光纤连接器中的尾纤是一端有活动连接器的光纤。尾纤用于和光源或检测器耦合，以构成发射机或接收机的输入/输出接口，或构成光缆线路及各种光无源器件两端的接口。光纤连接器中的跳线是两端都有活动连接器的一小段光纤。跳线用于终端设备与光缆线路及各种光无源器件之间的互连，以构成光纤传输系统。

5.1.1　光纤连接器的组成

不同光纤连接器在结构上差别很大，但按功能可分为如下几个组成部分。

（1）连接器插头（Plug Connector）：光纤在转换器中完成插拔功能的部件，由插针体和若干外部零件组成。为使光纤不受外界伤害，插头的机械结构必须具有对光纤进行有效保护的功能。

（2）转换器或适配器（Adapter）：即插座（法兰盘），将光纤插头连接在一起使光纤接通的器件。转换器可以连接同型号插头，也可以连接不同型号插头；可以连接一对插头，也可以连接几对插头或多芯插头。

（3）变换器（Converter）：将某一型号的插头变换成另一型号插头的器件。使用时将某一型号的插头插入同型号的转换器中，即可变成其他型号的插头。

（4）光缆跳线（Cable Jumper）：在一根光缆的两端装上插头，即构成跳线。两个插头的型号可以不同，可以是单芯的，也可以是多芯的。连接器插头是跳线的特殊情况，即只在光纤（缆）的一端装有插头，也称尾纤。

（5）裸光纤转换器（Bare Fiber Adapter）：将裸光纤与光源、探测器及各种光仪表连接起来的器件。将裸光纤穿入转换器，处理好光纤端面，形成一个插头，就可以进行其他连接了。用完后，可将裸光纤从转换器中抽出。裸光纤转换器在光纤测试、光仪表及光纤之间的临时连接中具有广泛的用途。

5.1.2　光纤连接器的性能

1. 插入损耗

插入损耗是指光纤中的光信号通过连接器之后，其输出光功率 P_{out} 与输入光功率 P_{in} 之比

的对数，数学表达式为

$$\alpha_{\mathrm{i}} = -10\lg\frac{P_{\mathrm{out}}}{P_{\mathrm{in}}}(\mathrm{dB}) \tag{5-1}$$

对于多模光纤连接器来说，注入的光功率应当经过稳模器滤去高次模，使光纤中的模式为稳态分布，这样才能准确地衡量连接器的插入损耗。光纤连接时，由于光纤纤芯直径、数值孔径、折射率分布的差异，以及横向错位、角度倾斜、端面形状、端面粗糙度等因素的影响，都会产生连接损耗，影响插入损耗。对于用户来说，插入损耗越小越好。

2. 回波损耗

回波损耗又称后向反射损耗，它是指在光纤连接处，后向反射光功率 P_{r} 与入射光功率 P_{in} 之比的对数，数学表达式为

$$\alpha_{\mathrm{r}} = -10\lg\frac{P_{\mathrm{r}}}{P_{\mathrm{in}}}(\mathrm{dB}) \tag{5-2}$$

回波损耗越大越好，这是因为回波损耗越大就越能减少反射光对光源和系统产生的影响，其典型值应不小于 25dB。在高速系统、有线电视系统和光纤通信系统等领域，为了减小回波损耗对光源的影响，要求回波损耗达到 40dB、50dB 甚至 60dB。满足这一要求的有效途径是将光纤端面加工成球面或斜球面，增大回波损耗的方法如图 5-2 所示。

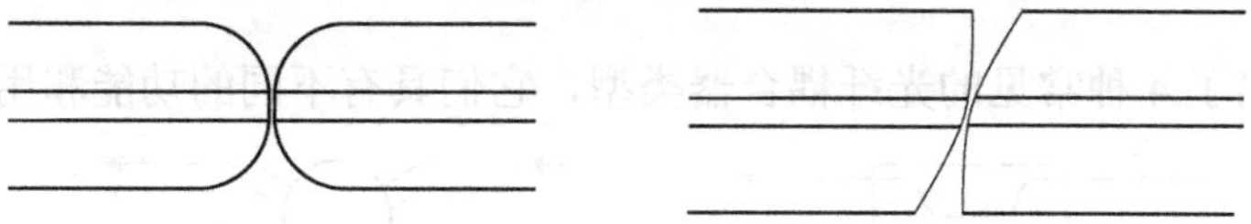

(a) 球面接触　　(b) 斜球面接触

图 5-2　增大回波损耗的方法

3. 重复性和互换性

重复性是指光纤连接器多次插拔后插入损耗的变化，用 dB 表示。互换性是指光纤连接器各部件互换时插入损耗的变化，也用 dB 表示。

这两项指标可以考核光纤连接器结构设计和加工工艺的合理性，也是光纤连接器实用性的重要标志。影响插入损耗的各项因素，也同时影响光纤连接器的重复性和互换性，因而这些因素的改善也会有效地提高重复性和互换性。

5.1.3　常用的光纤连接器

光纤连接器的种类、型号很多，按结构的不同可分为调心型和非调心型，按连接方式的不同可分为对接耦合式和透镜耦合式，按光纤相互接触关系的不同可分为平面接触式和球面接触式等。目前，具有代表性的产品主要有 FC 型、ST 型、SC 型、D4 型、双锥型、VFO（球面定心）和 F-SMA 型连接器。

（1）FC 型连接器采用螺纹连接，外部零件采用金属材料制作，是我国电信网采用的主要产品，我国已制定了 FC 型连接器的国家标准。

（2）SC 型连接器的插针、套筒与 FC 型连接器完全一样。它的外壳采用工程塑料制成的矩形结构，便于密集安装。它没有采用螺纹连接，可以直接插拔，使用方便，操作空间小，

可以密集安装，也可做成多芯连接器，应用广泛。

（3）ST 型连接器采用带键的卡口式锁紧结构，确保连接时准确对中。

光纤连接器是光学器件中的一种基础元件，它根据光通信、光传感技术提出的要求不断发展和提高，在进一步提高自身性能的基础上，正在向集成化、小型化的方向发展。

5.2 光纤耦合器

光纤耦合器（Coupler）又称分歧器（Splitter），是将光信号从一条光纤中分至多条光纤中的元件，实现输入光功率在不同输入端口的再分配。简单来讲，光纤耦合器就是一类能使传输中的光信号在特殊结构的耦合区内发生耦合，并进行再分配的器件。它的主要用途是对光中继接口噪声和插入噪声进行测量；监视传输线上的信号，并从中取出一定功率的光信号用于检测；提取反射信号等。光纤耦合器已经形成多功能、多用途的产品系列。随着光纤通信、光纤接入网、光纤 CATV、无源光网络（PON）、光纤传感器技术等的迅猛发展，光纤耦合器的应用越来越广泛。

5.2.1 光纤耦合器的类型

图 5-3 中给出了 4 种常见的光纤耦合器类型，它们具有不同的功能和用途。

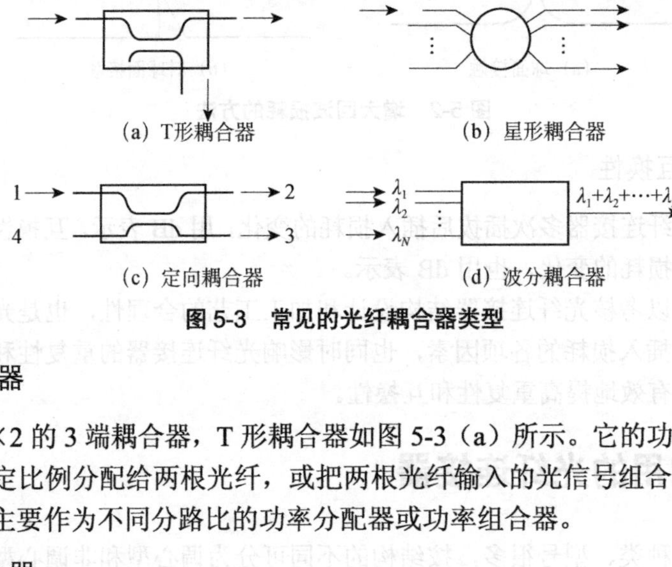

图 5-3 常见的光纤耦合器类型

1. T 形耦合器

这是一种 2×2 的 3 端耦合器，T 形耦合器如图 5-3（a）所示。它的功能是把一根光纤输入的光信号按一定比例分配给两根光纤，或把两根光纤输入的光信号组合在一起输入一根光纤。这种耦合器主要作为不同分路比的功率分配器或功率组合器。

2. 星形耦合器

这是一种 $n \times m$ 耦合器，星形耦合器如图 5-3（b）所示。它的功能是把 n 根光纤输入的光功率组合在一起，均匀地分配给 m 根光纤，m 和 n 不一定相等。这种耦合器常用作多端功率分配器。

3. 定向耦合器

这是一种 2×2 的 3 端或 4 端耦合器，它的功能是分别取出光纤中向不同方向传输的光信号。定向耦合器如图 5-3（c）所示，光信号从端 1 传输到端 2，一部分由端 3 输出，端 4 无输出；光信号从端 2 传输到端 1，一部分由端 4 输出，端 3 无输出。这种耦合器可用作分路器，不能用作合路器。

4. 波分复用器/解波分复用器

这是一种与波长有关的耦合器（也称合波器/分波器），波分耦合器如图 5-3（d）所示。波分复用器的功能是把多个不同波长的发射机输出的光信号组合在一起，输入一根光纤；解波分复用器的功能是把一根光纤输出的多个不同波长的光信号分配给不同的接收机。

5.2.2 光纤耦合器的结构

光纤耦合器的结构有多种类型，这里只介绍比较实用、发展潜力好的光纤型、微器件型和平面波导型耦合器。

1. 光纤型耦合器

光纤型耦合器是用于光信号分路/合路，或用于延长光纤链路的器件。光纤型耦合器是用熔融拉锥法制作的器件，熔融拉锥法就是将两根或两根以上除去涂覆层的光纤以一定的方式靠拢，再高温加热熔融，同时向两侧拉伸，最终在加热区形成双锥体形式的特殊波导结构，通过控制光纤扭转的角度和拉伸的长度，可得到不同的分光比例。熔融拉锥系统示意图如图 5-4 所示。

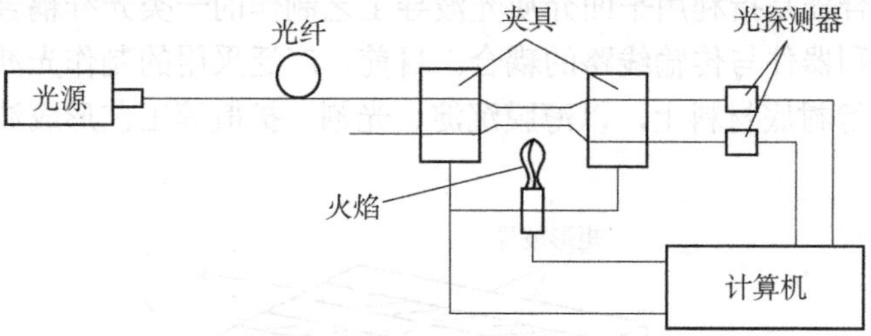

图 5-4　熔融拉锥系统示意图

利用熔融拉锥法可以制成 T 形耦合器、星形耦合器、定向耦合器和波分复用器/解波分复用器。图 5-5 显示了单模 2×2 定向耦合器和多模 8×8 星形耦合器的结构。单模星形耦合器的端数受到一定限制，通常可用 2×2 耦合器组成。

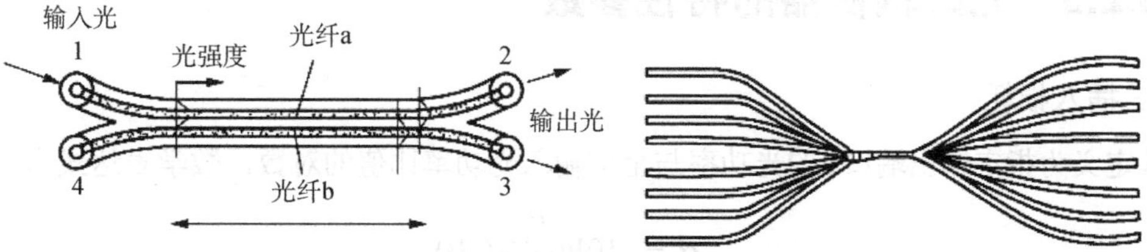

（a）定向耦合器　　（b）8×8星形耦合器

图 5-5　光纤型耦合器

2. 微器件型耦合器

利用自聚焦透镜和分光片（光部分透射、部分反射）、滤光片（一个波长的光透射，其他波长的光反射）或光栅（不同波长的光有不同的反射方向）等微光学器件，可以构成 T 形耦合器、定向耦合器和波分复用器/解波分复用器，微器件型耦合器如图 5-6 所示。用 2×2 耦合器作为基本单元，同样可以构成 $n \times n$ 星形耦合器。自聚焦透镜在光无源器件中起非常重要的作用。它是利用自聚焦效应制成的。

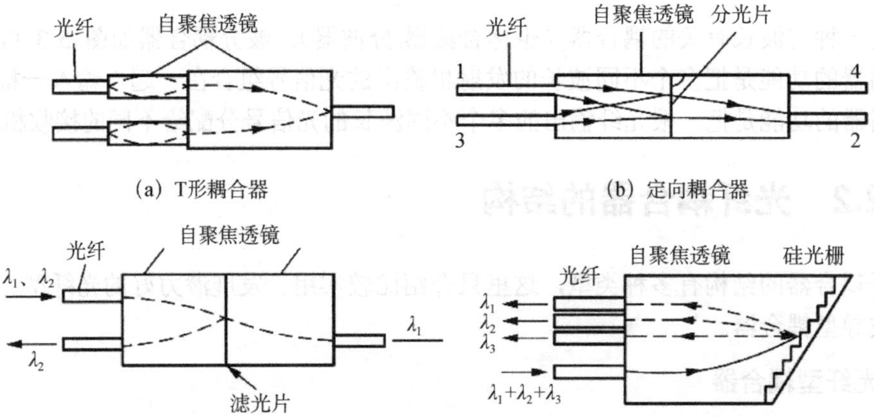

(a) T形耦合器　(b) 定向耦合器

(c) 滤光式解波分复用器　(d) 光栅式解波分复用器

图 5-6　微器件型耦合器

3. 平面波导型耦合器

平面波导型耦合器是指利用平面介质光波导工艺制作的一类光纤耦合器，其关键技术包括波导结构的制作和器件与传输线路的耦合。目前，广泛采用的制作光波导的方法主要是在铌酸锂（$LiNbO_3$）等衬底材料上，以薄膜沉淀、光刻、扩散等工艺形成波导结构。图 5-7 是矩形波导示意图。

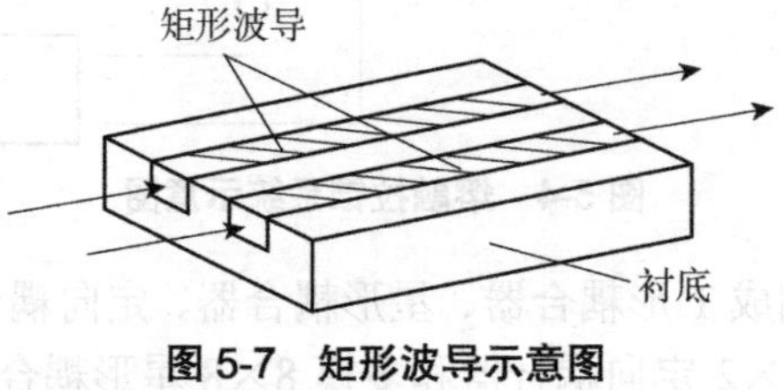

图 5-7　矩形波导示意图

5.2.3　光纤耦合器的特性参数

1. 插入损耗

其定义为指定输出端口 i 的光功率与全部输入光功率比值的对数，数学表达式为

$$\alpha_i = -10\lg\frac{P_{out}^i}{P_{in}}(\text{dB}) \tag{5-3}$$

式中，α_i 为第 i 个输出端口的插入损耗；P_{out}^i 为第 i 个输出端口的光功率；P_{in} 为输入的总光功率。

2. 附加损耗

其定义为所有输出端口的光功率总和相对于全部输入光功率的减少值，该值以 dB 表示的数学表达式为

$$\alpha_E = -10\lg\left(\frac{\sum_i P_{out}^i}{P_{in}}\right)(\text{dB}) \tag{5-4}$$

式中，α_E 为附加损耗；P_{out}^i 为第 i 个输出端口的光功率；P_{in} 为输入的总光功率。

光纤耦合器的附加损耗是体现器件制造工艺质量的指标，反映的是器件制作过程带来的固有损耗；而插入损耗则表示各个输出端口的输出功率情况，不仅有固有损耗的影响，而且有分光比的影响。因此，不同类型光纤耦合器之间的插入损耗差异并不能反映器件制作质量的优劣。

3. 分光比

分光比是光纤耦合器特有的技术指标，定义为耦合器各输出端口的输出功率 P_{out}^i 相对于总输出功率的百分比，它的数学表达式为

$$\text{CR}_i = \frac{P_{out}^i}{\sum_i P_{out}^i} \times 100\% \tag{5-5}$$

4. 方向性

方向性是光纤耦合器特有的技术指标，是衡量器件定向传输特性的参数。以 X 形耦合器为例，方向性是指耦合器正常工作时，输入一侧非注入光一端输出的光功率与全部注入的光功率的比值的对数。它的数学表达式为

$$\text{DL} = -10\lg\frac{P_{out}^2}{P_{in}^1} \tag{5-6}$$

式中，P_{out}^2 为 2 端输出光功率；P_{in}^1 为 1 端注入的光功率，即全部注入的光功率。

5. 均匀性

对于要求均匀分光的光纤耦合器（主要是星形和树形），由于工艺局限，往往不可能做到绝对均匀，均匀性就是用来衡量其不均匀程度的。均匀性被定义为在器件的工作带宽范围内，各输出端口输出功率 P_{out}^i 的最大变化量，它的数学表达式为

$$\text{FL} = -10\lg\left(\frac{\text{MIN}(P_{out}^i)}{\text{MAX}(P_{out}^i)}\right)(\text{dB}) \tag{5-7}$$

6. 偏振相关损耗

偏振相关损耗是指具有偏振特性的光信号，在光纤、器件或由它们组成的网络中传输时，由于光的偏振特性变化而引起的光功率变化，数学表达式为 $\text{PDL} = 10\lg\frac{T_{max}}{T_{min}}(\text{dB})$，其中 T_{max} 是全部偏振态传输率的最大值，T_{min} 是全部偏振态传输率的最小值。在实际应用中，光信号偏振态的变化经常发生，因此，器件必须具有足够小的偏振相关损耗才能不影响使用效果。

7. 隔离度

隔离度是指某一光路对其他光路中信号的隔离能力。隔离度高说明各线路之间的“传音”小。在实际工作中，隔离度可直接反映 WDM 器件对不同波长光信号的分离能力。对于分波

耦合器来说，隔离度往往需要达到 40dB，而合波耦合器的隔离度在 20dB 左右即可。隔离度的数学表达式为

$$I = -10\lg\frac{P_t}{P_{in}}(\text{dB}) \tag{5-8}$$

式中，P_t 是某一光路输出端测得的其他光路信号的功率值；P_{in} 是被检测光信号的输入功率值。

5.3 光调制器

光调制器是高速、长距离光通信的关键器件。光发射机的功能是把输入电信号转换成光信号，并用耦合技术把光信号最大限度地注入光纤线路，其中，把电信号转换为光信号的过程就是光调制。在通信系统中产生一个调制光信号最直接的方法是直接调制电流来驱动激光二极管，但是，这种直接调制会引起光波长的开通延迟、驰豫振荡、频率啁啾等有害影响。如果把激光的产生和调制过程分开，就可以避免这些有害影响。因此，常用的一种替代方法是使激光器以连续工作方式工作且在激光器之后安放一个调制器。这个调制器能够接通或断开激光器发出的激光而不会影响激光器本身。调制器可直接对接耦合到激光器上，也可安放在激光器芯片外壳内并用微透镜进行光学耦合，或者在激光器和调制器之间用一根光纤尾纤进行远距离连接，这种调制方法也称外调制。也就是说，外调制方式是让激光器连续工作，将外调制器放在激光器输出端后，用承载信息的信号通过调制器对激光器的连续输出进行调制。只要调制器的反射足够小，激光器的线宽就不会增加。为此，通常要插入光隔离器。直接调制和外调制方式如图 5-8 所示。

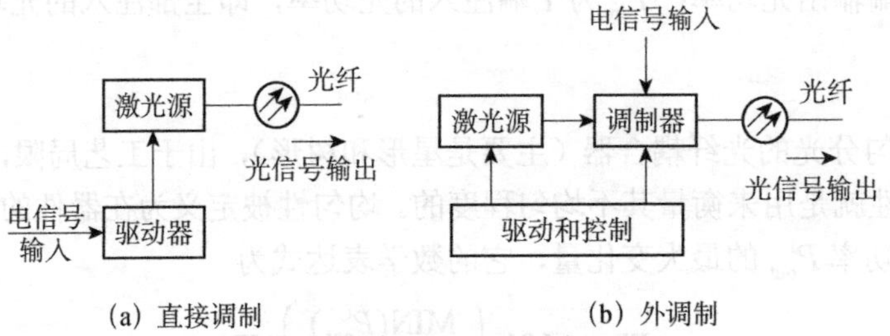

图 5-8　直接调制和外调制方式

5.3.1 电光效应

物质的折射率因外加电场而发生变化称为电光效应。常用的电光晶体有电光系数较大且在空气中稳定的铌酸锂（$LiNbO_3$）。铌酸锂调制是高速调制连续波二极管激光器所用的主要技术之一，它是利用铌酸锂为材料制作调制器的，特别适用于要求非常严格的线性调制或必须避免啁啾的各种应用场合（如有线电视）。这些调制器是借助电光效应（即用施加的外电场来改变材料的折射率）而工作的。

图 5-9 给出了一个简单的相位调制示意图。由于铌酸锂是一种绝缘体，向这种材料施加电场的方向与所用的电极有关。跨越调制器的电极提供了一个电场电力线与波导相交的平面电场，如图 5-9（b）所示。这要求调制器沿 y 轴方向切铌酸锂（y 轴与晶片平面垂直），所具

有的电场电力线是沿 z 轴方向的。沿 x 轴方向切铌酸锂的情况是类似的。图 5-9（c）展示了沿 z 轴方向切铌酸锂的情况。在这种情况下，电极被安放在波导上，让电场向下扩展通过波导（沿 z 轴方向）。电场电力线将从更远距离的第二个电极上来。在上述任一情况下，电场都是有条纹和不均匀的，这就是要引入填充因子的原因。

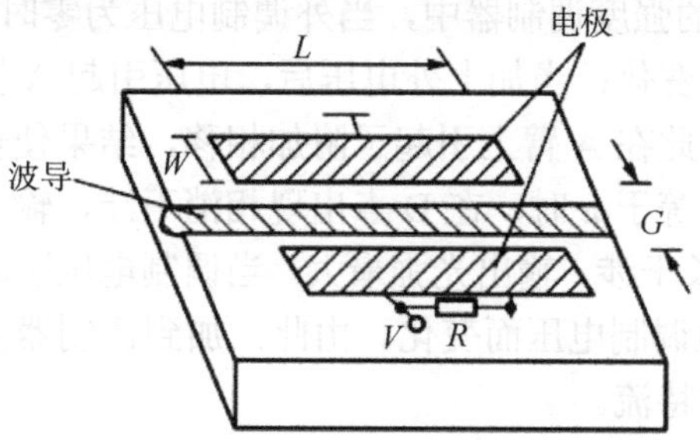

(a) 相位调制的几何形状，在铌酸锂中用电极跨越通道波导

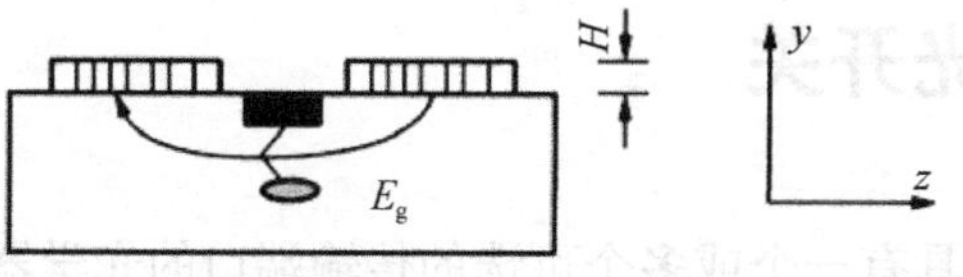

(b) 图5-9（a）的端面图，它显示了通道中的电场是怎样与表面平行分布的

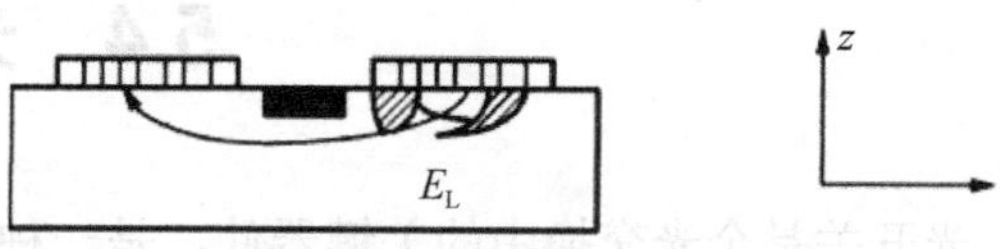

(c) 将一个电极放在通道上的相关调制的几何形状的端面图，它表示在通道中的电场是怎样与表面垂直分布的

图 5-9　一个简单的相位调制示意图

5.3.2　MZ 干涉型光调制器

最常用的幅度调制器是在铌酸锂晶体表面用钛扩散波导构成的马赫-曾德尔（MZ）干涉型光调制器，如图 5-10 所示。使用两个频率相同但相位不同的偏振光进行干涉的干涉仪，通过外加电压引入相位的变化来使幅度变化。

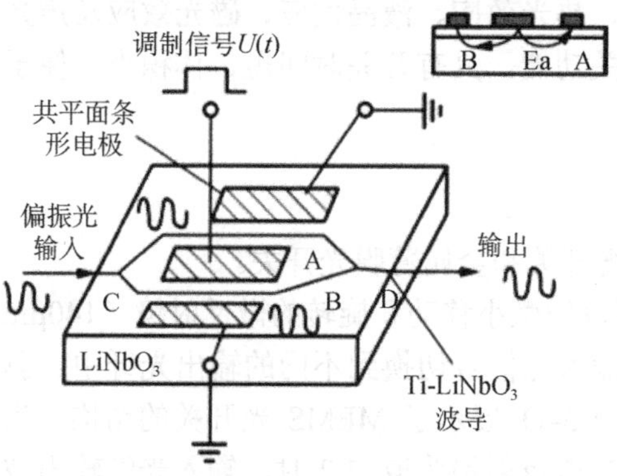

(a) 调制电压施加在两臂上

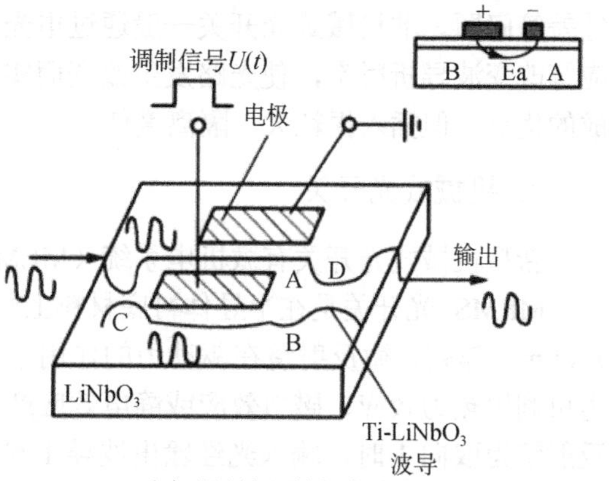

(b) 调制电压施加在单臂上

图 5-10　马赫-曾德尔（MZ）干涉型光调制器

在图 5-10（a）所示的由两个 Y 形波导构成的结构中，在理想情况下，输入光功率在 C 点平均分配到两个分支中传输，在输出端 D 干涉，所以该结构起干涉仪的作用，其输出幅

度与两个分支光通道的相位差有关。两个理想的背对背相位调制器，在外电场作用下，能够改变两个分支中待调制传输光的相位。由于加在两个分支中的电场方向相反，如图 5-10（a）右上方的截面图所示，所以在两个分支中的折射率和相位变化也相反，若在 A 分支中引入 π/2 相位的变化，那么在 B 分支中则引入-π/2 相位的变化，因此 A、B 分支将引入 π 相位的变化。

在图 5-10（b）所示的强度调制器中，当外调制电压为零时，MZ 干涉仪 A、B 两臂的电场表现出完全相同的相位变化；当加上外电压后，电压引起 A 波导折射率变化，从而破坏了该干涉仪的相长特性，因此在 A 臂上引起了附加相移，结果使输出光的强度减小。作为一个特例，当两臂间的相位差等于 π 时，在 D 点出现相消干涉，输出光强为零；当两臂的光程差为 0 或 2π 时，干涉仪相长干涉，输出光强最大。当调制电压引起 A、B 两臂的相位差在 0～π 之间变化时，输出光强随调制电压而变化。由此，加到调制器上的电比特流在调制器的输出端产生了波形相同的光比特流。

5.4 光开关

光开关是全光交换中的关键器件，是一种具有一个或多个可选的传输端口的光学器件，其作用是对光传输线路或集成光路中的光信号进行物理切换或逻辑操作。光开关在全光网中起重要的作用。在 WDM 传输系统中，光开关可用于波长适配、再生和提取；在光 TDM 系统中，光开关可用于解复用；在全光交换系统中，光开关是光交叉连接设备（OXC）的关键器件，也是波长变换的重要器件。

5.4.1 光开关的分类

光开关按其工作原理可分为机械式和非机械式两大类。机械式光开关通过光纤和光学元件的移动或旋转，使光路断开或关闭，开关时间在毫秒量级（较长），还会有回跳抖动和重复性差等问题。非机械式光开关一般通过电光效应、热光效应、液晶效应、磁光效应及声光效应等改变波导折射率，使光路发生改变而实现开关功能，具有开关时间短、体积小、便于集成的优点，但插入损耗大，隔离度低。

1. 机械式光开关

新型机械式光开关有微机电系统（MEMS）光开关和金属薄膜光开关。

MEMS 光开关是在半导体衬底材料上制造可以做微小移动和旋转的微反射镜（140μm×150μm）阵列。微反射镜在驱动力的作用下，将输入光信号切换到不同的输出光纤中。驱动力可利用热力效应、磁力效应或静电效应产生。图 5-11 展示了 MEMS 光开关的结构。当微反射镜为取向 1 时，输入光经输出波导 1 输出；当微反射镜为取向 2 时，输入光经输出波导 2 输出。微反射镜的旋转由控制电压（100～200V）完成。MEMS 光开关的优点是体积小，消光比大（＞60dB），隔离度高（＞45dB），对偏振不敏感，成本低，开关时间适中（0.1～1ms），插入损耗小于 2dB。

金属薄膜光开关的结构如图 5-12 所示。波导芯层下面是底包层，上面则是金属薄膜，金属薄膜与波导之间为空气。通过施加在金属薄膜与衬底之间的电压使金属薄膜获得静电力，在它的作用下，金属薄膜向下移动与波导接触，使波导的折射率发生改变，从而改变通过波导的光信号的相移。

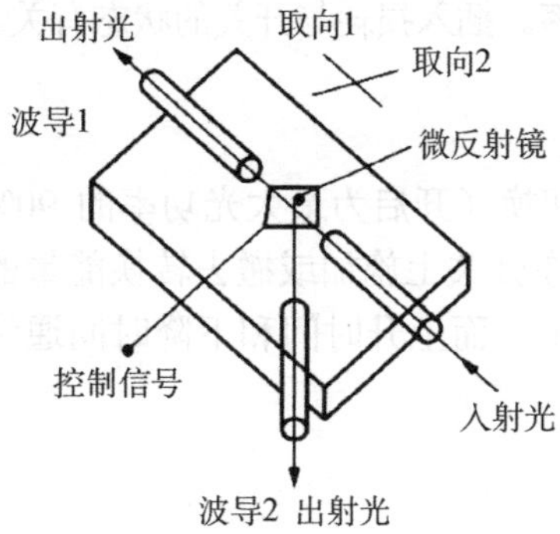

图 5-11 MEMS 光开关的结构

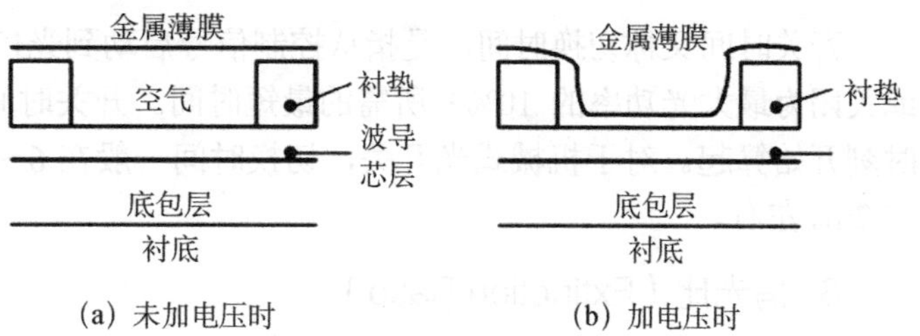

图 5-12 金属薄膜光开关的结构

2. 非机械式光开关

非机械式光开关有液晶光开关、电光效应光开关、热光效应光开关、声光效应光开关等。

液晶光开关内包含液晶片、偏振光束分离器（PBS）或光束调相器。当无外加电压时，液晶使偏振光的偏振角发生旋转，当旋转角恰好等于 90° 时，可从检偏器通过，即呈现 ON 状态。当施加电压时，液晶分子将平行于外加电场，双折射效应消失，入射光从液晶出射时依然保持垂直偏振状态，被检偏器阻挡，即呈现 OFF 状态。

电光效应光开关是基于电光效应的光开关。如果对晶体施加适当的外电场，则晶体的双折射性质将发生改变，从而使通过晶体的光波产生相位延迟或偏振态的改变，如图 5-13 所示。

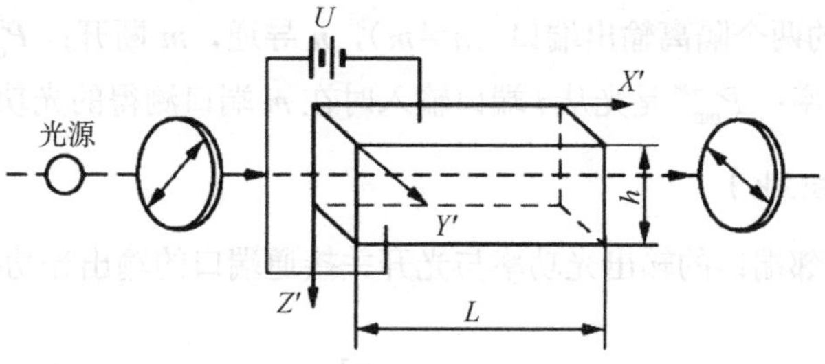

图 5-13 电光效应示意图

热光效应光开关是基于热光效应的光开关。热光效应是指通过电流加热的方法使介质的温度发生变化，导致介质折射率变化，从而使光波相位发生改变的物理效应。

声光效应光开关是基于声光效应的光开关。声光效应是指声波通过声光材料时，使其产生内部应力场或表面形变分布应变，通过光弹性效应，引起材料折射率周期性变化，形成布拉格光栅，衍射一定波长输入光的现象。声光效应光开关没有机械移动部分，消除了阻塞、破损等很多问题，但是损耗随波长变化较大，同时驱动电路也比较昂贵。

5.4.2 光开关的特性参数

1. 插入损耗（Insertion Loss）

插入损耗是指某一输出端口光功率与输入端口光功率的比值，以 dB 表示的数学表达式为

$$\alpha_i = -10\lg\frac{P_{\text{out}}^i}{P_{\text{in}}}(\text{dB}) \tag{5-9}$$

式中，P_{out}^i 为第 i 个输出端口的光功率；P_{in} 为输入端口的光功率。插入损耗与开关的状态有关。

2. 开关时间（Switching Time）

开关时间又称切换时间，是指从控制信号启动到光信号切换（开启为最大光功率的 90% 或关闭为最大光功率的 10%）所需的最短时间。开关时间从在开关上施加或撤去转换能量的时刻开始算起。对于机械式光开关，切换时间一般在 6～10ms，而上升时间和下降时间通常在 2ms 左右。

3. 消光比（Extinction Ratio）

消光比是指输入、输出两个端口处于导通（开启）和非导通（关闭）状态的插入损耗之差，它的数学表达式为

$$\text{ER}^{n,m} = \alpha_{\text{i}}^{n,m} - \alpha_0^{n,m} \tag{5-10}$$

式中，$\alpha_{\text{i}}^{n,m}$ 为 n、m 端口导通（开启）时的插入损耗；$\alpha_0^{n,m}$ 为 n、m 端口非导通（关闭）时的插入损耗。

4. 隔离度（Isolation）

隔离度是指两个隔离输出端口光功率的比值，以 dB 表示的数学表达式为

$$I^{n,m} = -10\lg\frac{P_{\text{out}}^{i\to n}}{P_{\text{out}}^{i\to m}}(\text{dB}) \tag{5-11}$$

式中，n、m 为开关的两个隔离输出端口（$n \neq m$），n 导通，m 断开；$P_{\text{out}}^{i\to n}$ 是光从 i 端口输入时 n 端口的输出光功率；$P_{\text{out}}^{i\to m}$ 是光从 i 端口输入时在 m 端口测得的光功率。

5. 串扰（Crosstalk）

串扰是指串入相邻端口的输出光功率与光开关接通端口的输出光功率的比值，以 dB 表示的数学表达式为

$$C^{12} = -10\lg\frac{P_{\text{out}}^2}{P_{\text{out}}^1}(\text{dB}) \tag{5-12}$$

式中，P_{out}^1 为开关接通输出端口 1 输出的光功率；P_{out}^2 为串入端口 2 输出的光功率。

5.5 光纤光栅

光栅是 WDM 系统中用于复合和分离独立波长的重要器件。从本质上来说，光栅是材料中的一种周期性结构或周期性扰动。材料中的这种变化具有一种特性，即可以在与波长有关的某一特定方向上反射或传输光，因此光栅可以分为传输光栅和反射光栅。

反射光栅的基本参数如图 5-14 所示。其中，θ_{i} 是光的入射角，θ_{d} 是光的衍射角，Λ 是光栅周期（材料中结构变化的周期）。在包含一系列等间隔缝隙的传输光栅中，两个相邻缝隙的

间隔称为光栅的间距。当以角度θ_d衍射的射线满足下式所示的光栅方程时，在像平面内就会产生在波长λ上的相加干涉。

$$\Lambda(\sin\theta_i - \sin\theta_d) = m\lambda \tag{5-13}$$

式中，m是光栅的阶数，一般只考虑m=1 的一阶衍射条件。对于不同的波长，可以在像平面内的不同点满足光栅方程，所以光栅可以分离不同的波长。

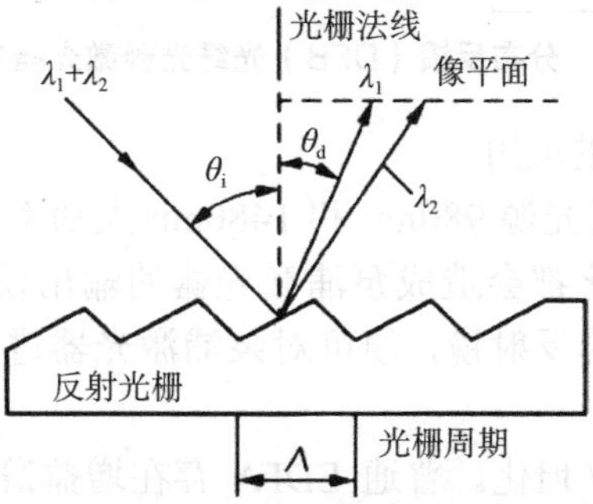

图 5-14　反射光栅的基本参数

5.5.1　光纤光栅的分类

根据折射率沿光栅轴向分布的形式，可将紫外光写入的光纤光栅分为均匀光纤光栅和非均匀光纤光栅。其中，均匀光纤光栅是指纤芯折射率变化幅度和折射率变化的周期（也称光纤光栅的周期）均沿光纤轴向保持不变的光纤光栅，如均匀光纤布拉格光栅（折射率变化的周期一般为 0.1μm 量级）和均匀长周期光纤光栅（折射率变化的周期一般为 100μm 量级）；非均匀光纤光栅是指纤芯折射率变化幅度或折射率变化的周期沿光纤轴向变化的光纤光栅，如 Chirped 光纤光栅（其周期一般与光纤布拉格光栅的周期处于同一量级）、切趾光纤光栅、相移光纤光栅和取样光纤光栅等。

5.5.2　光纤布拉格光栅

1. 光纤布拉格光栅的光学特性

通常把光栅周期小于 1μm 的均匀周期光纤光栅称为光纤布拉格光栅(Fiber Bragg Grating, FBG)。FBG 的主要特性是它能反射集中于布拉格波长λ_B附近的窄带光。布拉格波长λ_B可由下式求得：

$$\lambda_B = 2N_{eff}\Lambda \tag{5-14}$$

式中，Λ是周期性变化的空间周期（节距）；N_{eff}是以单模（通常是单模光纤的基模）传播时，光纤的有效折射率。

纤芯受到紫外光（一般是双光束干涉）的照射，会导致纤芯内部折射率形成周期性调制分布，所谓调制就是本来沿光纤轴线均匀分布的折射率产生大小起伏的变化。

2. 光纤布拉格光栅的应用

1）FBG 在激光器中的应用

光纤光栅激光器是 FBG 在激光器中的最直接应用，图 5-15 展示了分布反馈（DFB）光纤光栅激光器的原理图。DFB 光纤光栅激光器是直接在掺杂稀土的光纤（掺铒光纤）上写入光栅，构成谐振腔，且有源区与反馈区同为一体的光纤激光器。

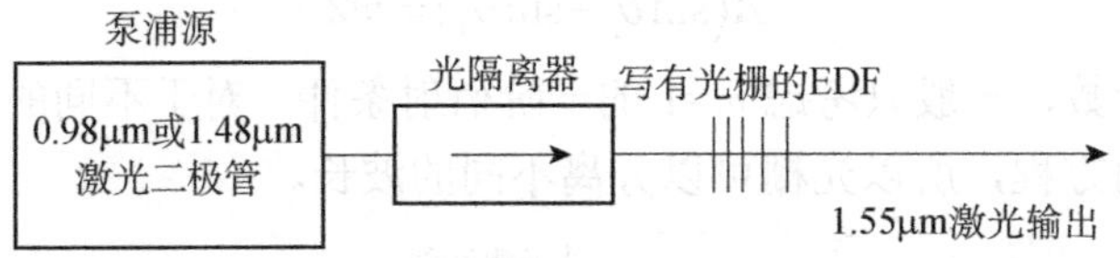

图 5-15　分布反馈（DFB）光纤光栅激光器的原理图

2）FBG 在光纤放大器中的应用

（1）用于稳定 EDFA 泵浦光源 980nm 和 1480nm 大功率半导体激光器的波长输出。注入电流、工作温度及器件老化都会造成泵浦激光器的输出模式老化（即输出波长变化），若用光纤光栅作为分布反馈的反射镜，便可对泵浦激光器进行稳频，从而实现稳定的波长输出。

（2）用于 EDFA 的增益平坦化。普通 EDFA 存在增益谱的不平坦性，即对于不同波长信号具有不同的增益。这种增益的不平坦性会导致各信道信号的严重失真，特别对于长距离的级联 EDFA，其影响将更加严重。EDFA 的增益均衡是建立 DWDM 全光网和进行全光传输的重要前提，因此必须解决 EDFA 增益的不平坦性。目前，利用长周期光纤光栅（Long Period Fiber Grating，LPFG）可以较完美地解决这个问题。这是因为 LPFG 对特定的波长具有衰减作用。

（3）使透过的泵浦光返回掺铒区，提高 EDFA 的泵浦效率。

（4）抑制 EDFA 的自发辐射噪声。

3）FBG 在光滤波器中的应用

利用 FBG 优良的选频特性，可以对光纤透射谱中的任一波长进行窄带输出。因此，利用 FBG 可以制作各种性能优良的光滤波器，如各种带通、带阻及可调谐窄带滤波器，这些滤波器可作为 DWDM 网络中的波长选择器件。特别对于 DWDM 接收机的信道选择，光纤光栅制成的可调谐光滤波器具有相当的优势，这种滤波器的中心波长由光栅周期控制。而滤波器的带宽可通过改变光栅调制强度或略微改变光栅周期的啁啾量得到调谐。

5.6　光衰减器

在某些情况下，由于信号源及传输距离的不确定，线路中的信号强度可能过大，这就需要采取某种措施减小信号强度。光衰减器用于消除线路中强度过大信号的器件。

5.6.1　光衰减器的分类与工作原理

根据衰减量的变化情况，光衰减器可分为固定式衰减器、步进可变式衰减器和连续可变式衰减器；根据不同的光信号传输方式，光衰减器可分为单模光衰减器和多模光衰减器；根据不同的光信号接口方式，光衰减器可分为尾纤式光衰减器和连接器端口式光衰减器。光衰减器按照工作原理主要分为 3 类：反射型光衰减器、吸收型光衰减器和耦合型光衰减器。

1. 反射型光衰减器

反射型光衰减器在玻璃基片上镀上一层反射膜作为衰减片，利用不同的膜层厚度来改变反射量的大小，从而改变衰减量。两块衰减片必须按照一定倾斜角对称地排列成八字形，防止光线垂直入射到衰减片上，以避免反射光的再次入射影响衰减器性能的稳定性。

2. 耦合型光衰减器

耦合型光衰减器通过输入、输出光束对准偏差的控制来改变耦合量的大小，从而改变耦合衰减量的大小。

3. 吸收型光衰减器

吸收型光衰减器采用光学吸收材料制成衰减片，主要用于吸收和透射光，其反射量很小，因此允许光线垂直入射到衰减片上，简化了结构和工艺，减小了器件的体积和重量。这种衰减器具有长期的稳定性。

5.6.2 光衰减器的特性参数

1. 衰减量和插入损耗

固定光衰减器的衰减量实际上就是其插入损耗。可变光衰减器除衰减量指标外，还有单独的插入损耗指标。普通可变光衰减器的插入损耗小于 3dB 即可，而高质量可变光衰减器的插入损耗要在 1dB 以下。光衰减器的插入损耗主要是由光纤准直器的插入损耗和衰减单元的透过率精度及耦合工艺造成的，其中的工艺重点在光纤准直器的制作上。如果光纤和自聚焦透镜及两个光纤准直器耦合得很好，可以大大降低整个光衰减器的插入损耗。

2. 光衰减器的衰减精度

通常，机械式光衰减器的衰减精度为其衰减量的±0.1 倍。衰减片式衰减器的衰减量取决于金属蒸发镀膜层的透过率和均匀性。

3. 回波损耗

光衰减器的回波损耗是指入射到光衰减器中的光能量和衰减器中入射光路反射的光能量之比。高性能光衰减器的回波损耗一般在 40dB。回波损耗是由各元件和空气折射率失配时造成反射而引起的。要提高回波损耗，在设计时需要在各元件的表面镀制抗反射膜，采用斜面透镜，并将各光学元件斜置或进行折射率匹配。平面元件引起的回波损耗通常在 14dB 左右，利用足够的抗反射膜和恰当的斜面抛光及装配工艺，整个器件的回波损耗能够达到 50dB。

4. 频谱特性

光衰减器在计量、定标等场合需要在一定的带宽范围内有较高的衰减精度，衰减谱线应具有较好的平坦性，因此光衰减器还有频谱特性的要求。但是此项指标仅在需要时测量，而不作为衰减器的常规测试指标。固定光衰减器的频谱损耗在−30～30nm 范围内通常不大于 0.5dB。

5.7 光隔离器

光隔离器是一种光单向传输的非互易器件，它对正向传输光具有较低的插入损耗，而对反向传输光具有很大的衰减作用。也就是说，光隔离器是一种只允许光沿一个方向通过而在相反方向阻挡光通过的光无源器件。光隔离器常被置于光源后，用以抑制光传输系统中反射信号对光源的不良影响。它的主要作用是防止光路中的后向传输光对光源及光路系统产生不良影响。

光隔离器的种类很多，按其构成材料可分为块状型、光纤型和波导型，按其外部结构可分为尾纤型、连接端口型和微型化型，按其偏振特性可分为偏振相关型和偏振无关型。

5.7.1 偏振相关型光隔离器

偏振相关型光隔离器由起偏器、检偏器和旋光器 3 部分组成，如图 5-16 所示。

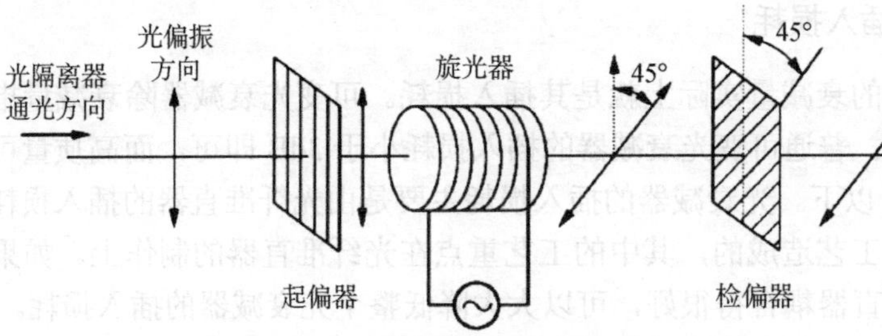

图 5-16 偏振相关型光隔离器的组成

首先介绍一下光偏振（极化）的概念。单模光纤中传输的光的偏振态（State of Polarization, SOP）是在垂直于光传输方向的平面上电场矢量的方向。在任何时刻，电场矢量都可以分解为两个正交分量，这两个正交分量分别称为水平模和垂直模。

偏振相关型光隔离器的工作原理如图 5-17 所示。这里假设入射光只是垂直偏振光，第一个偏振器的透振方向也是垂直方向，因此输入光能够通过第一个偏振器。紧接第一个偏振器的是法拉第旋转器，法拉第旋转器由旋光材料制成，能使光的偏振态旋转一定角度，如 45°，并且其旋转方向与光传播方向无关。法拉第旋转器后面跟的是第二个偏振器，这个偏振器的透振方向是 45° 方向，因此经过法拉第旋转器旋转 45° 后的光能够顺利地通过第二个偏振

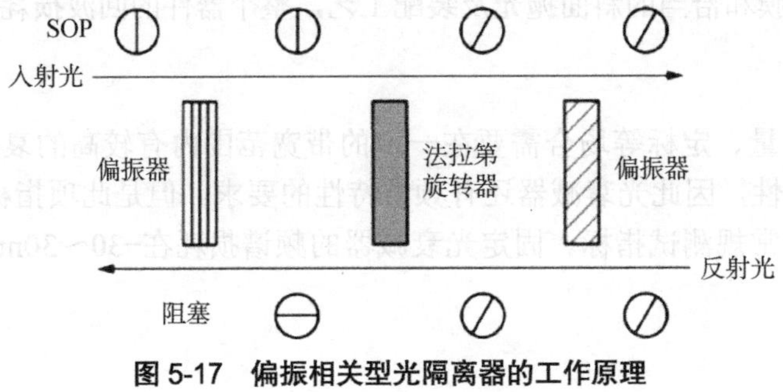

图 5-17 偏振相关型光隔离器的工作原理

器。也就是说，光信号从左到右通过这些器件（即正方向传输）是没有损耗的（插入损耗除外）。另外，假定在右侧存在某种反射（如接头的反射），反射光的偏振态也在 45°方向上，反射光通过法拉第旋转器时再旋转 45°，就变成了水平偏振光。水平偏振光不能通过左侧的偏振器（第一个偏振器），于是就达到了隔离效果。

5.7.2 偏振无关型光隔离器

在实际应用中，入射光的偏振态（偏振方向）是任意的，并且随时间变化，因此必须要求隔离器的工作与入射光的偏振态无关，于是隔离器的结构就变复杂了。一种小型的与入射光的偏振态无关的隔离器结构如图 5-18 所示。具有任意偏振态的入射光首先通过一个空间分离偏振器（Spatial Walk-off Polarizer，SWP）。这个 SWP 的作用是将入射光分解为两个正交偏振分量，让垂直分量直线通过，水平分量偏折通过。两个分量都要通过法拉第旋转器，其偏振态都要旋转 45°。法拉第旋转器后面是一个半波片。这个半波片的作用是将从左向右传播的光的偏振态顺时针旋转 45°，将从右向左传播的光的偏振态逆时针旋转 45°。因而，法拉第旋转器与半波片的组合可以使垂直偏振光变为水平偏振光，反之亦然。最后，两个分量的光在输出端由另一个 SWP 合在一起输出，入射光如图 5-18（a）所示。另外，如果存在反射光在反方向上传输，半波片和法拉第旋转器的旋转方向正好相反，当两个分量的光通过这两个器件时，其旋转效果相互抵消，偏振态维持不变，在输入端不能被 SWP 再组合在一起，反射光如图 5-18（b）所示，于是就起到了隔离作用。

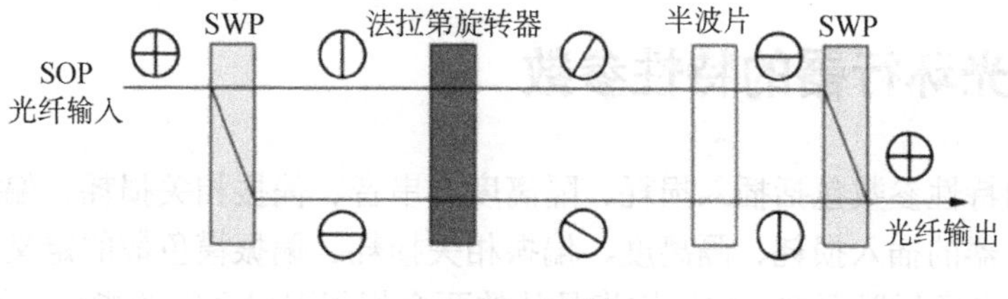

（a）入射光

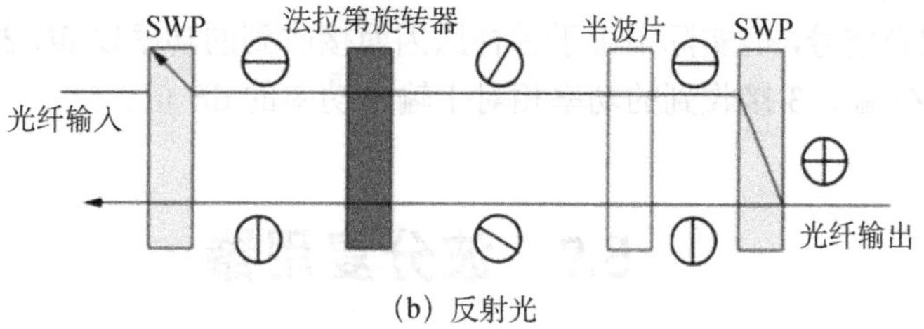

（b）反射光

图 5-18 一种小型的与入射光的偏振态无关的隔离器结构

5.8 光环行器

光环行器是一种单向多端口无源器件，它将光沿一个方向从一个端口传送到另一个端口。这种器件可用于光纤放大器、分插复用器及散射补偿模块等。

5.8.1　光环行器的结构

光环行器是一种多端口非互易光学器件，它的典型结构有 N（$N \geqslant 3$）个端口。光环行器示意图如图 5-19 所示，当光由端口 1 输入时，光几乎毫无损失地由端口 2 输出，其他端口处几乎没有光输出；当光由端口 2 输入时，光几乎毫无损失地由端口 3 输出，其他端口处几乎没有光输出，以此类推。这 N 个端口形成了一个连续的通道。严格地讲，若端口 N 输入的光可以由端口 1 输出，则称为环行器；若端口 N 输入的光不可以由端口 1 输出，则称为准环行器。通常人们并不在名称上做严格区分，统称为环行器。

光环行器的非互易性使其成为双向通信中的重要器件，它可以完成正反向传输光的分离任务。光环行器在光通信的单纤双向通信、上/下话路、合波/分波及色散补偿等领域有广泛的应用。如图 5-20 所示为光环行器用于单纤双向通信的示意图。

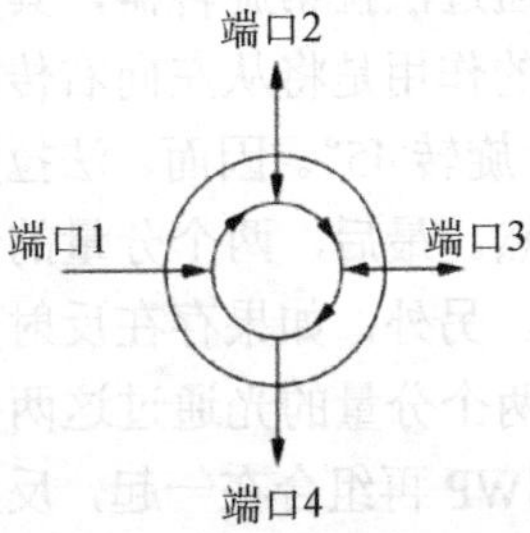

图 5-19　光环行器示意图

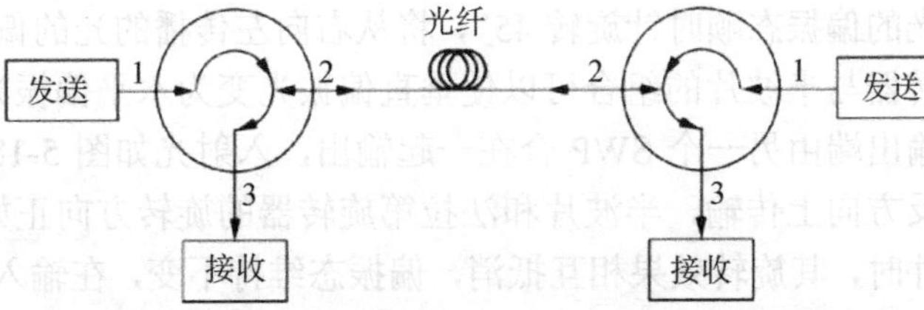

图 5-20　光环行器用于单纤双向通信的示意图

5.8.2　光环行器的特性参数

光环行器的特性参数包括插入损耗、隔离度、串音、偏振相关损耗、偏振模色散及回波损耗等。光环行器的插入损耗、隔离度、偏振相关损耗、偏振模色散的定义与光隔离器基本相同，只不过对光环行器而言，它们均指具体的两个相邻端口之间的指标，如端口 1、2 之间或端口 2、3 之间的插入损耗、PDL、PMD 等。光环行器的串音是指两个不相邻端口之间理论上不能接收到光信号，但实际中由于种种原因而接收到的功率以 dB 表示的相对值，如端口 1 输入信号时，在端口 3 接收到的功率相对于输入功率的 dB 值。

5.9　波分复用器

波分复用（WDM）器是对光波波长进行分离与合成的光无源器件。在高速光通信系统、接入网、全光网等领域中，光纤频带资源有着广阔的应用前景。同时，光纤网络中的光纤、光缆动态状况监测也必须利用波分复用技术。

5.9.1　波分复用器的工作原理

WDM 是指利用一根光纤同时传送多个不同波长的光载波，这些不同波长的光载波所承载的信号可以是相同速率、相同数据格式，也可以是不同速率、不同数据格式。WDM 和 OFDM 本质上都是光波长分割复用（又称光频率分割复用），但两者的复用信道波长间隔（或者频率间隔）不同。当相邻两峰值波长的间隔为几十到几百纳米时，称为粗波分复用（CWDM）系统，20 世纪 80 年代中期的 WDM 系统就是粗波分复用系统；相邻两峰值波长的间隔为纳米量级的系统称为密集波分复用（DWDM）系统，ITU-T 已建议标准的波长间隔为 0.8nm 的整数倍，如 0.8nm、1.6nm、2.4nm、3.6nm 等；而相邻两峰值波长的间隔小于 1nm 的系统则称为 OFDM 系统。

WDM 的基本原理是，在发送端采用复用器（合波器）将不同波长的光信号进行合并，在接收端利用解复用器（分波器）将合并的光信号分开并送入不同的终端。采用 WDM 技术后，原来只能采用一个光波长作为载波的单一光信道就变为多个不同波长的光信道同时在光纤中传输，从而提高了光纤通信系统的传输容量。

5.9.2 常用的波分复用器

常用的波分复用器主要有介质薄膜干涉滤波型、平面波导型、光纤光栅型、光纤熔锥型及衍射光栅型等。

1. 介质薄膜干涉滤波型

介质薄膜干涉滤波型波分复用器是应用最广泛的一种波分复用器，主要应用在 200～400GHz 频率间隔的低通道波分复用系统中。介质薄膜干涉滤波型波分复用器的工作原理如图 5-21 所示，在玻璃衬底上镀膜，多层介质膜的作用是使光产生干涉选频，镀膜的层数越多，选择性越好，一般要镀 200 层以上。镀膜后的玻璃经过切割、研磨，再与光纤准直器封装在一起。这种技术十分成熟，可以提供良好的温度稳定性和通道隔离度及很大的带宽，不足之处在于要实现 100GHz 以下频率间隔非常困难，限制了通道数只能在 16 以下。这类产品的国外供货商包括 SCHOTT 和 NSG，国内供货商包括上海中天、广州奥普、成都中科院光电所、沈阳汇博公司等。

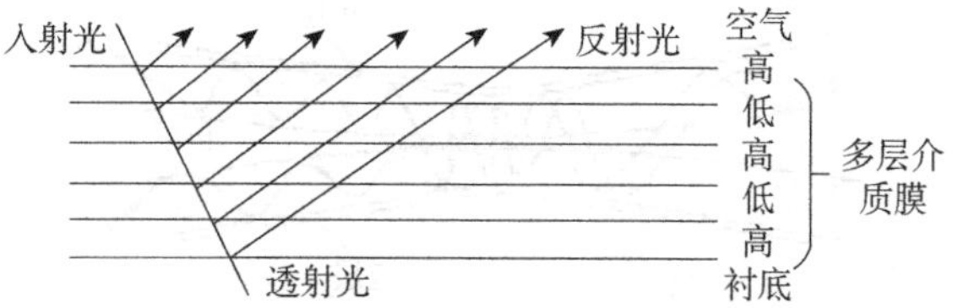

图 5-21 介质薄膜干涉滤波型波分复用器的工作原理

2. 平面波导型

平面波导型波分复用器主要基于阵列波导光栅（AWG），基于纳米材料制作的 Si-AWG 如图 5-22 所示。制作原理是在硅材料衬底上镀多层仔细选定以产生合适的折射率的玻璃膜（形成光栅），技术难点在于如何控制玻璃膜的厚度、成分与缺欠等。这种器件的优点在于集成性，频率间隔可以达到 100GHz；缺点是温度稳定性不好，插损较大。这类产品的国外供应商是 KYMATA。

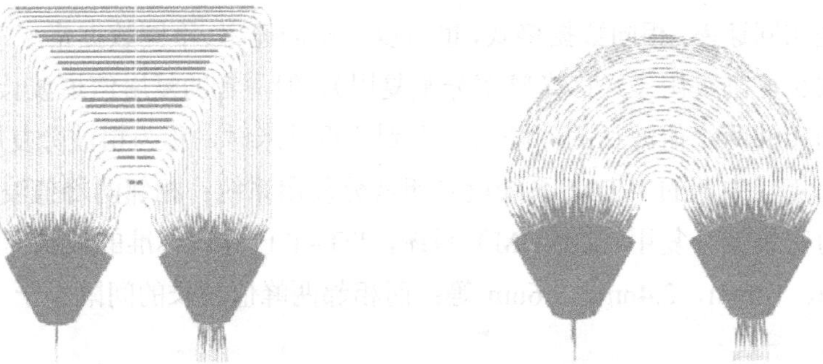

(a) 比利时根特大学制作的马鞍形　　(b) 日本横滨国立大学制作的圆盘形

图 5-22　基于纳米线材料制作的 Si-AWG

3. 光纤光栅型

基于光纤的波分复用器主要是基于长周期或短周期的光纤光栅及熔融 MZ 干涉仪型的结构。这些器件特别是后者可以提供非常小的频率间隔，可以达到 2.5GHz（0.04nm），理论上在 C 波段就可以容纳 1600 个通道复用。插损与一致性也非常好。光纤光栅是通过紫外光在高掺锗或普通氢载光纤上按一定的掩膜刻制光栅的器件。长周期光纤光栅还具有宽带滤波的性能，特别适合制作 EDFA 增益平坦的滤波器。光纤光栅器件的缺点在于温度稳定性，由于光栅的中心波长会随温度而变化，所以实用化的器件必须解决这个问题。

4. 光纤熔锥型

光纤熔锥型波分复用器主要应用于双波长的复用，如 1310nm/1550nm 的 WDM，以及用于 EDFA 泵浦的 980nm/1550nm 和 1480nm/1550nm 的 WDM。图 5-23 显示了熔锥型 WDM 器件的原理，将两根（或两根以上）除去涂覆层的裸光纤以一定方式（打绞或使用夹具）靠近，在高温下加热熔融，同时向两侧拉伸，利用电脑监控其光功率耦合曲线，并根据耦合比与拉伸长度的关系控制停火时间，最后在加热区形成双锥波导结构。采用熔融拉锥法实现传输光功率耦合的耦合系数与波长有关，因此，可以利用在耦合过程中耦合系数对波长的敏感性制作 WDM 器件。制作器件时，可通过改变熔融拉锥条件，增强耦合系数对波长的敏感性，从而制成熔融拉锥全光纤型 WDM 器件。

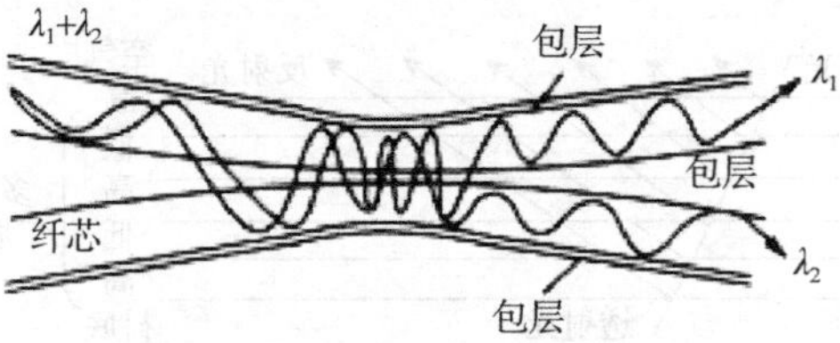

图 5-23　熔锥型 WDM 器件的原理

熔融型 WDM 器件的特点是插入损耗低（最大值小于 5dB，典型值为 0.2dB），不需要波长选择器件，具有较好的光通路带宽/信道间隔比和温度稳定性；其不足之处是复用波长数少，隔离度较差（20dB 左右），很少用于目前的 DWDM 系统。

5. 衍射光栅型

衍射光栅型波分复用器利用衍射光栅的色散作用来实现分光，当一束复色光入射到衍射光栅时，由于不同的波长具有不同的衍射角，所以可实现彼此相互分离。

图 5-24 是由光栅、自聚焦透镜和一个光纤阵列组成的波分复用器结构示意图。这种类型的 DWDM 器件的通道数取决于光纤阵列，通常可以做到 64 路。

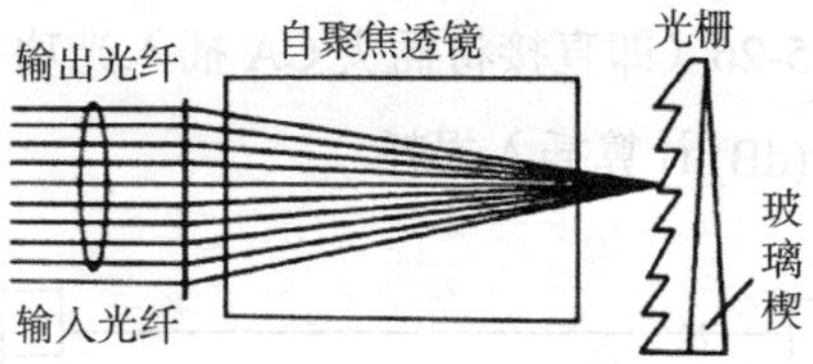

图 5-24　由光栅、自聚焦透镜和一个光纤阵列组成的波分复用器结构示意图

5.10　光器件测试

光器件是保证光纤通信系统实现各通信信道间的自由上下与交换等功能的重要组成部分，其性能的优异决定系统性能的优异（如稳定性）。因此，不论在设计制作还是选购光器件时，都要对其性能指标进行测试。这里主要介绍系统中常用的光无源器件的测试。

一般来说，对于光无源器件，需要测量的指标主要有插入损耗、回波损耗、隔离度、方向性及偏振相关损耗等。用到的测试设备主要有光谱分析仪（OSA）、光功率计（PM）、可调激光器（TLS）、宽带光源（BBS）和偏振控制器（PC）。下面将介绍光器件主要指标的测试方法及具体步骤。

5.10.1　插入损耗的测量

插入损耗包括单一波长的插入损耗和波长相关的插入损耗，它们的区别在于测试中使用的光源分别是可调激光器和宽带光源。测量插入损耗通常采用截断法和替代法。

1. 截断法

截断法是一种破坏性方法，测量步骤如下。

（1）按照图 5-25 测量并记录 P_1。

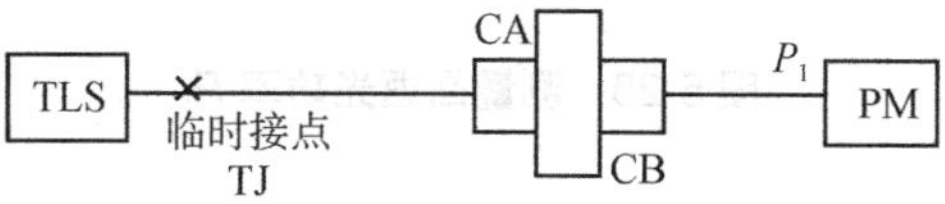

图 5-25　测量 P_1

（2）在 P_1 稳定后，将临时接点 TJ 与插头 CA 之间的光纤截断，截断点 J 与临时接点 TJ 的距离应不小于 30cm。

（3）待系统稳定后，测量并记录 P_0。

（4）按公式 $\alpha_i = -10\lg\dfrac{P_1}{P_0}$(dB) 计算插入损耗。

2. 替代法

替代法是一种非破坏性方法，与截断法相比，精度稍微低了些，测量步骤如下。

（1）按图 5-25 测量并记录 P_1。

（2）在 P_1 稳定后，按图 5-26（即直接将插头 CA 插入光功率计）测量并记录 P_0。

（3）按公式 $\alpha_i=-10\lg\frac{P_1}{P_0}$(dB) 计算插入损耗。

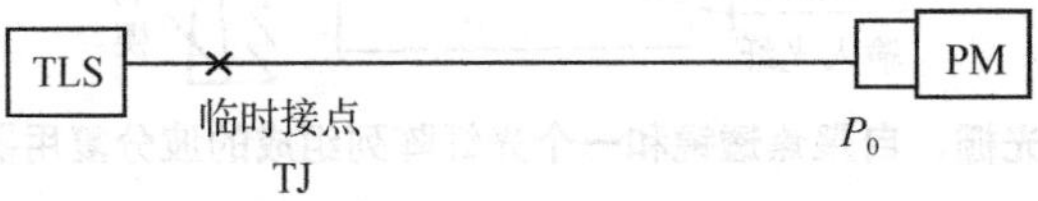

图 5-26　用替代法测量 P_0

5.10.2　回波损耗的测量

测量回波损耗通常采用光纤耦合器测试法。下面以光隔离器为例，具体介绍回波损耗的测量步骤。

（1）选择一个分光比为 1∶1 且带连接器端口的 2×2 光纤耦合器，按图 5-27 测量 P_0。

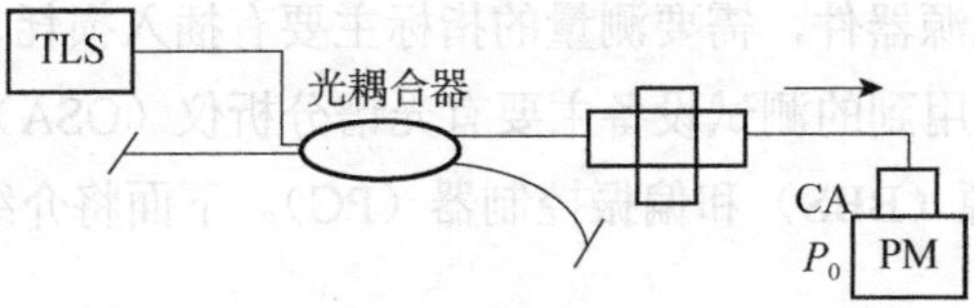

图 5-27　测量 P_0

（2）按图 5-28 接上待测光隔离器（ISO），并测量回返光功率 P_1。

（3）根据公式 $\alpha_r=-10\lg\frac{P_1}{P_0}$(dB) 计算光隔离器的回波损耗。

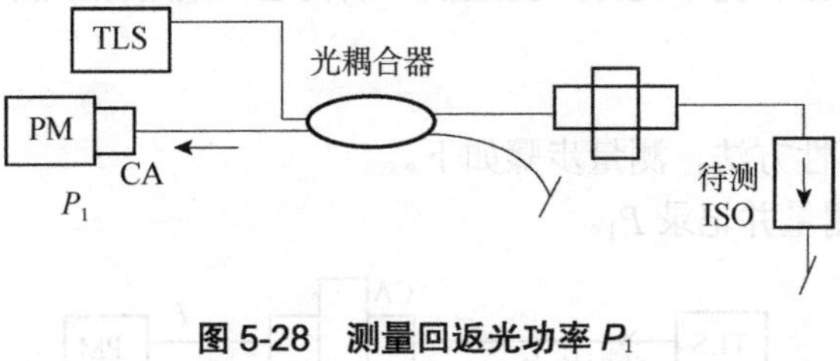

图 5-28　测量回返光功率 P_1

5.10.3　隔离度的测量

隔离度是光隔离器和 WDM 器件的重要参数。对于光隔离器，它主要指反向隔离度。下面将分别介绍两种器件隔离度的测量步骤。

1. 光隔离器反向隔离度的测量

下面以偏振无关型光隔离器为例，介绍具体测量步骤。

（1）按图 5-29 测量输入端的频谱 $P_0(\lambda)$。

（2）按图 5-30 反向接入光隔离器，并测量输出端的频谱 $P_1(\lambda)$。

（3）根据公式 $I(\lambda) = -10\lg(P_1(\lambda) / P_0(\lambda))$ 即可算出光隔离器的反向隔离度。

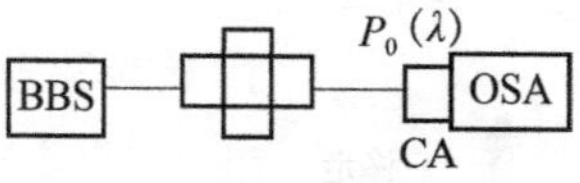

图 5-29　测量输入端的频谱 $P_0(\lambda)$

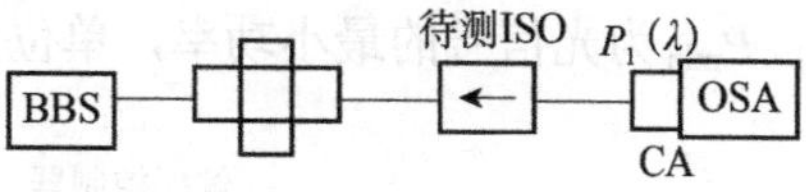

图 5-30　测量输出端的频谱 $P_1(\lambda)$

2. WDM 器件隔离度的测量

下面以 1×2 的 1310nm/1550nm WDM 器件为例，介绍具体测量步骤。

（1）按图 5-31 分别测量 TLS 在 1310nm 和 1550nm 的输出光功率 $P_{0,1310}$ 和 $P_{0,1550}$。

（2）按图 5-32 接上 WDM 器件，分别测出 1310nm 和 1550nm 输出臂的功率 $P_{1,1310}$ 和 $P_{1,1550}$。

（3）按照公式 $I(\lambda) = -10\lg\left(P_1(\lambda) / P_0(\lambda)\right)$ 分别计算 1310nm 和 1550nm 的隔离度。

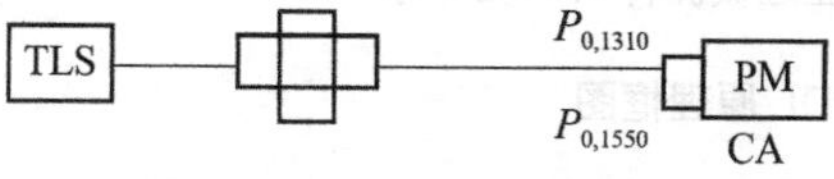

图 5-31　测量 $P_{0,1310}$ 和 $P_{0,1550}$

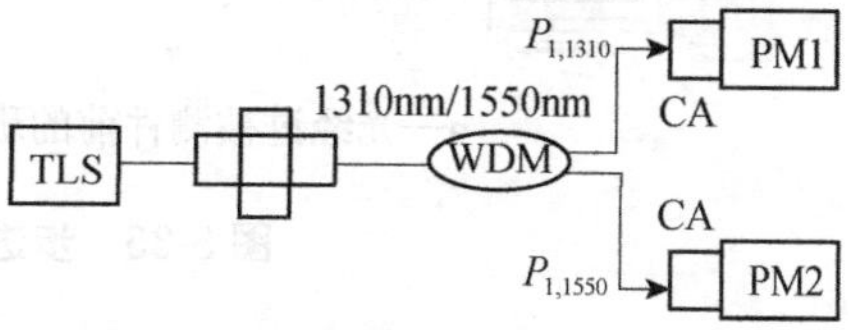

图 5-32　测量 $P_{1,1310}$ 和 $P_{1,1550}$

5.10.4　方向性的测量

方向性是光纤耦合器特有的一个指标，它是衡量器件定向传输特性的参数。具体测量步骤如下。

（1）按图 5-33 测量输入端注入功率 P_0。

（2）按图 5-34 接上光纤耦合器，并测量非注入光端的输出光功率 P_1。

（3）根据公式 DL=−101g（P_1/P_0）即可算出上述端口的方向性。

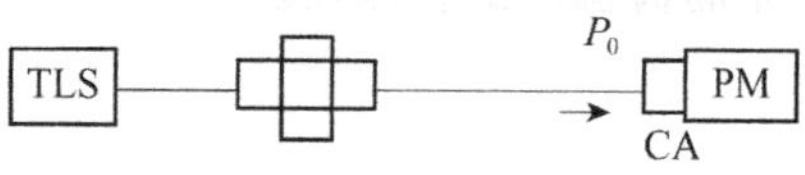

图 5-33　测量输入端注入功率 P_0

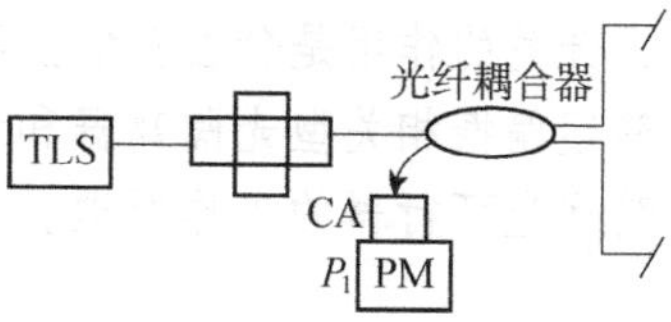

图 5-34　测量非注入光端的输出光功率 P_1

5.10.5　偏振相关损耗的测量

光无源器件偏振相关损耗（PDL）的测量方法总的来说有两大类：扫描法和固定态法。其中，扫描法根据扫描方式不同，又分为步进扫描法（确知的全状态扫描法）和时间扫描法（不确知的全状态扫描法）；固定态法根据选取偏振态的数目不同，又分为三态法（Jones 矩阵法）、四态法（Mueller 矩阵法）及六态法等。

步进扫描法测量 PDL 原理框图如图 5-35 所示。这种方法就是利用计算机自动测试技术，控制偏振控制器沿着预先选定的轨迹在班克球上扫描，扫描的方式有两种：经线步进纬线扫描或纬线步进经线扫描。每扫描到一个位置，计算机自动采集经过被测件的光信号。扫描完成后，得到很多不同偏振态下的光信号数据，在这些数据中找出信号的最大值和最小值，代入公式 $PDL=P_{max}-P_{min}$ 即可求出被测件的偏振相关损耗。式中，P_{max} 为光信号的最大功率，单位为 dBm；P_{min} 为光信号的最小功率，单位为 dBm。

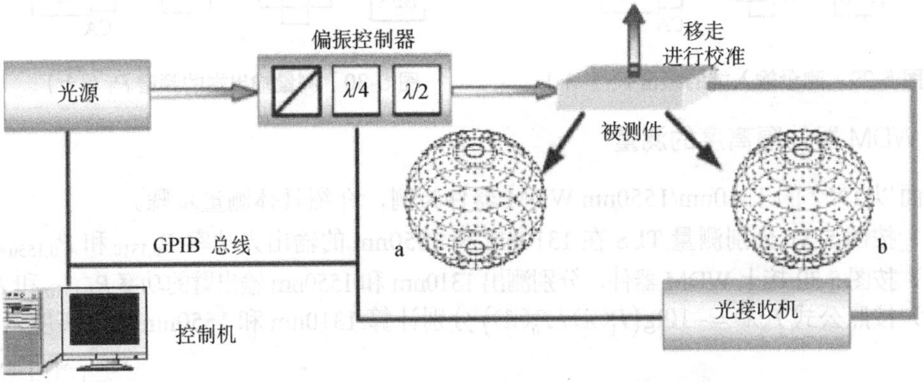

a—光经过被测件前的班克球；b—光经过被测件后的班克球

图 5-35　步进扫描法测量 PDL 原理框图

复习与思考

5-1　光纤连接器有几个组成部分？各部分的功能是什么？
5-2　常用的光纤连接器有哪几种类型？各类型的特点是什么？
5-3　简述常用光纤耦合器的类型和功能。
5-4　光纤耦合器的特性参数有哪些？
5-5　简述 MZ 幅度调制器的工作原理。
5-6　什么是电光效应？
5-7　光开关的作用是什么？它主要分为哪两类？
5-8　简述偏振相关型光隔离器和偏振无关型光隔离器的工作原理。
5-9　简述光环行器的工作原理。

应用篇

第6章 光缆线路

教学导航

知识目标

掌握光缆敷设、线路测试及维护的基本方法。

能力目标

通过对光缆敷设、线路测试及维护方法的学习，初步具备光缆敷设、线路测试及维护的能力。

学习重点

1. 各种施工现场光缆敷设的基本原则。
2. 光缆线路的测试方法、维护方法及抢修原则。

学习难点

本章学习难点在于线路应急抢修过程中的处理原则。

光缆线路施工与测试是光纤通信系统建设的主要环节。光缆传输性能的优劣，线路施工质量的好坏，均直接影响系统的通信质量。对于长途干线，光缆线路是整个系统的主要组成部分。此外，光缆线路障碍的准确定位与快速修复均难于其他设备。因此，在光缆线路施工的各个环节中应精心组织、严格管理，遵守各项施工标准与规范。

光缆线路施工分为以下几个阶段。

（1）光缆线路施工准备（路由复测，光缆检验、配盘与搬运，施工设备和工具准备）。

（2）光缆敷设。

（3）光缆接续与成端。

（4）光缆线路测试与竣工验收。

6.1 光缆线路施工准备

6.1.1 路由复测

1. 复测的任务

光缆线路的路由复测是光缆线路工程正式开工后的首要任务。复测必须以经过审批的施工图为依据。复测内容有：核对路由的具体走向、敷设方式、环境条件及接头具体位置；核对施工图纸、光缆穿越障碍物时需要的防护措施及地段的具体位置等。复测的结果为光缆配盘、分囤（即为施工方便，将光缆分散于不同地点囤放）及敷设提供必要的资料。

2. 复测的一般方法

路由复测的一般方法与工程设计中路由勘察测量的方法相似。勘察测量用来选择路由，路由复测是按设计施工图规定的路由进行复核测量。路由复测的一般步骤如下。

（1）定线。在起始点用三角定标或在拐角桩位置插大旗。

（2）测距。正确测出地面实际距离。

（3）打标桩。在测量路由上打标桩以便画线、挖沟和敷设。

（4）画线。用白石灰线连接前后标桩。

（5）绘图。按比例绘制地形地物和主要建筑物图并登记。

参加路由复测的每个人，都应掌握线路测量的基本技术，如直线段的测量，转弯点的测量，河、沟宽度的测量，以及高度和断面的测量等。

6.1.2 光缆检验、配盘与搬运

1. 光缆检验

施工单位应在开工前，对运到工地的光缆进行检验。检验包含核对、外观检查和性能测试。

（1）核对：检查单盘光缆是否有产品质量检验合格证，其规格、程式、长度是否与订货合同、工程设计要求相符。

（2）外观检查：先检查缆盘包装是否损坏，然后开盘检查光缆外皮有无损伤，光缆端头封装是否良好，填充型光缆的填充物是否饱满。在−30～50℃温度范围内，填充油不应硬化或滴漏。对于包装严重损坏或外皮有损伤的光缆，外观检查应做详细记录。

（3）性能测试：现场检验应测试光纤衰减常数和光纤长度，一般使用光时域反射仪（OTDR）进行测试。光缆金属护套对地绝缘电阻应大于1000MΩ · km，一般用电缆对地绝缘故障探测仪测量。外观检查中发现有问题的光缆盘应作为性能测试的检验重点。不符合要求的光缆不能用于工程施工，属一般缺陷的修复合格后方可使用。

打开光缆端头检验时，应核对光缆端头端别，并在光缆盘上做醒目标记；一般还应在两端护套上标明端别，以红色表示A端，绿色表示B端，以便施工时识别。单盘光缆检验完毕，应恢复光缆端头的密封包装及光缆盘的包装。

2. 光缆配盘

光缆配盘应遵循以下原则。

（1）光缆应尽量做到整盘敷设，以减少中间接头。

（2）靠设备侧的第1、2段光缆的长度应尽量大于1km。

（3）靠设备侧应选择几何尺寸、数值孔径等参数偏差小且一致性好的光缆。

（4）不同的敷设方式及不同的环境温度对应不同的光缆，应根据设计规定选用。

（5）配盘后的接头应满足下列要求：直埋光缆接头应安排在地势平坦和地质稳固地点，应避开水塘、河流、沟渠等；管道光缆接头应避开交通要道口，接头点应安排在人孔中；架

空光缆接头应落在杆上或杆旁 1m 左右。

（6）应将光缆配盘结果填入"中继段光缆配盘图"。

3. 光缆搬运

为了避免光缆在搬运过程中受到机械损伤，当移动距离较远时，应用卡车或叉车装运；在移动距离较近时，必须按盘上标示的箭头方向滚动。光缆盘应放置在平地上，并加止动器。必须放在倾斜地面上时，应与倾斜方向垂直放置，低处用木头垫平，并加止动器。光缆盘上的小割板应保留至光缆正式布放时才可拆除。

6.2 光缆敷设

6.2.1 直埋光缆的敷设

光缆直埋敷设是通过挖沟、开槽，将光缆直接埋入地下的敷设方式。这种方式不需要建筑杆路和地下管道，可以省去许多不必要的接头，目前，长途干线光缆工程大多采用直埋敷设。光缆直埋敷设方法是先挖光缆沟，然后布放光缆，最后回填土，将光缆埋入沟中。

1. 对光缆沟的要求

光缆直埋敷设可能会受到很多因素的影响，如耕地、排水沟和其他地面设施、鼠害、冻土层深度等。因此，直埋光缆一般要比管道光缆埋得深。只有达到足够的深度才能防止各种机械损伤。而且在达到一定深度时，地温较稳定，能减少温度变化对光纤传输特性的影响，从而提高光缆的安全性和通信传输质量。

2. 直埋光缆的敷设方法

一般长途光缆的单盘长度为 2km。对于距离较长的中继段，为减少接头数目，通常采用单盘长度为 4km 的光缆，这给光缆的敷设带来了一定的困难。光缆的敷设方法较多，归纳起来主要有机械牵引敷设法和人工牵引敷设法两种。

1）机械牵引敷设法

机械牵引敷设法是采取光缆端头牵引机及辅助牵引机联合牵引的方式，在挖沟的同时布放光缆，然后自动回填土压实。一般是在光缆沟旁牵引，然后自动或由人工将光缆放入光缆沟中。其牵引方式基本上与管道光缆辅助牵引方式相同。

对于 2km 盘长的光缆，可由中间地点向两侧敷设，2km/4km 盘长光缆机械牵引示意图如图 6-1 所示，用 1 台端头牵引机和 1～2 台辅助牵引机，一次连续牵引 2km；若为 4km 盘长，则由中间点分两次牵引，即可完成敷设。

2）人工牵引敷设法

人工牵引一次布放 1km，将光缆盘运到待放路段的中间位置，每个人平均抬放 15m（以光缆不拖地为准），排成一字形，将光缆抬放到沟边，然后采取地面平放或叠放"∞"形的方式布放剩余的光缆，待整盘光缆从缆盘放出后，再将光缆轻轻放入沟内。在布放过程中，光缆不应出现小于规定曲率半径的弯曲、牵引过紧等现象；光缆必须平放于沟底，不得腾空或拱起，严禁用锹、镐等工具下压光缆。光缆入沟后，应先回填 30cm 厚的细土（严禁将石块、砖头、冻土等推入沟内），并应人工踏平。回填结束后，回填部分应高出地面 10cm。

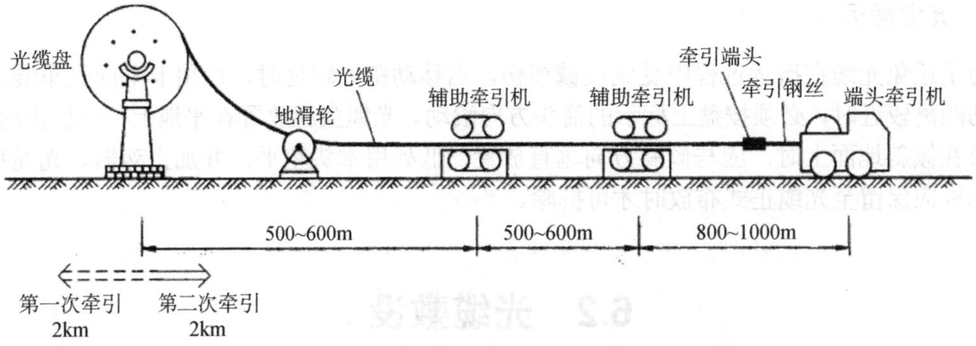

图 6-1　2km/4km 盘长光缆机械牵引示意图

3. 光缆路由标志的设置

直埋光缆敷设后，应设置永久性标志，以标定光缆线路的走向、线路设施的具体位置，以便维护部门日常维护和故障检修等。

6.2.2　管道光缆的敷设

管道光缆在本地网（或城域网、接入网）局间中继光缆工程中所占的比例较大，因此管道光缆敷设技术是十分重要的。光缆敷设之前应对所有管孔进行清洗，清洗的目的是减少敷设时的牵引阻力和防止对光缆的污染腐蚀。

1. 人孔换气

久闭未开的人孔内可能存在可燃性气体和有毒气体。人孔作业人员应事先接受缺氧知识的培训。人孔顶盖打开后，应先用换气扇通入新鲜空气对人孔换气。如人孔内有积水，则要用抽水机排除。

2. 管孔清洗

管孔清洗有人工清洗和机械清洗两种方式。人工清洗是用竹片或穿管器慢慢插穿至下一人孔，其末端固定一串清洗工具，后面再接上预留的铁丝，铁转环可对管孔起打磨作用。机械清洗分两种：塑料管道采用自动减压式气洗方式；水泥管道的密封性差、摩擦力大，利用电动式橡皮轮和聚乙烯洗管器间的摩擦力推动洗管器前进进行清洗。

6.2.3　架空光缆的敷设

架空光缆主要有钢丝线支承式和自承式。在我国基本都采用钢丝线支承式，即通过架空杆路吊线来吊挂光缆。架空光缆长期暴露在自然界中，易受环境温度影响，在低温可达-30℃以下的地区，不宜采用架空敷设方式。

1. 架空光缆线路的一般要求

（1）要求电杆具备相应的机械强度，并具有防潮、防水性能。

（2）架空线路的杆间距离，市区、郊区为 35～50m，郊外随不同气象负荷区而异，可做适当调整，但最短为 45m，最长为 150m。我国负荷区的划分见表 6-1。

（3）架空光缆线路应充分利用现有架空明线或架空电缆的杆路加挂光缆，其杆路强度及其他要求应符合架空通信线路的建筑标准。

（4）架空光缆的吊线采用规格为 7/2.2mm 的镀锌钢绞线（7/2.2mm 表示直径为 2.2mm 的 7 根钢丝绞合线）。吊线的安全系数应不低于 3。在重负荷区，若需缩小杆间距，可采用 7/2.6mm 钢绞线。

表 6-1　我国负荷区的划分

气象条件		轻负荷区		中负荷区	重负荷区	超重负荷区
		无冰期	有冰期	有冰期	有冰期	有冰期
吊线及光缆上的冰凌等效厚度（m）		0	5	10	15	20
最低大气温度（℃）	结冰凌时		−5	−5	−5	−5
	不结冰凌时	−20	−40	−40	−40	−40
最大风速（m/s）	结冰凌时-5℃		10	10	10	10
	不结冰凌时 0℃	25				

2. 架空光缆的敷设方法

1）架空光缆吊线的架设

架空光缆的吊线采用规格为 7/2.2mm 的镀锌钢绞线。一般情况下，一根吊线上架挂一条光缆。架空吊线时，若发现有条股松散等有损吊线机械强度的伤残部分，应剪除后再进行接续。

2）架空光缆的架挂

光缆挂钩卡挂间距要求为 50cm，允许偏差不大于±3cm，电杆两侧的第一个挂钩距吊线在杆上的固定点边缘为 25cm 左右。光缆采用挂钩预布放时，应在光缆架设前，预先在吊线上安装挂钩，预挂挂钩托挂法如图 6-2 所示。

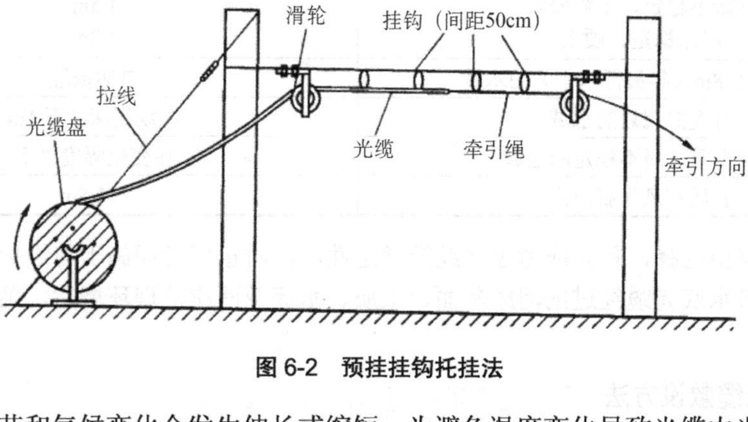

图 6-2　预挂挂钩托挂法

光缆随季节和气候变化会发生伸长或缩短，为避免温度变化导致光缆中光纤伸缩损失，在架空光缆敷设中，要根据所在地区的气候条件每隔一杆或几杆做预留，即“伸缩弯”，光缆杆上的伸缩弯示意图和引上光缆的伸缩弯示意图如图 6-3 和图 6-4 所示。一般在重负荷区要求每根杆上都做“Ω”预留，中负荷区 2～3 根杆做一处“Ω”预留，轻负荷区 3～5 根杆做一处“Ω”预留。在无冰期地区可以不做预留，但布放时光缆不能拉得太紧，要保持自然垂度。光缆接头预留长度为 8～10m，应盘成圆圈后用扎线扎在杆上。

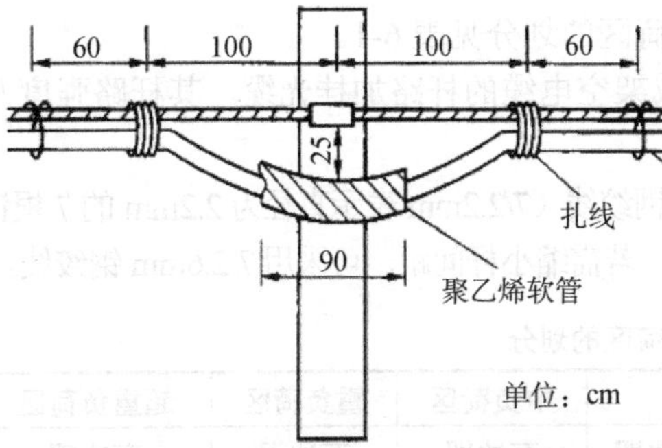

图 6-3　光缆杆上的伸缩弯示意图

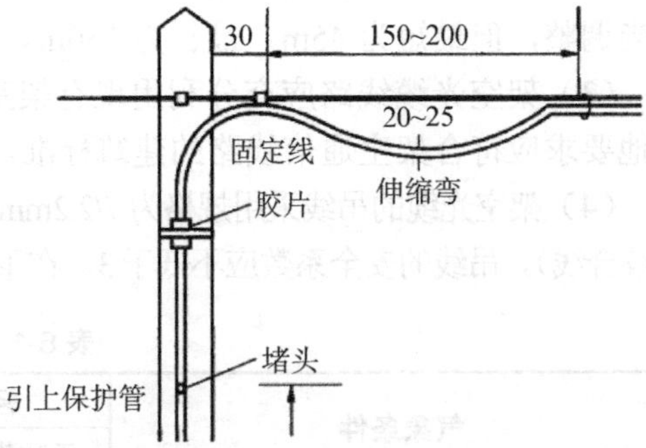

图 6-4　引上光缆的伸缩弯示意图

6.2.4　水底光缆的敷设

1. 水底光缆线路的一般要求

水底光缆敷设是将光缆穿过水域的敷设方法，适用于穿过江河湖泊等地段的光缆线路。水底光缆敷设方式隐蔽、安全，不受河流宽度和振动等因素的限制，但工程难度大，费用高。水底光缆施工包括敷设路由选择、挖沟深埋、布放等。

水底光缆的埋深要求对光缆安全和传输质量的稳定性具有非常重要的作用。水底光缆的敷埋深度应按表 6-2 中的标准规定执行。

表 6-2　水底光缆的埋深要求

河岸情况	埋深要求
岸滩部分	1.5m
水深小于 8m（年最低水位）的水域 河床不稳定、土质松软 河床稳定、硬土	 1.5m 1.2m
水深大于 8m（年最低水平）的水域	自然掩埋
有浚深规划的水域	在规划深度下 1m
冲刷严重、极不稳定的区域	在变化幅度以下
石质和风化石河床	＞0.5m

水底光缆路由选择，首先应考虑光缆的稳定性，同时也应考虑施工与维护的便利性。因此，要认真勘查水底光缆经过的河床断面、土质、水流及两岸地理环境后，确定水底光缆弧形敷设路线。

2. 水底光缆敷设方法

水底光缆敷设方法应根据河流宽度、流速、施工技术、设备等条件来选择。具体方法如下所述。

（1）人工抬放法：由人力将光缆抬到沟槽边，从起点依次将光缆放至沟底。这种方法适用于水浅、流速小、河床较平坦、河道较窄的水域及较大河流的岸滩部分。

（2）浮具布放法：将光缆安装于浮具上，对岸用绞车或人工将光缆牵引过河。到对岸后，由中间向两岸逐步将光缆自浮具上卸入水中。这种方法适用于河宽小于 20m、水的流速小于 0.3m/s、水深小于 2.5m 的水域。

（3）拖轮快放法：采用大马力的放缆船，快速不停地将光缆放入水中，直到布放完毕。这种方法适用于河道宽度大于 300m、水的流速为 2～3m/s、河床深度大于 6m 的水域。

6.2.5 局内光缆的敷设

1. 局内光缆的一般要求

局内光缆是指进线室至光纤配线架之间的光缆，局内光缆有普通型进局光缆和阻燃型进局光缆。目前，国内工程多数采用普通型进局光缆敷设入局，其优点是可减少一个接头。但对于某些工程则需要采用阻燃型进局光缆。

局内光缆的长度预留有几种要求。一般规定局内预留 15～20m，对于今后可能移动位置的局应按设计长度预留够。设备侧预留长度为 5～8m。阻燃型进局光缆预留长度为 15m。

2. 局内光缆的布放方法

注意识别光缆端别。局内光缆端别应严格按要求布放，有两根以上光缆进入同一机房时，应对每一根光缆预先做好标记，避免出错。

光缆在光缆机房内应有适当预留，对有走线槽的机房，光缆应预留 5～10m 置于槽中，以方便安装。

局内布放时，将进局光缆由局前人孔牵引至进线室，然后用绳子逐步吊至机房所在层，同层布放由人工接力牵引，在拐弯处应由专人传递。

普通进局光缆安装和固定方式可按图 6-5 所示的方法进行预留光缆的安装和固定。预留光缆是利用光缆架下方的位置，做较大的环形预留，应具有整齐、易于改动等特点。

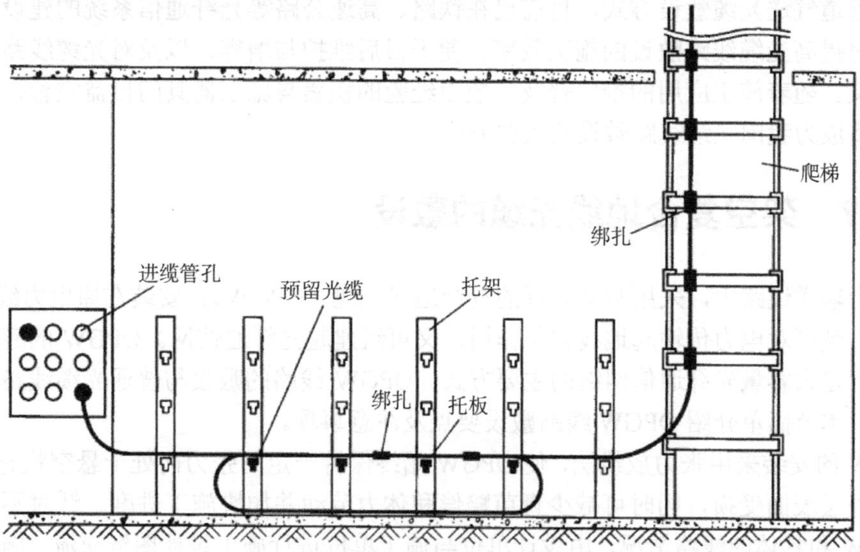

图 6-5 普通进局光缆安装和固定方式

另一种光缆的安装和固定方式如图 6-6 所示，将预留光缆盘成符合曲率半径规定的缆圈。预留光缆部位应采用塑料带缠绕包扎并固定于扎架上。

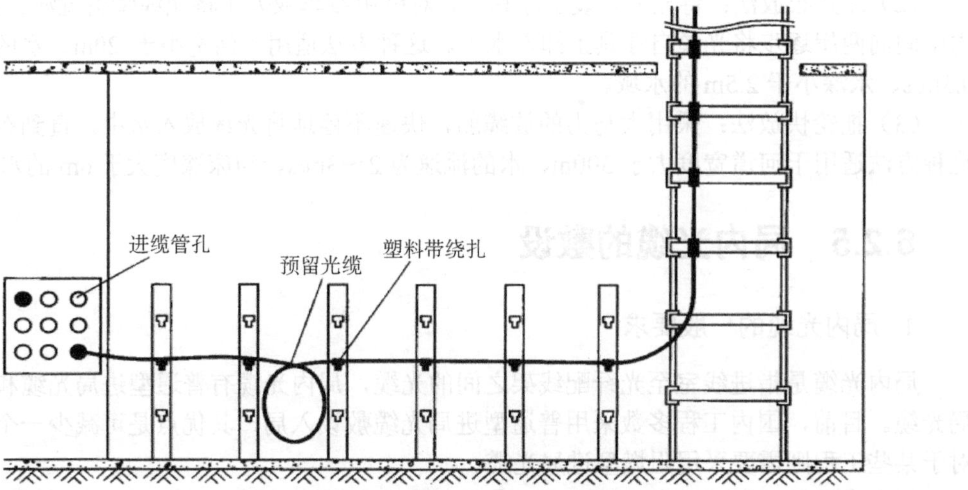

图 6-6　另一种光缆的安装和固定方式

6.2.6　长途管道气送光缆的敷设

在长途干线上，传统的光缆直埋敷设方式虽然施工工艺成熟，但是存在地下缆沟交错，杂乱无序，施工维护困难，特别是对光缆的保护不利等弊端。采用气送方式敷设光缆的施工方法，可以解决直埋光缆存在的问题。

长途管道采用 HDPE-硅芯管。硅芯管的尺寸规格有标准，可根据光缆外径选用，常用内/外径为 33mm/40mm。在管道中修建一定数量的人孔、手孔，根据需要吹放光缆。需要增设光缆时，只需在手孔处向两端人孔吹放光缆，在人孔处进行接续，一劳永逸，大大减少了再施工的费用，避免了反复开挖对既有通信线路和其他设施的影响。

长途管道气送光缆敷设方式，目前已在铁路、高速公路等光纤通信系统的建设中大规模应用，它对提高光缆线路敷设的施工效率、便于日后维护与增容，以及对光缆线路的保护均有重要意义。随着施工应用的推广普及、敷设经验的积累与施工器具的日益完善，管道气送光缆敷设将成为我国光缆线路敷设的重要方式。

6.2.7　架空复合地线光缆的敷设

在电力输送线路中，采用装有光纤的复合地线光缆（OPGW），安装在原电力线路（塔、杆）顶部，既可对电力传输起地线防护作用，又可组建起光纤通信网。OPGW 的应用将成为电力部门组建大容量光纤通信网络的主要方式。OPGW 线路的敷设与普通光缆线路相比有一定特殊性，本节简单介绍 OPGW 线路敷设要点及注意事项。

OPGW 的安装采用张力放线法，使 OPGW 始终保持一定的张力而处于悬空状态，避免光缆着地使外层表面受损，同时可减少青苗赔偿和体力劳动并加快施工进度。针对不同结构特性的 OPGW 和具体的线路情况，由设计单位与施工单位进行施工设计图纸交流。施工单位根据整个系统通信网光缆布放的路由、交叉跨越、光缆预留等情况，编制 OPGW 施工方案。主要施工机械与器具见表 6-3。

表 6-3 主要施工机械与器具

名称	数量	参考规格	备注
张力机	1 台	3.5t，轮径 1.5m	可调整张力范围
牵引机	1 台	3t	可调整张力范围
防线架	2 台	3t	
滑轮	20 只	轮径 600mm/800mm	
无扭钢丝绳	5000m		
牵引网套	数根	与光缆匹配	
牵引通扭器	4 个		
防扭鞭	2 只		
紧线耐张预绞线	数根	与缆径匹配	全新夹具
对讲机	10 只		建议数量
弧垂板	4 块		建议数量

施工前应严格贯彻电力工业技术管理规定、电力安全与现场检修规程等，对施工操作人员进行有效的培训，交代对光纤的特殊保护，对有关设备进行试组装（如耐张线夹）和试操作（如光纤熔接），保证人身和设备安全，确保工程质量和施工进度。

6.3 光缆接续与成端

光缆接续是光缆线路施工和维护人员必须掌握的基本技术。由于生产和运输原因，光缆的制造长度一般为 2～4km，所以光缆接续是不可避免的。光缆接续的核心是光纤接续。光缆接续除了在线路上接续，还有光缆成端接续。光缆线路接续是把一段光缆中的光纤与另一段光缆中的光纤对应连接起来，成端接续则是把光缆中的光纤与带活动接头的尾纤连接起来。

6.3.1 光纤接续损耗

光纤接续技术是光纤应用领域中最广泛、最基本的一项专门技术。无论是从事光纤通信研究、光纤和光缆生产，还是光缆工程施工、日常维护，都会涉及光纤接续。光纤接续可分为固定接续（死接头）、活动接续（活接头）、临时接续等几种方式。不同用途、场合应采用不同的连接方式。

1. 光纤接续损耗的概念

光纤连接后，光传输经过接续部位会产生一定的损耗，习惯上称为接续损耗。不论是多模光纤还是单模光纤，被连接的两根光纤因其本身的几何、光学参数不完全相同和连接时轴心错位、端面倾斜、端面间隔大、端面不清洁等，都会导致接续损耗。对于单模光纤，其模场直径为（9～10μm）±10%，参与接续的光纤的模场直径偏差应小于 2μm。如果模场直径偏差大，就会增加光纤接续损耗。多模光纤接续损耗产生原因与单模光纤相似，因此下面只讨论影响单模光纤接续损耗的因素。

2. 光纤接续损耗的估算

1）模场直径失配

单模光纤本征因素中对接续损耗影响最大的是模场直径，当模场直径失配达 20%时，产生的接续损耗达 0.2dB，光纤模场直径失配与接续损耗的关系如图 6-7 所示。

2）轴心错位

单模光纤纤芯细，显然轴心错位对损耗的影响更为严重，外界因素与接续损耗的关系如图 6-8 所示，当错位量为 1.2μm 时，接续损耗达到 0.5dB。

3）轴向倾斜

从图 6-8 可看出，当光纤端面倾斜 1° 时，大约产生 0.46dB 的接续损耗。因此，在工程上，为了降低接续损耗，往往选用高质量的光纤切割刀，以减少轴向倾斜。

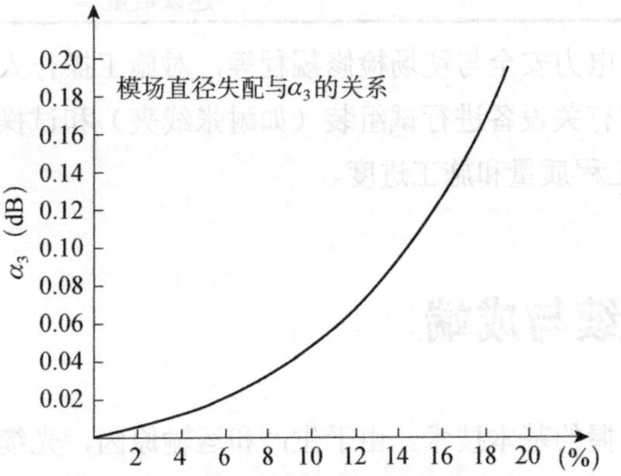

图 6-7　光纤模场直径失配与接续损耗的关系

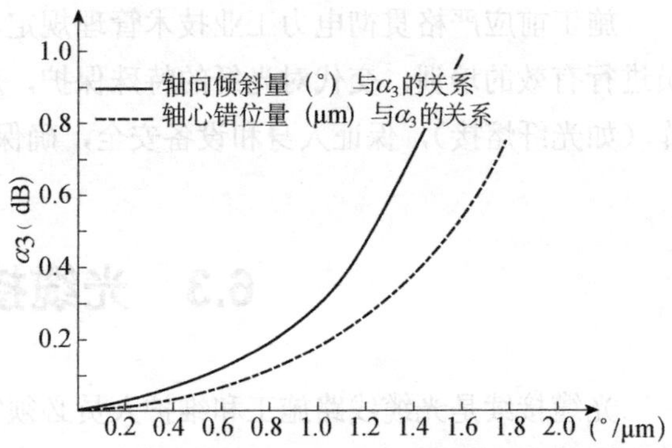

图 6-8　外界因素与接续损耗的关系

4）纤芯变形

用熔接法连接时，可能出现纤芯变形。当自动熔接机的电流、推进量、放电时间等参数设置合理且操作得当时，纤芯变形引起的损耗可以低于 0.02dB 或完全消除。

6.3.2　光纤熔接机

光纤接续一定要配置专用的光纤熔接机，这是应用最广泛的光纤连接方法，即光纤熔接法。它采用电弧焊接法，即利用电弧放电产生 2000℃高温，使被连接的光纤熔化而焊接成为一体。

光纤熔接机有单纤（芯）熔接机和多纤（芯）熔接机。单纤熔接机是目前应用最广泛的熔接机，它一次完成一根光纤的熔接接续，主要用于长途干线光缆接续。多纤熔接机（也称带状熔接机）是在单纤熔接机的基础上发展起来的，其将带状光缆的一带光纤（目前通常为每带 4、6、8、12 芯纤）端面全部处理后，一次熔接完成。这种方法主要用于大芯数用户光缆的光纤接续。在实际光缆线路工程维护中，带状接续的平均连接损耗可降到 0.01dB 以下。

6.3.3 光缆接续工艺

光缆接续包括缆内光纤的连接、光缆加强件的固定、接头余纤的处理、接头盒封装防水处理、接头处预留光缆的妥善盘留等。对于光缆传输线路，据国内外统计，故障发生率最高的是接头部位，如光纤接头劣化、断裂，接头盒进水等。因此，光缆接头盒应选用密封防水性能好的结构，并应具有防腐蚀和一定的抵抗压力、张力和冲击力的能力，这对光缆接头保护非常重要。

1. 光缆接续方法与步骤

（1）准备工作。核对光缆接头位置，准备接续所需要的机具。

（2）光缆开剥。由于光缆端头部分在敷设过程中易受机械损伤，因此，在光缆开剥前应根据光缆状况截取 lm 左右的长度丢掉。

（3）加强芯、金属护层的处理。将加强芯固定在接头盒两边，并对光缆接头两端的金属加强芯和金属护层做绝缘处理。

（4）光纤接续和接续损耗的监测及评价。

（5）光纤预留长度及收容处理。光缆接头盒里必须有一定长度的光纤，完成光纤接续后的预留长度（光缆开剥处到接头间的长度）一般为 60～100cm。

（6）光缆接头盒的密封处理。应按接头护套的规定方法，严格按操作步骤和要领进行密封。光缆接头盒封装完成后，应做气闭检查和光电特性复测，以确认光缆接续良好。至此，接续工作完成。

2. 光缆接头盒的安装与固定

光缆接续完成后，应按光缆接头规定中要求的内容或按设计方案中确定的方法进行接头盒的安装与固定。一般在设计方案中有具体的安装示意图。接头盒安装必须做到规范化，架空及人孔的接头盒应注意整齐、美观和有明显标志。

6.3.4 多芯带状光纤熔接

随着光纤局域网和用户网的发展，多芯带状光缆的敷设与接续施工量日益增大。多芯带状光纤的接续比单芯光纤的熔接要困难，主要问题是光缆带的翘曲及多芯同时对准误差。本节介绍多芯带状光纤的熔接设备及接续工艺。

1. 多芯熔接机

目前，已经有了自动化程度较高的多芯熔接机，它采用芯轴直视方式，通过机内的 TV 摄像头监测光纤的状态，用电子计算机进行图像处理，能从 x，y 轴两个方向监测光纤的光学图像，能高精度地对准、熔接并估算接续损耗。目前，多芯熔接机可以实现低损耗连接。微处理机能根据放电前各光纤的轴心偏移量、端面倾斜角度等数据进行判断，当其判断接续损耗较大时，便自动停止连接，因而产生 0.1dB 以上接续损耗的概率较低。

2. 多芯带状光纤熔接工艺流程

（1）光纤切割。带状光纤除去外包带和一次涂层，清洗后采用光纤切断器做同一长度的切割，光纤切断器示意图如图 6-9（a）所示。带状光纤去除涂层时采用专用的光纤夹具和带状光纤被覆剥除器，切割端面时利用夹具在切割刀上固定以获得良好的端面。

（2）光纤对准及熔接。把两条待接光纤带清洗干净，将夹具放入熔接机，将光纤放入熔接机之后按 SET 键，光纤熔接就会自动进行，几秒钟即可完成熔接。图 6-9（b）、图 6-9（c）为多芯带状光纤对准及熔接过程示意图。对于 48 芯以上的单芯光缆也可通过夹具成带（6 芯带或 12 芯带）连接，比单芯接续快，非常适合于光缆线路阻断的应急抢修。

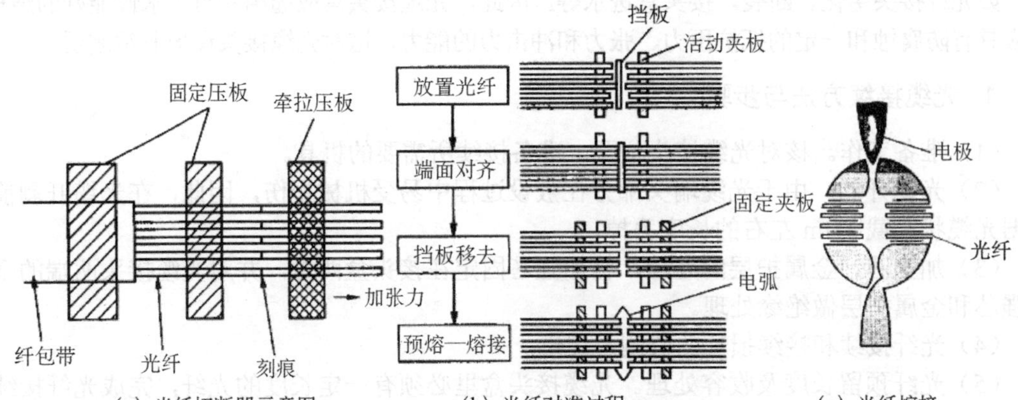

（a）光纤切断器示意图　（b）光纤对准过程　（c）光纤熔接

图 6-9　多芯带状光纤切割、对准及熔接过程

（3）多芯接头的保护。同单纤接头一样，带状光纤也是采用热可缩套管对一组接头进行增强保护的。光纤接续完毕后取出光纤，轻轻移动热可缩套管到接续部位，然后放入加热炉里进行加热热缩。

（4）连接质量的评价与单芯光纤类似，包括采用光时域反射仪（OTDR）进行现场接续损耗测试。

6.3.5　光缆成端

光缆线路到达端局或中继站后，为了便于和光端机、光中继器等设备相连接，需要把光缆中的所有光纤都接上尾纤，这就是所谓的光缆成端。光缆成端有光缆终端盒（箱）成端方式和光纤配线架（ODF）成端方式。光缆终端盒成端，即通过终端盒为光缆接上尾纤。一般较小的局、无人值守中继站、设备间等多采用这种方式。ODF 成端方式是把光缆引至传输机房并进入 ODF，然后通过 ODF 里的光纤分配盘（ODP）为光缆接上尾纤。一般情况下，一个 ODF 可进多条光缆，而一条光缆可能占据多个 ODP，这由光缆的芯数和 ODP 的容量决定。

1. 中继站或终端局内光缆的成端

外线光缆在中继站内预留后，直接进入无人机箱内按要求成端。成端内容包括：加强芯、金属护层接地，光缆中的光纤与带连接器的尾纤做熔接连接，并将接头和预留光纤盘放至收纤盘内。对于有远供或业务铜线的光缆，按要求进行成端。成端完成后，机箱内利用干燥气体去潮，盖上箱盖，加密封圈完成封装。

2. 局间光缆的成端

1）T-BOX 直接终端方式

目前，一般的市内局间光缆系统、局域 N 系统多采用这种直接终端方式，T-BOX 直接终端方式如图 6-10 所示。采用 T-BOX 把线路光纤与光端机送出的尾纤在终端盒外进行固定连接。

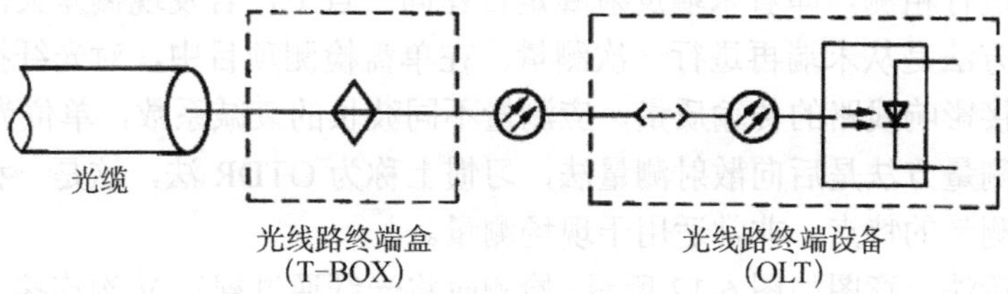

图 6-10　T-BOX 直接终端方式

2）ODF 终端方式

ODF 终端方式是将光缆线路的光纤与一头带连接器插件的尾纤在 ODF 的 ODP 内做固定连接，尾纤插头按光缆的纤芯编号对应地插接至 ODP 的适配器（俗称法兰盘）内，再将光纤用双头连接器（光纤跳线）与光端机相连，ODF 终端方式如图 6-11 所示。

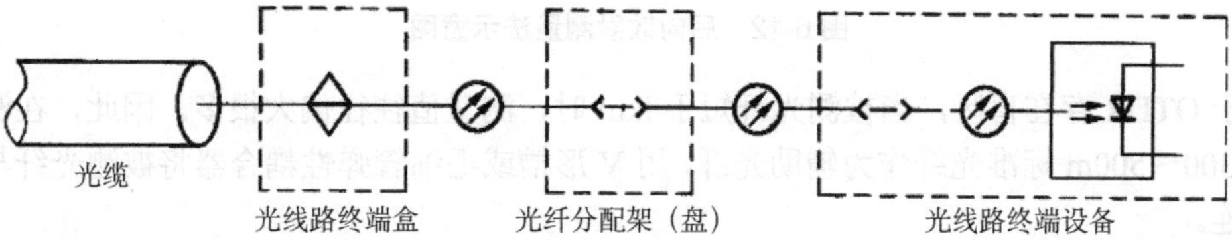

图 6-11　ODF 终端方式

6.4　光缆线路工程检测

6.4.1　光缆单盘检测

光缆在敷设之前，必须进行单盘检测和配盘工作。单盘检测指光缆运到施工现场后的验收测试。单盘检测工作包括对运到现场的光缆及连接器材的规格、程式、数量进行核对、清点，以及外观检查和对主要光电特性的测量。通过检测可以确认光缆、器材的数量、质量是否达到设计文件或合同规定的有关要求。若预先不进行检测，待到施工完成后发现问题，更换光缆，既延误工期，又造成巨大浪费。

1. 光缆单盘检测内容

单盘检测包括性能检测和外观检查两部分。性能检测是对光缆长度、光纤损耗系数及光纤后向散射信号曲线等参数进行检测。外观检查用以确认经长途运输后的光缆完好无损。经过检测的光缆、器材应做记录，并在缆盘上标明盘号、端别、长度、程式（指埋式、管道、架空、水下等）及使用段落（配盘后补上）。

2. 光缆单盘检测方法

对光缆长度的复测应抽样 100%，按厂家标明的光纤折射率用光时域反射仪（OTDR）进行测量；无此仪表时，可用光源、光功率计进行简易测试。应按厂家标明的纤/缆换算系数将测得的光纤长度换算成光缆长度。在长度复测时，对每盘光缆只需测量其中的1～2根光纤。其余光纤一般只进行粗测，即看末端反射峰是否在同一点上，若发现偏差大，应判断该光纤是否有断点，其方法是从末端再进行一次测量。在单盘检测项目中，对光纤损耗的测量是十分重要的，它直接影响线路的传输质量。应测量不同波长的衰减系数，单位为dB/km。

损耗的现场测量方法是后向散射测量法，习惯上称为OTDR法，这是一种非破坏性测量方法，具有单端测量的特点，非常适用于现场测量。

后向散射测量法示意图如图6-12所示。检测时将光纤通过裸纤V沟连接器直接与仪表插座耦合，或将光纤通过耦合器与带插头的尾纤耦合。

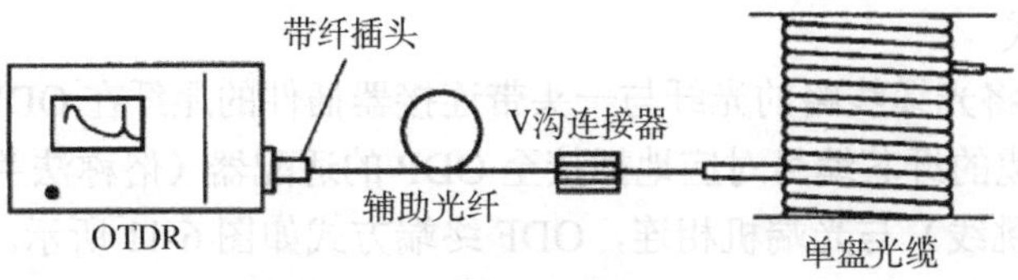

图6-12 后向散射测量法示意图

由于OTDR存在盲区，当被测光纤短于1km时，测量值往往偏大很多。因此，在测量时应选择300～500m标准光纤作为辅助光纤，用V形槽或毛细管弹性耦合器将被测光纤与辅助光纤相连。

根据经验，对盘长2km以上的光缆可以不用辅助光纤，但必须注意，仪器侧的连接插件耦合要良好。通常，采用双向测试时应取平均值，其较接近实际值。

6.4.2 光缆接续现场监测

目前工程中接续现场监测普遍采用OTDR。在高质量OTDR问世之前，采用四功率法进行接续现场监测，目前这种方法已被淘汰。采用OTDR监测除方便外，还有两个突出的优点。一是OTDR除提供接头损耗的测量值外，还能显示端局至接头的光纤长度，继而推算接头至端局的实际距离；又能观察被接光缆段是否在敷设中已出现损伤和断纤，这对现场施工有很好的提示作用。二是可以观察连接过程，OTDR的荧光屏会显示相应的扫描曲线，将这些信息存储或打印，可以作为工艺资料，对今后的维护有重要的参考意义。

OTDR监测有远端监测、近端监测和远端环回双向监测3种主要方式。

6.4.3 再生段全程竣工测试

再生段全程竣工测试由施工单位进行，它不仅是对工程质量的自我鉴定，同时也为建设单位提供了线路光电特性的完整数据，供日后系统验收和运行维护时参考。测试内容和要求如下。

1. 光传输特性的测量

测量项目：再生段光纤线路的损耗和再生段线路的后向散射信号曲线检测。

一般要求：提供全部接头的损耗测量结果，要求单个接头的最大连接损耗小于0.1dB，全部接头的平均连接损耗优于设计指标；光纤线路竣工测试不宜使用剪断法，一般采用插入法与后向散射法测量。

2. 铜导线电气特性的测量（带铜线光缆）

早期敷设的光缆中少量带有铜导线，目前已极少采用，其测量项目包括：测试值的换算，以光纤长度为测试换算长度；绝缘电阻的测量，以高阻计 500V 为测试源；铜线绝缘强度在成端前测量合格，成端后不必再测。

3. 接地装置地线电阻的测量

测量项目：中间站接地线电阻的测量、埋式接头防雷地线电阻的测量。

一般要求：中间站接地线电阻应在引至中间站内的地线上测量；埋式接头防雷地线电阻应在标石处的地线引线上测量；对于直接接地的地线，应在接头时在引线上测量、记录。

4. 光缆护层对地绝缘电阻的测量

此测量项目的目的是检查埋式光缆外护层的完好性。在接头完成之后，绝缘性能下降或不良的原因并非护层损伤所致，因此对此项检查尚存在争议。目前不作为正式竣工测试项目，只对引出监测线路做参考性测量。

6.5 光缆线路维护与应急抢修

光缆线路是传输信号的通道，是光纤通信系统的重要组成部分，光纤中传输的信息量巨大，光缆线路障碍将造成重大通信损失。因此，应对光缆线路进行严格的日常维护，以保证光纤传输系统安全稳定运行。本节介绍光缆线路维护的一般项目与方式。

目前，国内存在多个通信运营商，其维护管理体制不尽相同，因而对光缆线路的维护并没有一个固定模式，只能提出一些线路维护的基本原则与注意事项，以供参考。

6.5.1 光缆线路维护的基本原则

为了提高通信质量，确保光缆线路的通畅，必须建立必要的线路技术档案，组织和培养维护人员，制定光缆线路维护与检修的有关规则并严格付诸行动。具体来说，要做好光缆线路维护工作，必须认真考虑以下几个方面。

（1）认真做好技术资料的整理。
（2）严格制定光缆线路的维护规则。
（3）做好维护人员的组织与培训。
（4）做好线路巡视记录。
（5）进行定期测量。
（6）及时检修与紧急修复。

6.5.2 维护管理组织

光纤通信系统中光缆机、线设备的分界以长途光缆进入站、局的第一个活接头为界，连接器以内由机务部门维护，连接器以外由线务部门维护。跨省长途光缆线路维护段落的划分，以接近省界的局或站为界，该局或站由其所在省维护。条件特殊的可以省界或接近省界的地点为界，具体界限的划分由相关电信管理部门确定。

长途光缆线路的主要技术设备变动，应报上级主管部门批准。报批的主要内容包括：改变光缆程式和敷设方式；增加或更换短程光缆；改变水线路由或水线敷设方式；采取重大的技术革新措施；采用或变更重大防护措施。

6.5.3 光缆线路常规维护

常规维护是指在不中断通信业务的条件下，贯彻预防为主的方针，及时发现隐患和排除隐患，使设备线路经常处于良好的运行状态。

1. 维护项目及周期

常规维护可分为日常维护和技术维修，日常维护由光缆段组织包线员实施，必要时可派修理员协助，技术维修由线务站光缆线路维护中心负责。光缆线路常规维护的项目和要求见表6-4。

表 6-4 光缆线路常规维护的项目和要求

类别	项目			周期	备注
日常维护	路面维护	巡回		每月至少一次	徒步巡回不少于两次，暴雨过后立即巡回
		标石	除草培土	每年一次	或用水泥砂浆将标石底部封固
			涂漆描字	每年一次	含标志牌、宣传牌等
		路由探测、砍草修路、管道人孔、检查清洁		人孔每半年一次 全线每年一次	可结合徒步巡回进行
	架空光缆维护	杆路逐杆维修		每年一次	按长途明线维修质量标准
		吊线及保护装置检修		每年一次	
		整理更换挂钩		每年一次	
		清除光缆及吊线上的杂物，修剪影响光缆的树枝			
技术维修	防雷、防强电	接地装置和接地电阻的检查测试		每年一次	雨季前
	防蚀	金属护套对地绝缘测试		全线每年一次	
	防洪汛	检查过河光缆及易冲刷地段		每年一次	加固应在洪汛前完成，洪汛期及时检查
	光电特性测试	线路衰耗测量		备用系统一年一次	主用系统视需要确定
		后向散射曲线检查		备用系统一年一次	
		铜线直流特性测试		每年一次	远供主用线视需要确定
		备用光缆测试		每年一次	
		仪表通电检查		每两周一次	
	光缆修理	外护套修理			发现问题及时修理
		接头修理			

2. 光缆线路的“三防”

1）防蚀

大部分光缆都有塑料保护层，光缆接头部分也有接头盒密封保护，能够抵御外界的化学和电化学腐蚀。光缆内的金属保护层及金属防潮层乃至金属加强芯腐蚀是在光缆的塑料保护层或接头盒的完整性遭到破坏时发生的。产生这种破坏的原因主要来自两个方面：一方面，受到机械损伤；另一方面，白蚁啃咬过程中还分泌蚁酸，加速光缆金属部件的腐蚀。

2）防雷

雷击会破坏含金属材料的光缆，造成通信中断，甚至会通过光缆中的金属线将雷击引入局机房（或中继房），造成终端设备及人身的重大事故。

3）防强电

无金属光缆的传输信道是光纤，光纤是非金属材料，传输的又是光信号，因而不需要考虑外界电磁场的干扰问题。

有金属加强芯但无铜线的光缆线路，在工程设计中须采取如下措施：在光缆接头处，两端光缆的金属加强芯、金属护套不做电气连通，以缩短磁感应纵电动势的积累长度，可有效地减少强电的影响；在接近交流电气铁路的地段进行光缆施工或检修作业时，应将光缆中的金属构件临时接地，以保证人身安全；在接近发电厂、变电站的地段，不应将光缆的金属构件接地，避免将高电位引入光缆。

有铜线的光缆线路的防强电措施有：选择路由避开强电干扰区；光缆外套金属管道，且金属管道接地；安装电磁感应抑制管。为了充分发挥光纤通信不受干扰的优势，不要将电缆通信受强电影响的困扰也加于光缆。应尽可能采取无金属光缆，如全介质自承式光缆（ADSS）尤其要尽量避免有铜线的光缆。将系统的遥控、遥测、公务联络信号直接由光纤传输，中继站的供电不采取远供方式，由本地电力网供电或采取蓄电池加小柴油机互补供电方式。必须采取远距离供电方式时，应采取直流恒流供电方式。

3. 光缆外保护层的修复

光缆布放之前，如发现外保护层已出现机械损伤，或者在线路施工完成之后，以及系统已投入运行的情况下，通过光缆的绝缘性能测试发现外保护层已被破坏，应及时对光缆外保护层进行修复。其修复方法主要有两种，一种是采用热缩包封。在光缆可以穿入套管的情况下，光缆外保护层损伤采用O形热缩护套管包封。已运行的线路上出现外保护层损伤，一般只能采用热缩包覆包封。另一种是采用黏结剂粘补。如果光缆外护层损伤不严重，如只出现一处切口或一处小洞，可采用黏结剂简单处理。

4. 光缆接头盒的修理

接头盒内发生的常见故障有：接头盒密封不严或破裂，出现盒内进水；盒内个别光纤断裂；因雷击和其他原因造成盒内铜导线断开。出现上述故障时，都需要打开接头盒进行修复。打开接头盒进行修理可能会引起光纤新的断裂，造成全线通信中断。因此，此项维修须事先报上级主管部门批准，实施前应制定严密的修复计划，准备应急处理措施，带齐所需仪表及工具，指定预先经过培训的操作人员操作，单位技术主管应到现场指挥，预先通知端局机房人员注意监控，现场应与机房保持有效的联络。

6.5.4 光缆线路障碍及处理

线路障碍是指由于光缆线路原因造成的通信阻断。它分为一般障碍和重大障碍，一般障碍是光缆系统部分业务的阻断，重大障碍是光缆系统全部业务的阻断。

光缆产生障碍的原因很多，不同原因导致的障碍特点也不相同，只有抓住这些特点，才能迅速准确地判断障碍所在点，从而及时进行修复。光纤障碍主要有两种形式，即光纤中断及光纤损耗增大。光纤中断是指缆内光纤在某处发生部分断纤或全断，在光时域反射仪（OTDR）测得的后向散射信号曲线上，障碍点有一个菲涅尔反射峰。光纤损耗增大是指光缆接收端可以接收到的光功率低于正常值，OTDR 测得的后向散射信号曲线上有异常台阶或大损耗区，轻则使通信质量下降，重则导致通信中断。

在确定光缆线路障碍的性质和位置之后，一般应及时组织检修，但是对于发生在管道中间的单纤故障，若系统仍有备用光纤，可不急于处理，以便进一步观察和分析故障的原因。

对光缆线路典型故障的修复，可按如下方法和步骤进行。

1. 光纤接头故障处理

这种故障的修复，首先将接头附近的预留光缆小心松开，将接头盒外部清洁后置于工作台上。打开光缆接头盒，将盘绕的预留光缆轻轻散开，找出有故障的通道，注意核对通道配接纤号，并在离故障点较近的端局用 OTDR 对该通道光纤进行监测。然后在怀疑的故障接头的增强保护件前面约 1cm 处剪开，并将该端头浸入匹配液中，若 OTDR 上的菲涅尔反射峰消失，就证明故障发生在接头部位。

2. 光缆中间部位的故障处理

对于非接头部位的故障，若故障点在端局第一个接头点附近，且局内余缆有富余，可采用从局内往第一个接头点放缆的方法。当故障点离端局较远时，若光纤各通道总是衰减有富余，则可更换管道光缆一个人孔间距的长度，而架空光缆更换的长度更为灵活。当不允许再增加新的光缆接头时，应采用更换整段光缆的办法，即将已断定存在故障的这根光缆整段更换。值得注意的是，无论更换部分还是整段光缆，都应该考虑所更换的光缆的特性，其要与被换光缆的特性相近，以符合系统原来总体设计的要求。

光缆的自然断纤不常发生，故障点多在光缆接续处，一般来说，可打开接头盒修复。但是，断纤障碍一旦发生在光缆内，则需要更换一段光缆，而且需要停电才能进行换接，损失很大。经验表明，在接头处断纤，多为施工时操作者不熟练或不小心，导致光缆受损所造成的。因此，操作者应熟练开剥光纤和接续技术，做到精益求精，确保光纤工程的施工质量，避免损伤光纤而留下隐患。当发现光纤接头损耗增大时，多是光纤断裂的预兆，要及早排除。在光缆线路逐年增多的形势下，还要注意光缆附挂在明线杆路上的振动情况（特别是跨越河流、山谷的长杆档和飞线），冰凌聚集在光缆上对光纤机械强度的影响，光缆通过（附挂或敷设）桥梁时的防振措施等。

6.5.5 光缆线路应急抢修

光缆线路障碍直接影响网络稳定性，信号传输中断会给通信运营商与客户带来巨大损失。

因此，线路障碍的准确定位与快速修复是一项急迫而艰巨的工作任务。我国光缆线路运营 20 多年来，各地工程人员积累了大量有价值的经验。

1. 障碍性质判定

在确认出现线路障碍后，线路测试人员要携带 OTDR、光功率计等测试工具迅速赶往附近机房，协助机务人员判断障碍性质。测试人员可首先将机线交界的第一个活动夹连接器打开，先用酒精清洗，然后用光功率计测一下光端机的激光器有无光功率输出。如无，则属设备障碍，机务人员应重点监测设备情况；如有，则可判定该障碍属线路障碍，此时需迅速分清该障碍是部分障碍还是全阻障碍，为障碍点的测查提供思路。

2. 障碍点测查方案

OTDR 是判定光缆障碍点最有力的工具，它基于瑞利反射的原理，通过采集后向散射信号曲线来分析光纤各点的情况。菲涅尔反射是瑞利散射的特例，它是在光纤折射率突变时出现的特殊现象。在障碍的经验测试中，菲涅尔反射的高低对障碍点的判定起到不可低估的作用。

3. OTDR 测查定位误差分析

OTDR 在光缆线路维护与应急抢修工作中的应用很广泛。在光缆敷设施工、日常维护及线路检修工作中，OTDR 对光纤的测试误差时有发生，不但对备用光纤的测试有误差，对突如其来的光纤障碍的测试也有误差。弄清 OTDR 测量误差产生的原因，是光缆线路应急抢修的重要前提。

测量误差的产生原因有：测量参照误差；光缆结构存在偏差；仪器操作者自身原因；光纤折射率取值不当；不同仪器间的误差。

6.5.6 线路障碍应急抢修程序

按照《长途通信光缆线路技术维护管理规定》，长途光缆线路出现障碍时采取以下措施。

1. 应急抢通信道

临时调纤和布放应急光缆。

2. 线路修复

1）故障在接头处的修复

松开接头处的预留光缆，清洁接头盒的外部；将接头盒引至工作台，打开接头盒，并将接头盒两侧光缆在工作台上临时固定；在最近端站建立 OTDR 的远端检测。

2）故障不在接头处的修复

当线路故障不在接头处时，故障的排除方法应根据故障位置、光缆故障范围线路衰减富余度、修理的费时程度等多方面因素综合考虑。要求现场指挥对线路的传输特性和施工技术有良好的知识准备。

常见的光缆修理方法有 3 种：利用线路的余缆修复，更换光缆修复，开“天窗”处理。

复习与思考

6-1 简述光缆线路敷设的一般步骤。

6-2 什么是光缆配盘？配盘有哪些目的？

6-3 简述直埋光缆的敷设过程。

6-4 简述架空光缆的敷设过程。

6-5 简述光纤熔接操作的一般步骤。

6-6 光缆再生段测试项目有哪些？

6-7 光缆线路维护应遵循哪些原则？

第 7 章　光传输设备的操作与维护

教 学 导 航

知识目标

1. 掌握 SDH 光传输设备的操作与维护。
2. 熟悉 SDH 光传输设备的硬件系统和软件系统、设备安装和调试。

能力目标

通过学习 SDH 光传输设备的系统结构，具备安装和调试 SDH 光传输设备的能力。

学习重点

1. 了解 SDH 光传输设备的结构。
2. 安装和调试 SDH 光传输设备。

学习难点

本章学习难点在于安装和调试 SDH 光传输设备。

7.1　SDH 光传输设备的系统结构

SDH 光传输设备有许多种类，而且不同厂商的同类设备在具体结构和外观上有一定的差别，但在总体结构上是类似的，SDH 光传输设备系统框图如图 7-1 所示。

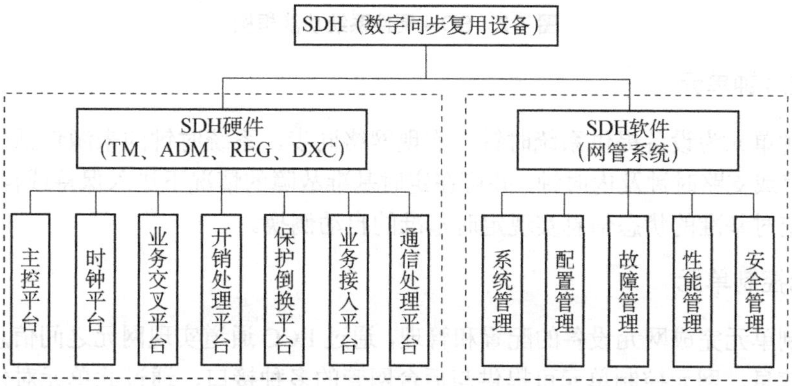

图 7-1　SDH 光传输设备系统框图

SDH 光传输设备的系统结构可分为硬件和软件两大部分。硬件包括机柜、子架及机盘，软件为网管系统。SDH 的机柜通常宽 600mm，深 300mm，高有 2000mm、2200mm 和 2600mm 3 种规格。SDH 的子架安装在机柜内。SDH 的子架通常采用 19 英寸标准机架结构，高 2000mm 和 2200mm 的机柜只能安装 1 个子架，高 2600mm 的机柜可安装 1～2 个子架。SDH 的子架通过背板的印制电路和机框，为各种机盘的插装和连接提供插装位置和连接通路，使各种机盘通过不同的组合实现 TM、ADM、REG 及 DXC 四种 SDH 设备功能。

SDH 网管系统主要对 SDH 硬件系统和传输网络进行管理和监视，协调传输网络的正常运行。

7.2 SDH 硬件系统

7.2.1 系统功能框图

SDH 硬件系统一般可分为业务交叉单元、系统时钟单元、业务接口单元、网元控制单元、公务和辅助接口单元。各功能单元通过业务总线、控制总线等相互连接，组成一个完整的系统。

SDH 硬件系统功能框图如图 7-2 所示。在 SDH 硬件系统中，各种 SDH 接口和 PDH 接口经过接口匹配、复用和解复用等过程转换为统一的业务总线，在交叉矩阵内完成各个方向的业务交叉。

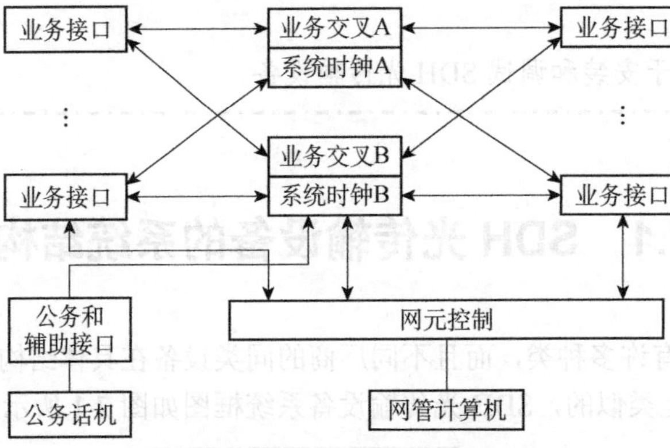

图 7-2 SDH 硬件系统功能框图

1. 系统时钟单元

系统时钟单元为设备提供系统时钟，实现网络同步。系统时钟的来源包括外部定时基准（BITS）、线路或支路时钟及内时钟，并可在定时基准故障的情况下进入保持或自由振荡模式。该单元依据定时基准的状态信息实现定时基准的自动倒换。

2. 网元控制单元

网元控制单元完成网元设备的配置和管理，通过 ECC 通道实现网元之间信息的收发并传递控制管理信息。网元控制单元可提供与后台网管的多种接口，通过此单元对传输网络进行集中网管。

3. 业务交叉单元

业务交叉单元主要完成 VC-4 与 TU-12 等级别的交叉连接。通过采用适当的交叉单元，可构成不同类型的网元设备。

4. 业务接口单元

业务接口单元包括光接口单元、电接口单元及数据接口单元。其中，光接口单元实现设备光线路的连接，包括 STM-1、STM-4、STM-16 等多种接口速率；电接口单元实现设备的局内连接，包括 STM-1 电接口，以及 E1、E3、E4 等 PDH 电接口；数据接口单元包括 10M/100M 数据接口板、1000M 数据接口板等接口。

5. 公务和辅助接口单元

公务和辅助接口单元利用 SDH 中的空闲开销字节，在传输净负荷数据的同时，提供公务语音通道、若干辅助数字数据通道或模拟（音频）通道及 IP 接口。

除上述功能单元外，SDH 硬件系统还可增加如 EDFA（掺铒光纤放大器）等相对独立的扩展功能单元。扩展功能单元可与 SDH 设备共用同一个网管。

7.2.2 硬件单板联系

SDH 硬件系统的功能可通过不同机盘即单板的组合来实现，这些单板包括交叉板、时钟板、业务接口板、主控板、公务板、用户数据板及其他扩展单板。SDH 硬件单板之间的联系如图 7-3 所示。

SDH 交叉板完成业务交叉单元的功能；时钟板为系统提供精确的时钟源；主控板完成网元控制单元的功能；业务接口板和用户数据板实现业务接口单元的功能；公务板完成公务和辅助接口单元的功能；其他扩展单板实现 SDH 的其他扩展功能。

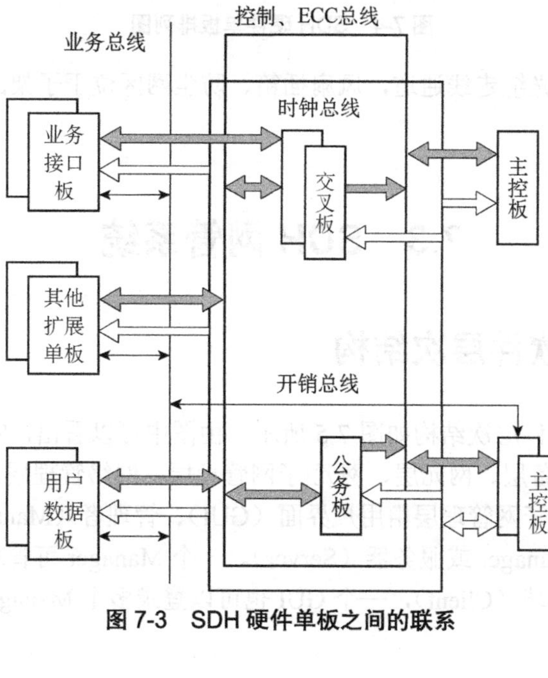

图 7-3 SDH 硬件单板之间的联系

7.2.3 硬件单板排列

SDH 硬件单板排列图如图 7-4 所示。从图中可看出，SDH 系统是一个双层子架结构，由接口区、单板区、走线区及风扇插箱、防尘网区组成。其中，接口区用于网络管理、时钟、电源等的接入与输出，包括网管接口、告警指示单元接口、风扇监控接口、外电源分配箱接口等。

单板区可分为固定功能单板区和业务单板区。固定功能单板区的板位固定，不可与其他功能单板混插。固定单板主要有主控板（NCP）、公务板（OW）、交叉板（CS，该板有两个板位，为系统提供“1+1”的热备份）、时钟板（SC，该板有两个板位，为系统提供“1+1”的热备份）。业务单板区共有 12 个板位，对称分布于 CS 板和 SC 板两边的业务接口所在的板位，这 12 个板位的业务板可实现混插。此外，业务单板区还可插入非业务接口板 OA 板等。

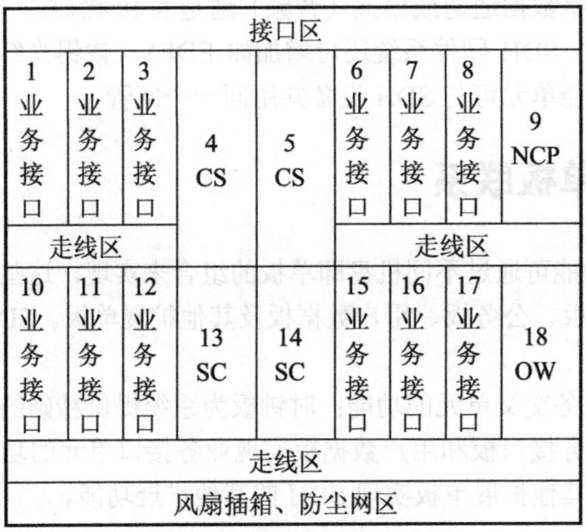

图 7-4 SDH 硬件单板排列图

走线区为系统提供光缆走线通道，风扇插箱、防尘网区位于子架的最下层，它们均可更换和拆卸。

7.3 SDH 网管系统

7.3.1 网管软件层次结构

SDH 网管系统的软件层次结构如图 7-5 所示。由图中可以看出，SDH 网管系统可分为 3 层，由下往上分别为设备层、网元层、网元/子网管理层、网络管理层。

在图 7-5 中，网元/子网管理层由用户界面（GUI）、管理者（Manager）和数据库 3 部分组成。该层的核心是 Manager 或服务器（Server）。一个 Manager 可管理一个或多个子网，也可接入多个 GUI 或客户端（Client），一个 GUI 也可以登录多个 Manager。

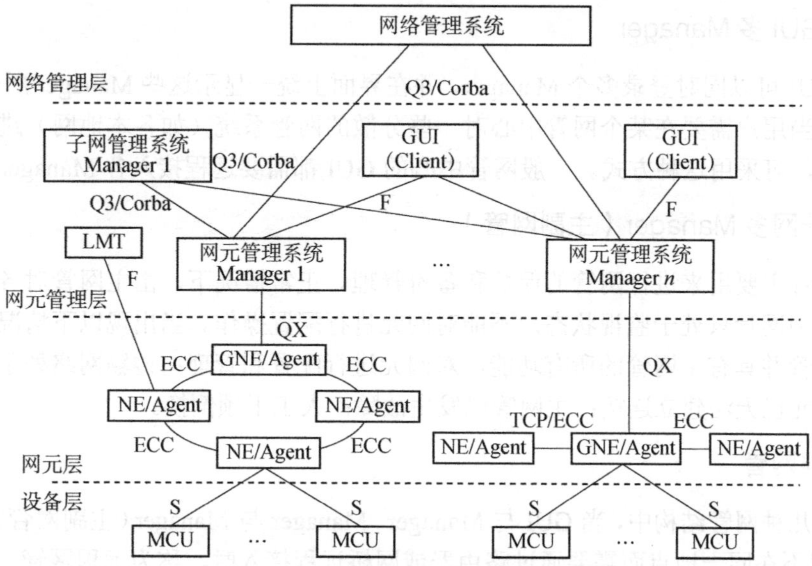

图 7-5　SDH 网管系统的软件层次结构

网元（Agent）可以被一个或多个 Manager 管理，但只有一个 Manager 具有修改网元配置的权限。每个 Agent 都具有自动的路由功能，可通过 ECC（嵌入控制通路）通道传递网管信息。

SDH 可以向网络管理层提供 Corba 接口，网管软件各层的接口定义如下。

（1）QX 接口：网元与网元/子网管理层之间基于 TCP/IP 协议的接口。

（2）S 接口：网元层与设备层的接口。

（3）F 接口：GUI 与 Manager 之间基于 TCP/IP 协议的接口。

7.3.2　网管的组网方式

1. 单 GUI 单 Manager

单 GUI 单 Manager 组网方式是最基本、最普遍的网管组网方式，GUI 与 Manager 既可以在同一台计算机上运行，也可以分开在不同的计算机上运行，单 GUI 单 Manager 组网方式如图 7-6 所示。

2. 多 GUI 单 Manager

一个 Manager 可以同时接受多个 GUI 的登录，高层网管也像一般的 GUI 一样接入 Manager。此结构一般应用于用户需要多个操作终端（客户端）或显示终端的情况，而且客户端可能分布在不同的地域，因此有些 GUI 需要远程登录 Manager，多 GUI 单 Manager 组网方式如图 7-7 所示。

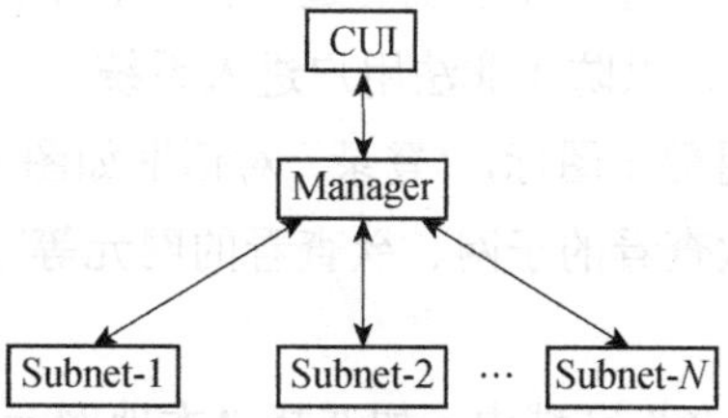

图 7-6　单 GUI 单 Manager 组网方式

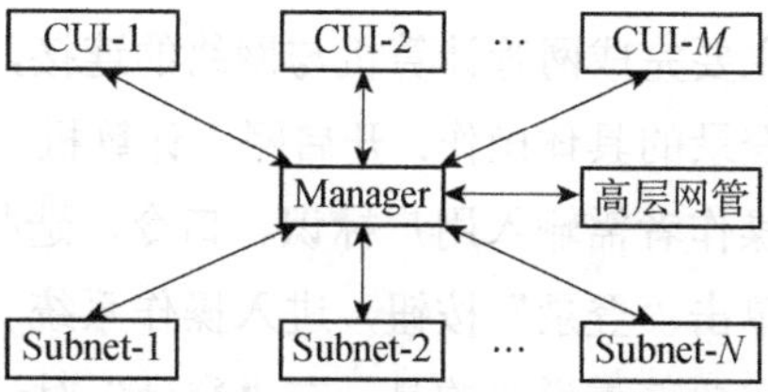

图 7-7　多 GUI 单 Manager 组网方式

3. 单 GUI 多 Manager

一个 GUI 可以同时登录多个 Manager，并在界面上统一显示这些 Manager 所管理的子网/网元信息。当用户需要在某个网管中心对一些分散的网管系统（如各本地网）进行统一的监视或管理时，可采用这种方式。一般网管中心的 GUI 都需要远程接入各 Manager。

4. 单子网多 Manager（主副网管）

主副网管主要用来进行网管的保护和备份管理。正常情况下，由主网管对各网元进行配置和管理；副网管只处于监视状态，不能对网元进行配置操作。当出现以下情况时，副网管将取代主网管并具有主网管的所有功能，对网元进行配置和管理：传输网络处于异常状态，主网管与网元已无法建立连接；主网管已发生故障；人工干预倒换。

5. 远程网管

在以上几种网管结构中，当 GUI 与 Manager、Manager 与 Manager（主副网管）或 Manager 与 Agent 因不在同一地点而需要通过路由器或网桥远程接入时，称为远程网管。远程网管并不是一种单独的组网方式，只是前述几种组网方式在远程接入情况下的实现。

7.3.3 网管的运行环境

SDH 网管的运行环境主要是指网管正常运行所要求的硬件和软件环境。SDH 网管 PC 平台的硬件和软件环境见表 7-1。

表 7-1 SDH 网管 PC 平台的硬件和软件环境

硬件指标	硬件要求	软件指标	软件要求
主机	PⅢ 800 或更高，配置网卡、光驱	操作系统	Windows 2000
内存	512MB 以上	数据库	Sybase
硬盘	20GB 以上	硬盘可用空间	9GB 以上
显示器	17in 以上		

7.4 SDH 网管系统的功能

一般来说，SDH 网管系统有系统管理、配置管理、告警管理、性能管理、安全管理、维护管理 6 大管理功能。下面将逐一介绍。

要进入网管操作系统，首先要进行系统登录。进入网管操作系统的过程称为登录。登录过程主要完成网管计算机与网络的连接，进行口令核对，以防止非法用户进入系统。

登录的具体操作：开启网管计算机，单击 SDH 应用程序图标，“登录”对话框如图 7-8 所示。操作者需输入用户标识、口令，选择登录方式、欲查看的子网、欲查看的网元等项目，最后单击“登录”按钮，进入操作系统。

需要着重说明的是，在“登录”对话框的“采集选择”区域中，如选择“本地网元”，则只能查看与 SDH 网管计算机直接连接的网元。如要查看某一个子网或整个 SDH 网络，应选择“所有网元”。

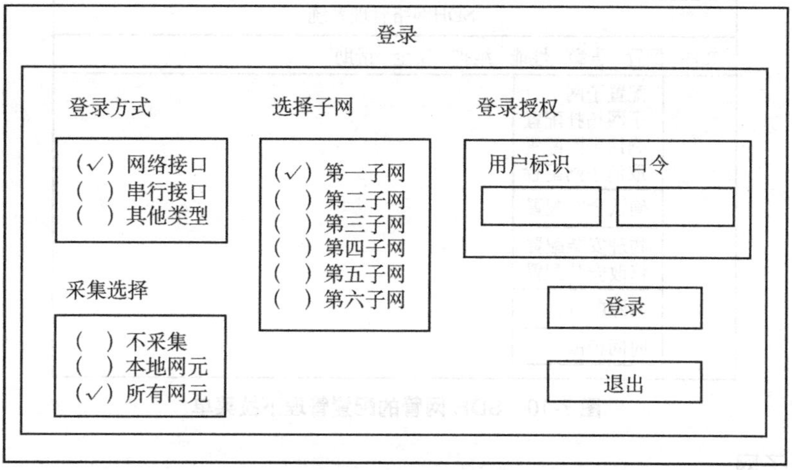

图 7-8 “登录”对话框

登录后就可进入 SDH 网管的主界面。SDH 网管的主界面中除显示“配置”“告警”“性能”“维护”“安全”等主要操作菜单外，还有背景地图、网元图标、子网连线、子架图等。SDH 网管主界面的结构如图 7-9 所示，图中所示是某大型电灌工程 SDH 传输的拓扑图。

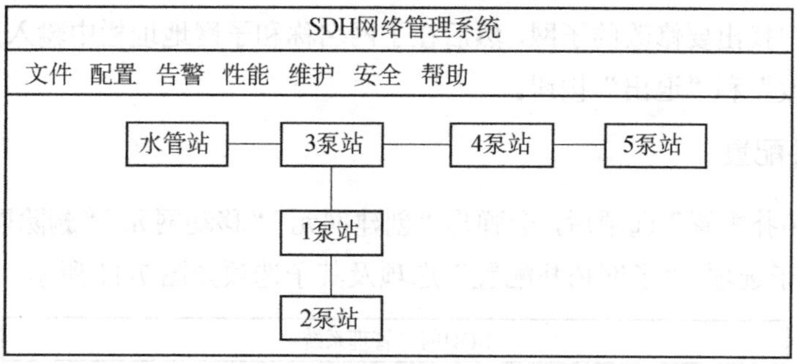

图 7-9 SDH 网管主界面的结构

7.4.1 系统管理

系统管理是保证网络管理系统软件正常运行的辅助管理功能的集合，它协同配置管理模块保证整个软件系统的正常运行。

7.4.2 配置管理

配置管理是 SDH 网管最重要的功能之一，主要用于对网元和网络的配置进行管理。网元配置是指对单个 SDH 设备进行配置，网络配置是指对网管系统所管辖的各 SDH 子网进行配置。

配置管理的具体操作：登录进入主界面后，单击主界面菜单栏中的“配置”，弹出如图 7-10 所示的 SDH 网管的配置管理下拉菜单。

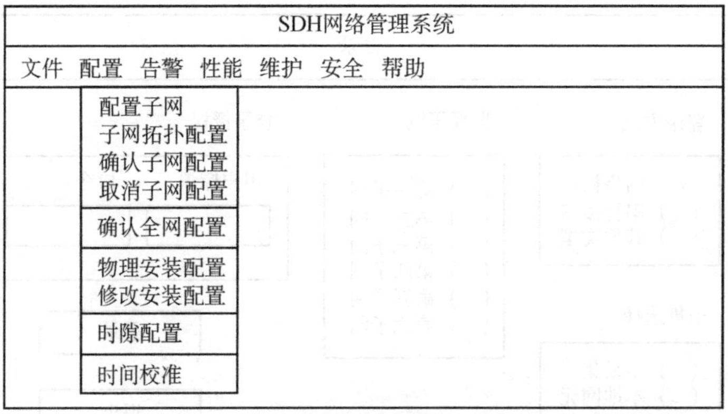

图 7-10 SDH 网管的配置管理下拉菜单

1. 配置子网

“配置子网”选项用于创建子网及网元的定位，单击此项，会弹出配置子网对话框。在此对话框中，子网列表显示了已有的子网名称，可通过其右侧的下拉按钮来查看；如要创建新子网，需先输入子网名称、子网地址，单击“创建”按钮，再单击“退出”按钮；如要删除子网，需先在子网列表中找出要删除的子网，然后单击“删除”按钮；如要修改子网配置，需先在子网列表中找出要修改的子网，然后在子网名称和子网地址栏中输入新名称和新地址，再依次单击“修改”和“退出”按钮。

2. 子网拓扑配置

选择“子网拓扑配置”选项后，会弹出“创建网元”“移动网元”“删除网元”“连接网元”“删除连接”5 个子选项，“子网拓扑配置”选项及其子选项如图 7-11 所示。

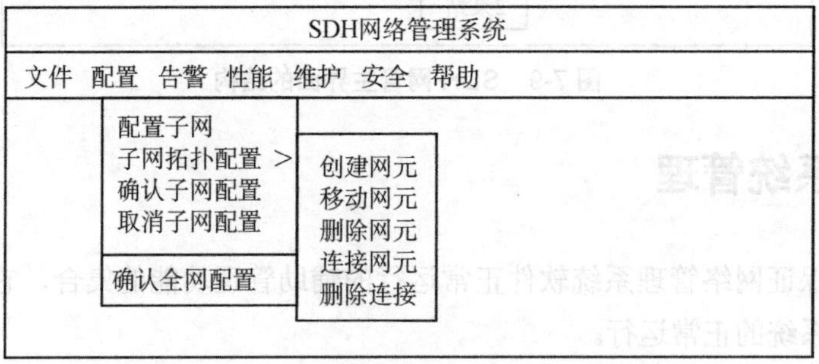

图 7-11 “子网拓扑配置”选项及其子选项

7.4.3 告警管理

告警管理主要用于对告警信息的产生和消失进行检测、定位、汇报、显示。告警管理菜单如图 7-12 所示。

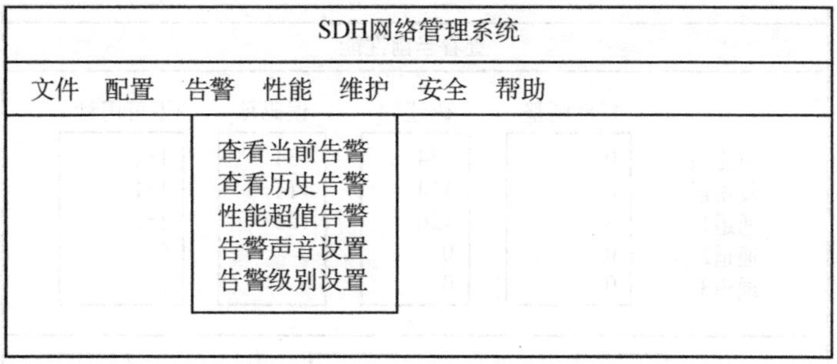

图 7-12 告警管理菜单

1. 查看当前告警

选择“查看当前告警”选项，将弹出“查看当前告警”对话框，输入子网选择、网元选择、告警级别选择、告警类型选择的相关数据后，会在对话框虚线所标识的区域显示告警信息。如要查看某个机盘的告警信息，还要输入机盘的类型；单击“告警确认”按钮，可使主控台的告警声停止；如告警源已消除，还应用左键选定所有告警信息，然后单击“删除告警”按钮，将告警信息删除。

2. 查看历史告警

选择“查看历史告警”选项，将弹出“查看历史告警”对话框，其结构与“查看当前告警”对话框一样，只不过“查看历史告警”对话框中是曾经出现的告警的历史记录，可用于查看网络以前的告警，包括已删除的告警。

3. 性能超值告警

性能超值告警是告警管理的重要功能。网管系统如检测到性能值超过用户所给定的限值，就会产生性能超值告警。选择“性能超值告警”选项，将弹出“性能超值告警”对话框，完成子网选择、网元选择、单盘选择后，会在对话框虚线所标识的区域显示性能超值告警。

4. 告警声音设置

选择“告警声音设置”选项后，会弹出“打开告警声音”和“关闭告警声音”两个子选项。如选择前者，一旦有告警出现，网管主控台的蜂鸣器就会发出告警声；如选择“关闭告警声音”，有告警出现时，网管主控台的蜂鸣器不会发出声响。

5. 告警级别设置

选择“告警级别设置”选项，将弹出“告警级别设置”对话框。从对话框的“告警选择”中逐个选择告警名称，再选择每个告警欲确定的级别，单击“确认”按钮完成设置，最后关闭该对话框。

7.4.4 性能管理

性能管理主要用于对 SDH 网络和子网设备进行性能监控管理，它可以查看系统运行的一些重要参数，为系统评估、故障定位、查找误码源位置提供依据。性能管理菜单中包括“查看当前性能”和“查看历史性能”两个选项。如选择“查看当前性能”选项，将弹出如图 7-13 所示的“查看当前性能”对话框，选择子网、网元、单盘后，会显示相应的性能。如选择“查看历史性能”选项，将弹出“查看历史性能”对话框，其结构与“查看当前性能”对话框的结构非常相似，只是多了“起始时间”和“终止时间”两个选项框，这里不再详述。

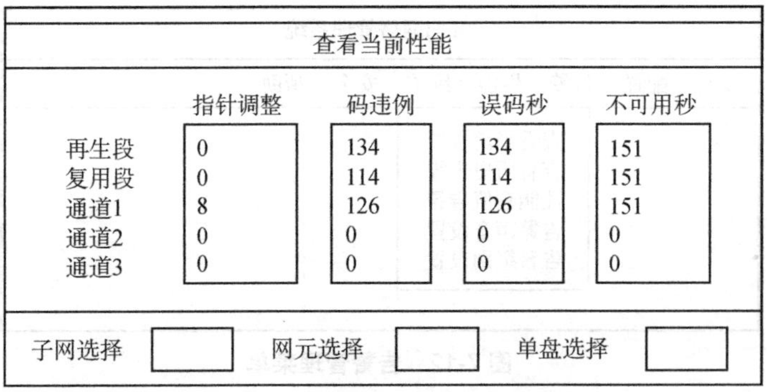
查看当前性能
指针调整
码违例
误码秒
不可用秒
再生段
复用段
通道1
通道2
通道3
0
0
8
0
0
134
114
126
0
0
134
114
126
0
0
151
151
151
0
0
子网选择
网元选择
单盘选择

图 7-13　“查看当前性能”对话框

7.4.5　安全管理

安全管理是为了保证操作系统的可靠性，通过口令对操作系统的使用者进行权限控制。用户口令按操作权限分为高级口令、中级口令和低级口令，在安全管理菜单中可对口令进行修改、增加和删除。

单击菜单栏中的“安全”选项，其下拉菜单中显示“增加用户标识口令”“删除用户标识”“更改用户口令”“查看用户高级口令”“查看用户中级口令”“查看用户低级口令”“浏览命令历史数据”“更新命令历史数据”等选项。

1. 增加用户标识口令

此选项用于在操作系统中增加新用户和新用户的各级口令，只限高级用户使用。选择“增加用户标识口令”选项，将弹出如图 7-14 所示的“第一次口令输入”对话框。在该对话框中，首先要选取子网，然后输入用户标识、高级口令、中级口令、低级口令和说明信息，用户标识和口令的字符数应为 3～6 个；单击该对话框中的“确定”按钮对所做的操作进行确认，系统会打开“第二次口令输入”对话框，要求再次输入各级口令并确认。

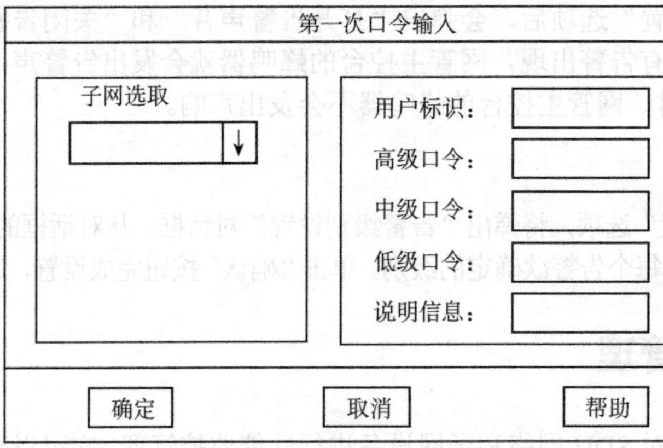

图 7-14　“第一次口令输入”对话框

如第二次口令输入与第一次口令输入相符合，系统会给出提示信息，询问是否确认输入的口令，从而完成新用户的增加。如第二次口令输入与第一次口令输入不符合，系统会给出输入出错提示，让用户再次输入口令。若第三次口令输入正确，则按原步骤完成新用户的增加，否则新用户增加失败。

2. 删除用户标识

此选项用于在操作系统中删除用户标识，只限高级用户使用。

选择“删除用户标识”选项，将弹出如图7-15所示的“删除用户标识”对话框，选择要删除用户标识的子网、网元和要删除的用户标识并确认，即可完成删除操作，也可单击“取消”按钮取消操作。

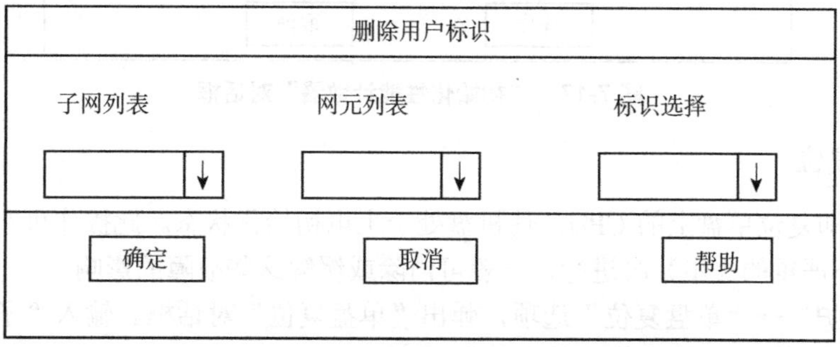

图7-15 “删除用户标识”对话框

3. 更改用户口令

此选项用于更改已有的用户口令，只限高级用户使用。

选择“更改用户口令”选项，将弹出如图7-16所示的“更改用户口令”对话框，选择子网、网元并输入用户标识和更改后的用户口令，确认后系统会提示再次输入用户标识和口令，再次输入并确认即可完成操作，也可单击“取消”按钮取消操作。

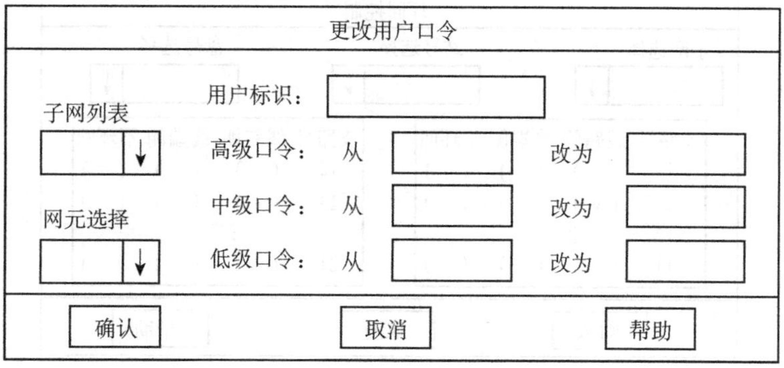

图7-16 “更改用户口令”对话框

7.4.6 维护管理

维护管理菜单中包括“初始化性能计数器”“单盘复位”“环回控制”等选项。

1. 初始化性能计数器

初始化性能计数器又称性能计数器复位，是将MCP和MCU的计数器数据清除，以便重新开始计数。选择“维护”→“初始化性能计数器”选项，弹出如图7-17所示的“初始化性能计数器”对话框，输入“子网号”“站号”“盘号”，再单击“操作”按钮，即可完成计数器的初始化。

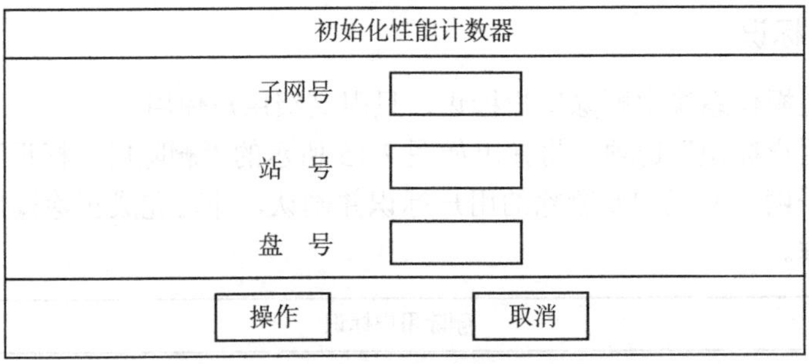

图 7-17　“初始化性能计数器”对话框

2. 单盘复位

单盘复位即复位单盘上的 CPU，使机盘处于上电初始化状态。此操作可在出现较小故障（如小误码、不严重的失步）时进行，一般可消除或缓解这些故障的影响。

选择“维护”→“单盘复位”选项，弹出“单盘复位”对话框。输入“子网号”“站号”“盘号”，再单击“操作”按钮完成单盘复位。

3. 环回控制

环回控制是维护管理中最重要的操作，通过环回控制可以判断故障点在本地网元还是远端网元。选择“维护”→“环回控制”选项，弹出如图 7-18 所示的“环回控制”对话框，选择子网、站号、盘号、支路号，再选择环回的方式（线路环回或终端环回），最后单击“确认”按钮；如要取消环回，则选择子网、站号、盘号、支路号后选择“不环回”选项，再单击“确认”按钮。

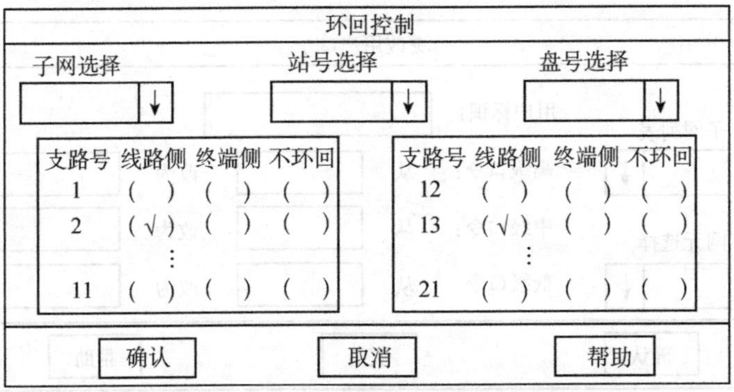

图 7-18　“环回控制”对话框

7.5　SDH 设备的安装、调试流程

SDH 设备的安装和调试流程如图 7-19 所示。下面具体说明每个步骤。

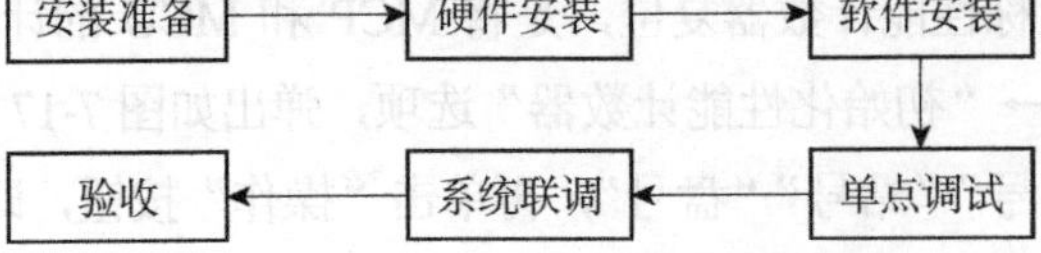

图 7-19　SDH 设备的安装和调试流程

7.5.1 安装准备

在设备安装之前，要进行安装准备。安装准备工作可按照图 7-20 所示的 SDH 设备安装准备工作流程图并结合厂家的操作规范和用户的实际情况进行，具体要做好以下 4 项工作。

（1）工程人员与用户一起检查所接收设备的包装箱标签所标明的设备型号、数量是否与合同规定一致。

（2）设备清点结束后，工程人员应向用户了解各站点的工程准备情况，如电源是否到位、接地电阻是否达到要求、各站间光缆是否熔接好、各站间光缆的损耗是否有异常情况等。

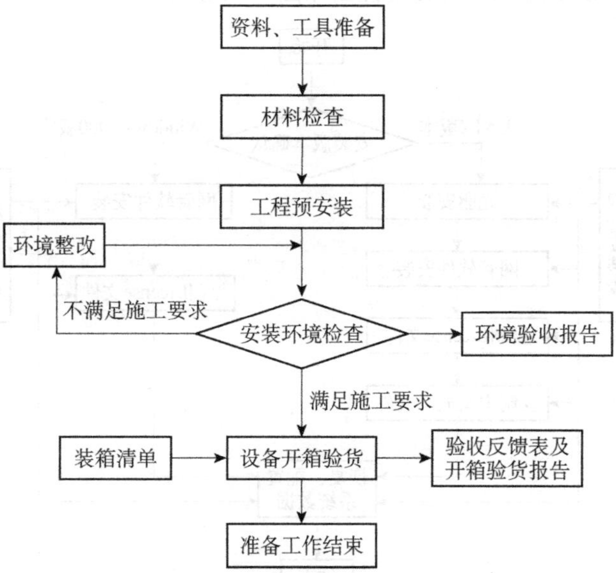

图 7-20 SDH 设备安装准备工作流程图

（3）到达每个站点后，工程人员应与用户一同开箱，再次检查本站点设备的型号、数量是否与装箱清单一致，设备有无损坏、受潮、进水。如清点正常，则双方工程人员应在装箱清单上签名认同；如设备的型号、数量与装箱清单有差异或不符合合同要求，厂方工程人员要尽快与生产厂家联系。

（4）如设备清点正常，就应该确定设备安装位置。如已有本次工程的设计图，可按设计图标明的位置来安装。此外，设备安装位置要尽量避开灰尘较大、空气潮湿、阳光直射、环境温度过高或过低的地方，设备与墙壁的距离要考虑设备的散热，并要求设备机柜的正门、侧门、后门都能方便地打开，以利于工作人员进行维护操作。

7.5.2 硬件安装

SDH 硬件安装流程如图 7-21 所示。

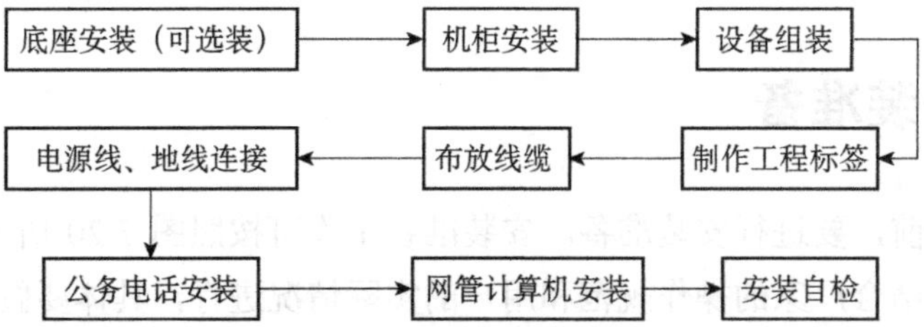

图 7-21　SDH 硬件安装流程

7.5.3　软件安装

SDH 设备的软件主要是用随设备一同发来的网管安装盘进行安装，不同的软件版本有不同的安装流程。SDH 设备的软件安装流程图如图 7-22 所示。

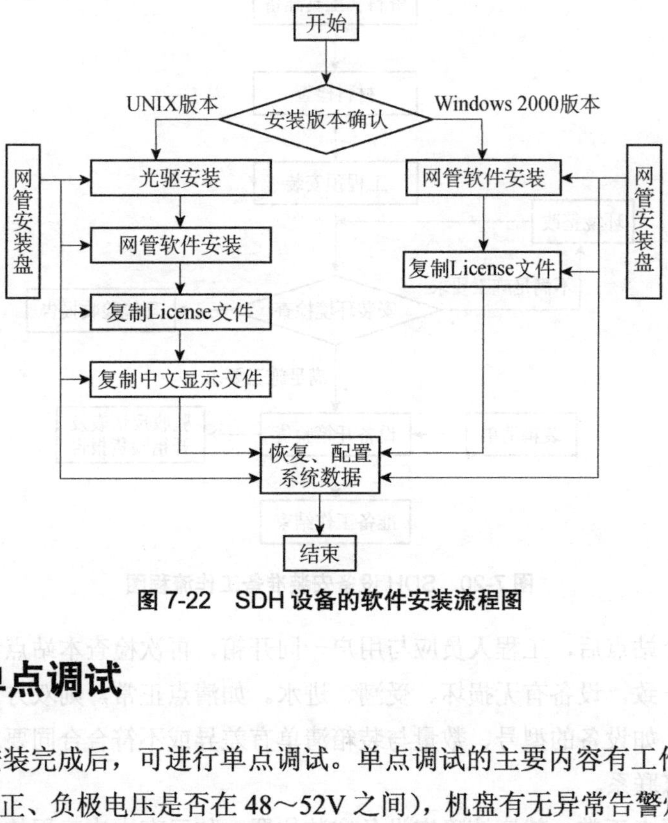

图 7-22　SDH 设备的软件安装流程图

7.5.4　单点调试

加电和软件安装完成后，可进行单点调试。单点调试的主要内容有工作电压是否符合要求（用万用表测量正、负极电压是否在 48～52V 之间），机盘有无异常告警灯亮，检查站号和公务号码是否设置正确，SDH 光口的发光功率及灵敏度和抖动等指标是否与产品出厂测试报告或产品说明书的标注一致。

7.5.5　系统联调

如各站设备都安装、加电、单点调试完毕，可在本 SDH 网络的网管控制中心通过网管对全系统进行联调。此时须进入网管系统，完成网元的创建、网元的连接、网元的配置、时隙的分配、时钟的设置。然后，用误码仪从主站对远端各站进行误码测试，检查所配置的电路时隙是否正确。如不正确，须对故障站点或整个网络的时隙重新配置。此外，还应检查网络的公务电话是否正常工作，每个站点是否都能通过公务电话进行指定呼叫联络。

7.6 SDH 系统调测

SDH 设备的安装和单点调试完成之后，就应该连通各网元的光路，对整个子网进行系统调测。系统调测正常以后，才能移交给用户投入试运行。下面介绍 SDH 系统调测流程。

7.6.1 系统调测流程

SDH 设备的系统调测流程图如图 7-23 所示。SDH 设备加电检查完成后，应当进行系统调测，包括指标测试、自环测试、网管功能测试、系统功能测试和系统性能测试等。其中，指标测试和自环测试属于单站设备的测试，只有单站设备测试通过后，才能连通子网的各网元设备进行全网测试。在测试过程中，应记录相关的测试数据，以备今后查询。

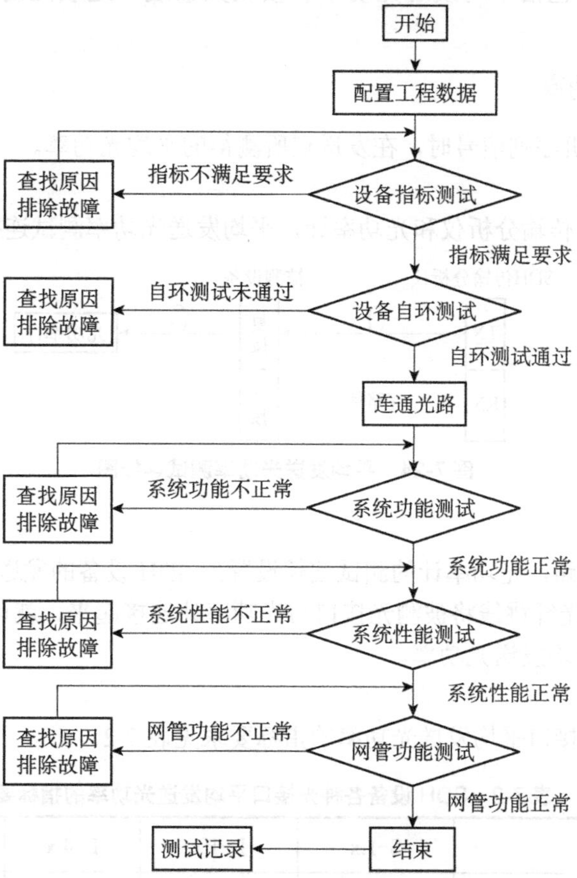

图 7-23　SDH 设备的系统调测流程图

7.6.2 配置并连接网元

为使 SDH 设备按照工程组网的要求工作，需要对各站设备进行数据配置，即通过网管软件完成网络数据的配置、网元初始参数的配置并下载网元配置数据到设备主控板中。

1. 配置网络数据

一般情况下，在随设备提供的网管软件安装盘中都包含根据合同配置的网络数据，只需利用网管软件中的恢复功能将系统配置数据恢复即可。若工程配置变更或进行设备测试，需要重新配置数据。

2. 配置网元初始参数

对于未经配置的 SDH 设备，需要对网元 NCP（主控板）进行配置，将网元初始参数写入网元 NCP 的数据库芯片中。只有经过配置的网元才能够与网管计算机连接起来，进行配置和管理操作。

7.6.3 光接口测试

光接口测试主要包括平均发送光功率、接收灵敏度、过载光功率、平均收光功率等指标。

1. 平均发送光功率

这是指发送伪随机序列信号时，在发送点所测得的平均光功率。

1）测试配置

测试仪表为 SDH 传输分析仪和光功率计，平均发送光功率测试连接图如图 7-24 所示。

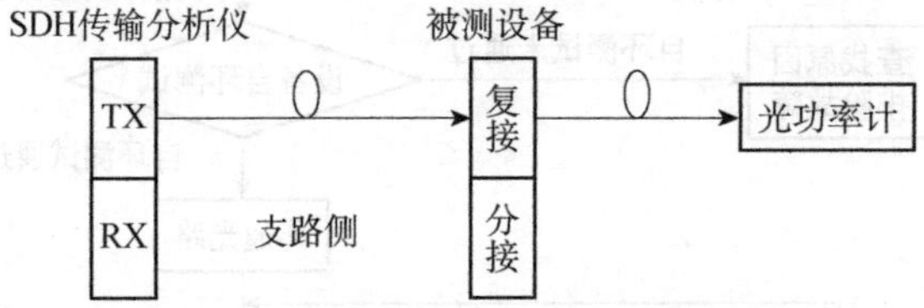

图 7-24 平均发送光功率测试连接图

2）测试步骤

按图 7-24 连接电路，光功率计的测试波长设置为 SDH 设备的发送波长。待 SDH 设备输出光功率稳定后，用光纤跳线将被测光接口与光功率计连接起来，就可从光功率计的显示屏上读出 SDH 设备的平均发送光功率。

3）指标要求

SDH 设备各种光接口平均发送光功率的指标要求见表 7-2。

表 7-2 SDH 设备各种光接口平均发送光功率的指标要求

光接口类型	S-1.x	L-1.x	L-4.x	S-16.x	L-16.x
平均发送光功率（dBm）	-18～-15	-5～0	-3～2	-5～0	-2～3

2. 接收灵敏度和过载光功率

SDH光接口的接收灵敏度是指在保证一定误码率的前提下，SDH设备正常工作时，光接收口所接收到的最低光功率，其单位为dBm。SDH光接口的过载光功率是指在保证一定误码率的前提下，SDH设备正常工作时，光接收口所能承受的最大光功率，其单位为dBm。

1）测试配置

测试仪表为SDH传输分析仪、可变光衰减器和光功率计，接收灵敏度和过载光功率测试连接图如图7-25所示。

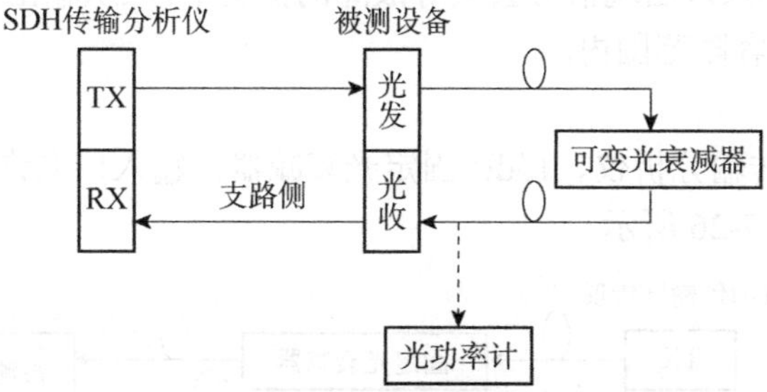

图7-25 接收灵敏度和过载光功率测试连接图

2）测试步骤

（1）将SDH传输分析仪接入被测设备的某一支路，选择适当的伪随机码作为测试信号，将可变光衰减器置于10dB，此时应无误码。

（2）逐渐增大可变光衰减器的衰减量，直到出现误码，但不超过规定的1×10^{-10}。

（3）当误码率达到规定值时，将被测设备接收光口的光纤跳线拔出，接到光功率计的测试接口上。此时测得的光功率就是SDH光接口的接收灵敏度。

（4）恢复到第1步。

（5）逐渐减小可变光衰减器的衰减量，直到出现误码，但不超过规定的1×10^{-10}。

（6）当误码率达到规定值时，将被测设备接收光口的光纤跳线拔出，接到光功率计的测试接口上。此时测得的光功率就是SDH光接口的过载光功率。

3）指标要求

SDH设备各种光接口接收灵敏度和过载光功率的要求见表7-3。

表7-3 SDH设备各种光接口接收灵敏度和过载光功率的要求

光接口类型	S-1.x	L-1.x	L-4.x	L-16.1	L-16.2
接收灵敏度（dBm）	-28	-34	-28	-27	-28
过载光功率（dBm）	-8	-10	-8	-9	-9

3. 平均收光功率

这是指由上（下）游站点发送过来并在本站接收到的伪随机数据序列的平均光功率。

1）测试配置

测试仪表为光功率计。测试时，只要把欲测试的上（下）游站点光缆线路的尾纤接到光功率计的测试端口，打开光功率计的电源，设置测试波长，即可从光功率计的显示屏上读出平均收光功率。

2）指标要求

平均收光功率应大于 SDH 设备相应型号光板的光接收灵敏度，但要小于相应型号光板的过载光功率。

4. 输入口允许频偏和输出口 AIS 信号比特率

输入口允许频偏是指当 SDH 光输入口接收到频率偏差在规定范围内的信号时，输入口仍能正常工作（通常以误码率不大于 1×10^{-10} 来判断），一般以 ppm 来表示。输出口 AIS 信号比特率是指在 SDH 光输入口出现信号丢失等故障的情况下，应从输出口向下游发出 AIS 信号，且其速率偏差在一定的容限范围内。

1）测试配置

测试仪表为 SDH 传输分析仪、15dB 固定光衰减器，输入口允许频偏和输出口 AIS 信号比特率测试连接图如图 7-26 所示。

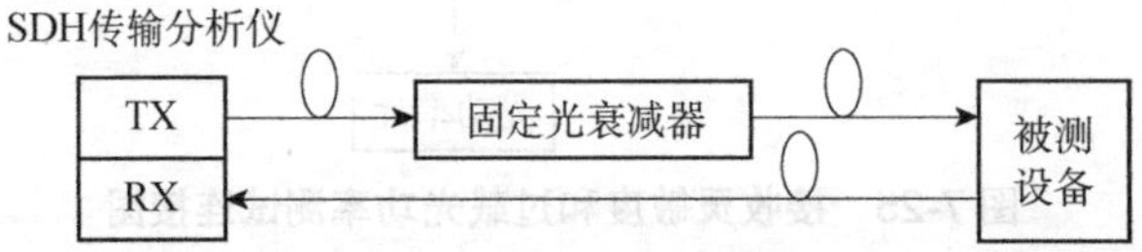

图 7-26 输入口允许频偏和输出口 AIS 信号比特率测试连接图

2）测试步骤

（1）SDH 传输分析仪按被测接口速率等级发送光信号，测试图案为 $2^{23}-1$，被测设备将信号从内部环回。测试仪接收端接收环回的测试信号并检查误码。当频偏为零时，应无误码。

（2）从 SDH 传输分析仪的相关菜单上增加正频偏，直到产生误码；再减少频偏，直到误码刚好消失，记录此时的正频偏值。

（3）从 SDH 传输分析仪的相关菜单上增加负频偏，直到产生误码；再减少频偏，直到误码刚好消失，记录此时的负频偏值。

（4）将 SDH 传输分析仪的发送信号断开，在 SDH 传输分析仪的接收端口应能收到 AIS 信号，从测试仪上可直接读出 AIS 信号的比特率。

3）指标要求

SDH 设备光输入口允许频偏大于±20ppm。SDH 设备光输出口 AIS 速率偏差在±20ppm 以内。

7.6.4 电接口测试

SDH 设备电接口的主要指标有输入口允许频偏和输出口信号（包括 AIS 信号）比特率容差。

1. 基本概念

输入口允许频偏是指当 SDH 电接口的输入口接收到频率偏差在规定范围内的信号时，输入口仍能正常工作（通常以误码率不大于 1×10^{-10} 来判断），一般以 ppm 来表示。

输出口信号（包括 AIS 信号）比特率容差是指 SDH 电接口的实际数字信号的比特率与规定的标称比特率的差异程度，应不超过各级接口允许的偏差范围，即容差。

2. 测试配置

测试仪表为 SDH 传输分析仪、频率计、15dB 固定光衰减器，电接口测试连接图如图 7-27 所示。

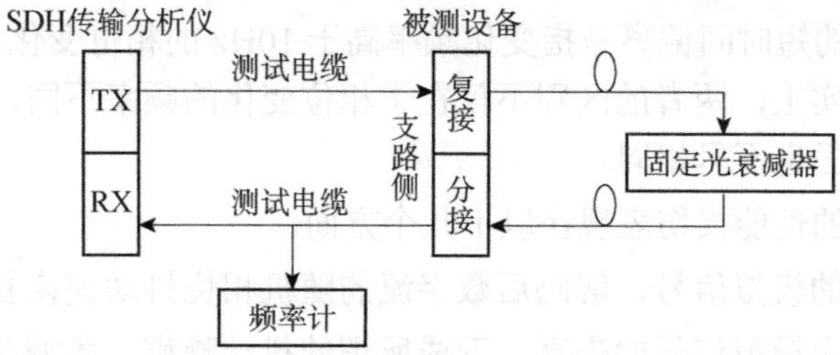

图 7-27　电接口测试连接图

3. 测试步骤

（1）按图 7-27 连接仪表与被测设备，逐个测试各支路口（2Mbps、34Mbps、140Mbps 和 155Mbps）。

（2）按输入口速率等级，调节 SDH 传输分析仪输出信号的频偏至相应规范值，仪表接收侧应无误码。

（3）增加仪表输出信号的正频偏，直到产生误码，再减少频偏，直到误码刚好消失，记录此时的正频偏值。

（4）增加仪表输出信号的负频偏，直到产生误码，再减少频偏，直到误码刚好消失，记录此时的负频偏值。

（5）用数字频率计测出各支路的信号比特率，核对其数值是否满足规定的容差范围。

（6）断开 SDH 传输分析仪的发送电缆，在传输分析仪的接收端应能收到 AIS 信号，从测试仪上可直接读出 AIS 信号的比特率。

4. 指标要求

SDH 设备电接口的输入口允许频偏和输出口信号（包括 AIS 信号）比特率容差的标称指标见表 7-4。

表 7-4　SDH 设备电接口的输入口允许频偏和输出口信号（包括 AIS 信号）比特率容差的标称指标

接口速率（Mbps）	输入口允许频偏（ppm）	输出口信号比特率容差（ppm）
2	＞±50	＜±50
34	＞±20	＜±20
140	＞±15	＜±25
155	＞±20	＜±20

5. 操作注意事项

一般情况下，设备的输入频偏都能满足指标要求，如设备难以达到指标要求，应检查外时钟或仪表的内时钟准确度是否优于 1×10^{-7}。

7.6.5　抖动测试

在理想情况下，数字信号在时间域上的位置是确定的，即在预定的时间位置上将会出现数字脉冲（1 或 0）。然而，种种非理想的因素会导致数字信号偏离它的理想时间位置。我们将数字信号的特定时刻（如最佳抽样时刻）相对其理想时间位置的短时间偏离称为定时抖动，简称抖动。这里所谓的短时间偏离是指变化频率高于 10Hz 的相位变化，而将低于 10Hz 的相位变化称为漂移。事实上，两者的区别不仅在于相位变化的频率不同，而且在产生机理、特性和对网络的影响方面也不尽相同。

定时抖动对网络的性能损伤表现在以下几个方面。

（1）对数字编码的模拟信号，解码后数字流的随机相位抖动使恢复后的样值具有不规则的相位，从而造成输出模拟信号的失真，形成所谓的抖动噪声，影响业务信号质量，特别是图像信号质量。

（2）在再生器中，定时的不规则性使有效判决点偏离接收眼图的中心，从而降低了再生器的信噪比余度，直至发生误码。

（3）对于需要缓存器和相位比较器的数字设备，过大的抖动会造成缓存器的溢出或取空，从而导致不可控滑动损伤。

SDH 设备的抖动指标主要有 STM-N 输出抖动、PDH 支路映射抖动、PDH 支路结合抖动等。

7.6.6 时钟性能测试

（1）基本概念：时钟性能测试是指自由振荡时的输出频率精度的测试。

（2）测试配置：测试仪表为数字频率计，时钟性能测试连接图如图 7-28 所示。

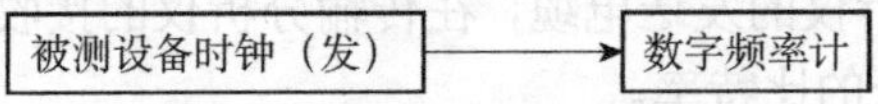

图 7-28 时钟性能测试连接图

（3）测试步骤：按图 7-28 连接仪表与被测设备，用软件或硬件方法设定 SDH 设备的时钟工作于自由振荡方式，由数字频率计读出被测设备时钟盘的输出频率，数小时后再测试一次，每次的结果应满足标称频率的要求，测试时间持续 24 小时。

（4）指标要求：在自由运行状态下，SDH 终端设备时钟盘的输出频率偏差应不大于 4.6ppm；对于 SDH 中继设备，其时钟盘的输出频率偏差应不大于 20ppm。

7.6.7 设备自环测试

用尾纤将相应的光接口自环，选取一个 2Mbps 支路连接误码仪进行测试，测试时间不短于 10 分钟，测试时间内应无误码。进行自环测试时，应选用适当的光衰减器（固定的或可变的都可以），以防止光接收口因过载而误码或损坏光接收模块。

7.6.8 连通光路

各站加电自环测试后，应选取本站的收光尾纤测试本站的收光功率。如收光功率太低或无收光，应对尾纤、光缆衰减进行检测，查找原因并进行处理；如收光功率过高，可在线路中加入固定光衰减器。收光功率正常后，将尾纤接入相应的光板接口，连通光路。

7.6.9 公务电话和业务检查

系统光路连通后，应首先检查公务电话功能是否正常，检测项目有选呼和群呼的测试。正常的公务电话功能标志整个光路的传输基本正常，同时便于系统调试时各局站间进行联络。

在主站选取一条业务支路，将对端站点相应的支路进行环回。主站接入误码仪，对选取的支路进行误码测试。每站任选一条业务支路进行这样的误码传输，测试时间为10分钟左右。如无误码，则换下一站点。所有站点均测试正常后，在每个站点选取一个或几个支路电接口串联起来，在主站接入误码仪进行24小时误码测试（测试要求误码率不大于1×10^{-10}）。建议同时进行抖动输出指标检查。

7.6.10 保护功能和同步检查

业务检查完成后，应对热备份机盘的自动切换功能及网络中业务的倒换功能进行检测，确认保护操作能准确无误地进行，业务能够快速恢复，DCC通道可以自动恢复，倒换后系统的误码等指标满足要求。测试一般采用抽拔机盘、尾纤及插入误码等方式。

为观察整个子网的同步情况，首先应检查全网的时钟配置，然后通过网管界面检查指针调整是否频繁，如没有指针调整或很长时间才有一个指针调整，表示全网时钟已同步。

7.6.11 性能及网管功能检查

通过网管对各站点上报的性能数据进行查询，如有性能异常数据上报，应确认其告警级别，分析故障原因，尽快加以解决。

对网管软件的各项功能进行操作，确保操作功能正常并能监控各网元。如有个别操作功能无法实现，应及时查找原因并加以解决。

复习与思考

7-1 SDH光传输系统的结构可分为哪两大部分？

7-2 SDH系统调测的主要内容有哪些？

7-3 SDH设备的光接口测试包括哪些内容？

7-4 SDH设备的自环测试该如何进行？进行该测试时，选用的光衰减器有什么作用？

7-5 系统光路连通后，为什么首先检查SDH设备的公务电话功能？

7-6 业务检查完成后，紧接着应进行SDH设备哪项功能的检查？此项检查如何操作？

第8章 光纤通信系统的设计

教 学 导 航

知识目标

1. 掌握光纤通信系统设计方法。
2. 熟悉光纤通信系统设计内容。

能力目标

通过学习本章内容，具备基本的光纤通信系统设计能力。

学习重点

1. 中继距离的估算。
2. 系统设计原则。

学习难点

本章学习难点在于功率预算。

8.1 设计原则

8.1.1 工程设计与系统设计

光纤通信系统的设计包括两方面的内容：工程设计和系统设计。

工程设计的主要任务是工程建设中的详细经费概预算，设备、线路的具体工程安装细节。主要内容包括对近期及远期通信业务量的预测，光缆线路路由的选择及确定，光缆线路敷设方式的选择，光缆接续及接头保护措施，光缆线路的防护要求，中继站站址的选择及建筑方式，光缆线路施工中的注意事项。设计过程大致可分为项目的提出和可行性研究，设计任务书的下达，工程技术人员的现场勘查、初步设计、施工图设计、设计文件的会审，对施工现场的技术指导及对客户的回访等。

系统设计的任务遵循建议规范，采用较为先进成熟的技术，综合考虑系统经济成本，合理选用器件和设备，明确系统的全部技术参数，完成实用系统的合成。

8.1.2 系统设计的内容

光纤通信系统的设计涉及许多相互关联的变量，如光纤、光源和光检测器的工作特性、系统结构和传输体制等。

例如，目前在骨干网和城域网中普遍选择同步数字序列（Synchronous Digital Hierarchy，SDH）作为系统制式，在设计 SDH 体制的光纤通信系统时，首先要掌握其标准和规范，SDH 的传输速率分为 STM-1（155.52Mbps）、STM-4（622.08Mbps）、STM-16（2.5Gbps）和 STM-64（10Gbps）四个级别。ITU-T 对每个级别（STM-64 正在研究中）所使用的工作波长范围、光纤通道特性、光发射机和接收机的特性都做了规定，并对其应用给出了分类代码。

虽然光纤通信系统的形式多样，但在设计时，不管是否有成熟的标准可循，以下几点都是必须考虑的：①预期的传输距离；②信道带宽或码速率；③系统性能（误码率、信噪比）。为了达到相关要求，需要对以下一些要素进行考虑。

光纤：需要考虑选用单模还是多模光纤，需要考虑的设计参数有纤芯尺寸、纤芯折射率分布、光纤的带宽或色散特性、损耗特性。

光源：可以使用 LED 或 LD，光源器件的参数有发射功率、发射波长、发射频谱宽度等。

检测器：可以使用 PIN 组件或 APD 组件，主要参数有工作波长、响应度、接收灵敏度、响应时间等。

8.1.3 系统设计的方法

系统设计的一般步骤如下。

1. 选择网络拓扑、线路路由

一般可以根据网络/系统在通信网中的位置、功能和作用，以及承载业务的生存性要求等选择合适的网络拓扑。一般位于骨干网中、网络生存性要求较高的网络适合采用网状拓扑；位于城域网中、网络生存性要求较高的网络适合采用环形拓扑；位于接入网中、网络生存性要求不高而要求成本尽可能低廉的网络适合采用星形拓扑或树形拓扑。节点之间的光缆线路路由选择要服从通信网络发展的整体规划，要兼顾当前和未来的需求，而且要便于施工和维护。选定路由的原则：线路尽量短直、地段稳定可靠、与其他线路配合最佳、维护管理方便。

2. 确定传输体制、网络/系统容量

准同步数字序列（PDH）主要适用于中、低速率点对点传输。而同步数字序列（SDH）不仅适合于点对点传输，而且适合于多点之间的网络传输。20 世纪 90 年代中期，SDH 设备已经发展成熟并在通信网中大量使用，由于 SDH 设备良好的兼容性和组网的灵活性，新建设的骨干网和城域网一般都应选择能够承载多业务的下一代 SDH 设备。网络/系统容量一般按网络/系统运行后的几年里所需能量来确定，而且网络/系统应方便扩容以满足未来容量需求。目前城域网中系统的单波长速率通常为 2.5Gbps，骨干网单波长速率通常为 10Gbps，而且根据容量的需求采用几波到几十波的波分复用。

3. 确定工作波长

工作波长可根据通信距离和通信容量进行选择。如果是短距离、小容量的系统，则可以

选择短波长范围，即 800～900nm。如果是长距离、大容量的系统，则选用长波长的传输窗口，即 1310nm 和 1550nm，因为这两个波长区具有较低的损耗和色散。另外，还要注意所选用的波长区应具有可供选择的相应器件。

4. 选择光纤

光纤有多模光纤和单模光纤，并有阶跃型和渐变型折射率分布。对于短距离传输和短波长系统可以用多模光纤。对于长距离传输和长波长系统一般使用单模光纤。目前，可选择的单模光纤有 G.652、G.653、G.654、G.655 等。G.652 光纤对于 1310nm 波段是最佳选择，是目前最常用的单模光纤，主要应用于城域网和接入网，无须采用大复用路数密集波分复用的骨干网也常采用 G.652 光纤。G.653 光纤是 1550nm 波长性能最佳的单模光纤。G.653 光纤将零色散波长由 1310nm 移到最低衰减的 1550nm 波长区，主要应用于在 1550nm 波长区开通长距离 10Gbps 以上速率的系统。但由于工作波长零色散区的非线性影响，其不支持波分复用系统，故 G.653 光纤仅用于单信道高速率系统。目前，新建或改建的大容量光纤传输系统均为波分复用系统，基本不采用 G.653 光纤。G.654 光纤是 1550nm 波长衰减最小的单模光纤，多用于长距离海底光缆系统，陆地传输一般不采用。G.655 光纤是非零色散位移单模光纤，适合应用于采用密集波分复用的大容量骨干网中。

光纤是传输网络的基础，光缆网的设计规划必须考虑在未来 15～20 年的寿命期内仍能满足传输容量和速率的发展需要。另外，光纤的选择也与光源有关，LED（发光二极管）与单模光纤的耦合率很低，所以 LED 一般用多模光纤，但 1310nm 的发光二极管与单模光纤的耦合取得了进展。另外，对于传输距离为数百米的系统，可以用塑料光纤配备 LED。

5. 选择光源

选择 LED（发光二极管）还是 LD（激光器），需要考虑一些系统参数，如色散、码速率、传输距离和成本等。LED 输出频谱的谱宽比 LD 大得多，这样引起的色散较大，使得 LED 的传输容量较低，限制在 1500Mbps • km 以下（1310nm）；而 LD 的谱线较窄，传输容量可达 500Gbps • km（1550nm）。

典型情况下，LD 耦合进光纤中的光功率比 LED 高出 10～15dB，因此会有更大的无中继传输距离。但是 LD 的价格比较昂贵，发送电路复杂，并且需要自动功率和温度控制电路。而 LED 价格便宜，线性好，对温度不敏感，线路简单。设计电路时需要综合考虑这些因素。

6. 选择光检测器

选择光检测器需要考虑系统在满足特定误码率的情况下所需的最小接收光功率，即接收机的灵敏度；此外还要考虑检测器的可靠性、成本和复杂程度。PIN-PD 比 APD 结构简单，温度特性更加稳定，成本低廉，低速率、小容量系统可采用 LED+PIN-PD 组合。若要检测极其微弱的信号，还需要灵敏度较高的 APD，高速率、大容量系统可采用 LD+APD 组合。

7. 估算中继距离

根据影响传输距离的主要因素（损耗和色散）来估算。

以上设计步骤的核心问题是确定中继距离。尤其是长途光纤通信系统，中继距离设计是否合理，对系统的性能和经济效益影响很大。

另外，光纤通信系统有两个设计方法：最坏值设计法和统计设计法。

使用最坏值设计法时，所有考虑在内的参数都以最坏的情况考虑。用这种方法设计的指标一定满足系统要求，系统的可靠性较高，但由于在实际应用中所有参数同时取最坏值的概率非常低，所以这种方法的富余度较大，总成本偏高。

统计设计法是按各参数的统计分布特性取值的，即通过事先确定一个系统的可靠性代价来换取较长的中继距离。这种方法较复杂，系统可靠性不如最坏值设计法，但成本相对较低，中继距离可以有所延长。也可以综合利用这两种方法，部分参数按最坏值处理，部分参数取统计值，从而得到相对稳定、成本适中、计算简单的系统。为了确保获得预期的系统性能，做出合适的选择，必须进行功率预算和带宽预算。

功率预算的目的是判断光检测器接收的光功率是否达到其所需的最小光功率（灵敏度）。光发射机发送的功率减去光纤链路的损耗和系统富余度，即为光接收机的接收功率。光纤链路的损耗包括光纤损耗、连接器损耗、接头损耗，以及如分路器和衰减器等设备引入的损耗。系统富余度是一个估计值，用于补偿器件老化、温度波动及将来可能加入链路的器件引起的损耗，这个值在2～8dB之间。设总的光功率损耗为P_T，光发射机发送的光功率为P_S（dBm），光接收机的灵敏度为P_R（dBm），则

$$P_T = P_S - P_R = \alpha L + A_C + A_S + M_C \tag{8-1}$$

式中，α是指单位长度的光纤损耗，L是指光纤的长度；A_C（dB）为连接器损耗，FC型连接器一般为0.8dB/个，PC型连接器一般为0.5dB/个；A_S（dB）为光纤固定接点损耗，一般为0.1dB/个；M_C（dB）为系统富余度。由式（8-1）可以计算给定光纤的最大传输距离、连接器和接头等的数量，得到较好的设计。

带宽预算的目的是满足传输速率的要求。光纤通信系统的带宽除和光纤的色散特性有关外，还与光发射机和光接收机等设备有关。工程上常用系统上升时间来表示系统的带宽。上升时间的定义是在阶跃脉冲作用下，系统响应从幅值的10%上升到90%所需要的时间，上升时间的定义如图8-1所示。

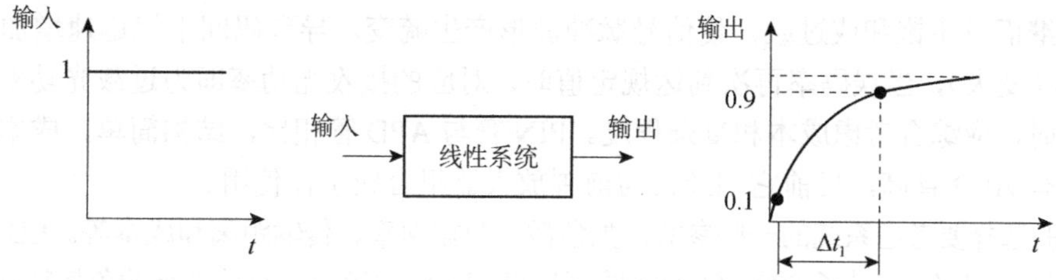

图8-1　上升时间的定义

系统带宽与上升时间成反比，常用下式作为系统设计的标准：

$$\Delta f_{sys} = \frac{0.35}{\Delta t_r} \tag{8-2}$$

上式仅适用于归零码（RZ），对于非归零码（NRZ），则应当修正为

$$\Delta f_{sys} = \frac{0.7}{\Delta t_r} \tag{8-3}$$

系统上升时间与很多因素有关，较为主要的因素有光纤色散、光发射机和光接收机的上升时间。设由光纤色散引起的上升时间为Δt_{fib}，光发射机等光电设备的上升时间为Δt_{eq}，则得到

$$\Delta t_{sys} = \sqrt{(\Delta t_{fib})^2 + (\Delta t_{eq})^2} \tag{8-4}$$

8.2 数字传输系统的设计

8.2.1 系统技术考虑

数字传输系统的指标有比特率、传输距离、码型和误码率等。其中，误码率是保证传输质量的基本指标，它受多种因素制约，与光检测器性能、前置放大器性能、码速、光波形、消光比及线路码型有关。数字传输系统设计的任务就是要通过器件的适当选择来减小系统噪声的影响，确保系统达到要求的性能。

在系统的传输容量确定后，就应确定系统的工作波长，然后选择工作在这一区域内的器件。如果系统传输距离不太远，工作波长可以选择在第一窗口（800～900nm）；如果传输距离较远，应选择1300nm或1550nm波长。

光纤应该根据通信容量和工作波长来选择。多模光纤和单模光纤除工作模式上的差别外，在带宽、衰减常数、尺寸和价格等方面也存在较大差异。多模光纤的带宽比单模光纤的带宽小得多，衰减常数比单模光纤大得多，所以比较适用于低速、短距离的系统和网络，典型的应用有计算机局域网、光纤用户接入网等。多模光纤的芯径最小为50μm，最大为100μm，数值孔径较大，有利于光源光功率到光纤的耦合。另外，其对于连接器和接头的要求都不高，这也决定了多模光纤比较适用于多交叉点、多连接头的应用场合。单模光纤的带宽较大，衰减较低，所以比较适合高速、长距离的系统，典型的应用有SDH、WDM网络等。

光检测器的选取通常放在光源前。接收灵敏度和过载光功率是主要考虑的参数。接收灵敏度是指在一定的误码率（一般为10^{-9}）下，接收机所能接收到的最小光功率。过载光功率是指接收机可以接收的最大光功率。当接收机接收的光功率开始高于接收灵敏度时，信噪比的改善会使误码率变小，但是若光功率继续增大到一定地步，接收机前置放大器将进入非线性区域，继而发生饱和或过载，使信号脉冲波形产生畸变，导致码间干扰迅速增加，误码率开始劣化（变大），当误码率再次到达规定值时，对应的接收光功率即为过载光功率。在选取光检测器时，应综合考虑成本和复杂程度。PIN管与APD管相比，结构简单，成本较低，但灵敏度没有APD管高，目前它们经常与前置放大器组合成组件使用。

光源的选择要考虑系统的一些参数，如色散、数据速率、传输距离和成本等。LD的谱宽比LED的谱宽小得多。在波长800～900nm的区域里，LED的谱宽与石英光纤的色散特性的共同作用将带宽距离积限制在150Mbps·km以内，要达到更高的数值，在此波长区域内就要用激光器。当波长在1300nm附近时，光纤的色散很小，此时使用LED可以达到1500Mbps·km的带宽距离积。若采用InGaAsP激光器，则该波长区域内的带宽距离积可以超过25Gbps·km。而在1550nm波长区域内，单模光纤的极限带宽距离积可以达到500Gbps·km。

一般而言，半导体激光器耦合进光纤的功率比LED高出10～15dB，因此采用LD可以获得更大的无中继传输距离，但是价格要昂贵许多，所以要综合考虑加以选择。

8.2.2 光通道功率代价和损耗、色散预算

当传输距离确定后，根据功率预算关系式可以知道链路允许损耗与光发射机和光接收机

的功率关系。实际的数字光纤链路除光纤本身的损耗、连接器和接头的损耗外，还存在因模式噪声、模分配噪声、激光器频率啁啾、码间干扰及反射导致的光通路功率代价。

1. 模式噪声

在多模光纤中，由于振动、微弯等机械扰动，各传输模式间的干涉在光检测器的受光面上产生的斑图将随时间波动，它会导致接收功率发生波动，并附加到总的接收噪声中，使误码率劣化，这种波动称为模式噪声。另外，连接器和接头起到了空间滤波器的作用，它们也会造成斑图的瞬时波动，增加模式噪声。

如果相干激光器的谱宽比较小，使相干时间大于模间时延差，同样会产生模式噪声。

一般而言，运行速率低于 100Mbps 的链路，可以不考虑模式噪声的影响，但当速率达到 400Mbps 以上时，模式噪声就变得较为严重了。可以采取下列方法减小模式噪声：使用非相干光源 LED；使用纵模数多的激光器；使用数值孔径较大的光纤或使用单模光纤。

2. 模分配噪声

多模 LD 在调制时，即使总功率不随时间改变，其各个模式的功率也会随着时间呈随机波动。由于光纤色散的存在，这些模式以不同的速度传播，造成各模式不同步，引起系统接收端电流附加的随机波动，形成噪声，使判决电路的信噪比降低。因此，为了维持一定的信噪比，达到要求的误码率，就要增大接收光功率。考虑模分配噪声需要增加的这部分功率就是要付出的功率代价。

模分配噪声的影响在高速率的系统中表现较为明显。由于 DFB 激光器的边模抑制比很高，所以选择动态单纵模 DFB 激光器而不是 FP 腔激光器就可以有效地降低这种噪声的影响。

3. 激光器频率啁啾

单纵模激光器工作于直接调制状态时，由于注入电流的变化引起有源区载流子浓度变化，进而使有源区折射率发生变化，结果导致谐振波长随时间漂移，产生频率啁啾。由于光纤的色散作用，频率啁啾造成光脉冲波形展宽，影响接收机的灵敏度。减小啁啾效应最理想的方法是使激光器的工作波长接近光纤的零色散波长。另外，采用多量子阱结构 DFB-LD 或者采用外调制器都可以减少频率啁啾的影响。

4. 码间干扰

码间干扰是由于光纤色散导致所传输的光脉冲展宽，最终使相邻光脉冲彼此重叠而形成的。对于使用多纵模激光器的系统，即使光接收机能够对单根谱线形成的波形进行理想均衡，但由于各谱线产生的波形经历的色散不同而前后错开，光接收机也很难对不同模式携带的合成波进行理想均衡，从而造成光信号损伤，导致功率代价。

5. 反射

在光传输路径上总是存在连接器、接头等折射率不连续的点，这时一部分光功率就会被反射回来，反射信号对光发射机和光接收机都会产生不良影响。在高速系统中，这种反射功率造成的光反馈使激光器处于不稳定状态，表现为激光器的输出功率发生波动，激光器的谐振状态受到扰乱，形成较大的强度噪声、抖动或相位噪声，同时引起发射波长、线宽和阈值电流的变化。

如果在两个反射点之间产生多次反射，反射光与信号光相互叠加，将产生干涉强度噪声，对高速系统将产生较大的影响。在 STM-1 标准光接口的主要指标中，为了控制反射的影响，规定了两种反射指标，即 S 点的最小回波损耗和 S-R 点之间的最大离散反射系数。减小光反射的方法有：将光纤端面制成曲面或者斜面，从而使反射光偏离轴线，不重新进入光纤传输；在光纤与空气交界面上涂上折射率匹配的物质，如凝胶；使用 PC 连接器；使用光隔离器。

考虑上述因素，在式（8-1）的右边，还需要加上一项光通道功率代价 P_C，取值范围为 1～2dB，功率预算关系式变为

$$P_T = P_S - P_R = \alpha L + A_C + A_S + P_C + M_C \tag{8-5}$$

$$L_d = \frac{10^6 \times \varepsilon}{B \times D \times \delta\lambda} \tag{8-6}$$

式中，L_d 为色散受限中继距离（km）；ε 为与激光器有关的系数，光源为多纵模激光器时取 0.115，为 LED 时取 0.306；B 为信号比特率（Mbps）；D 是光纤色散系数[ps/（nm·km）]。对于采用单纵模激光器的系统，假设光脉冲为高斯波形，允许的脉冲展宽不超过发送脉冲宽度的 10%，采用的计算公式是

$$L_d = \frac{71400}{\alpha \times D \times \lambda^2 \times B^2} \tag{8-7}$$

式中，λ 为工作波长（μm）；B 为信号比特率（Tbps）；α 为啁啾系数，对于量子阱激光器，取 2～4，若采用 EA 调制器，取 4～6。实际设计时，应根据式（8-5），式（8-6）或式（8-7）分别计算后，取两者较小值为最大无中继距离。

8.3 光纤系统实例

目前，视频监控工程中采用的光纤传输方式有 3 种：点对点视频光端机接入、光纤收发器接入、PON 接入。其中，点对点视频光端机接入和光纤收发器接入在传统工程项目中应用较多，都能提供较大的网络传输带宽，但光纤资源利用率较低，总成本高。PON 接入在最近几年才逐渐应用，但却可以解决监控距离与带宽的问题。

1. 点对点视频光端机接入

点对点视频光端机接入是在无损耗光电转换后，采用点对点光纤接入的方式接入派出所本地监控平台，实现本地一级监控；若公安分局需要调看监控录像，则由矩阵系统提供连接到公安分局的视频和控制接口，通过公安专网进行控制信号及视频信号的传输，在分局、市局进行图像的二级、三级监控。监控网络连接图如图 8-2 所示。该接入方式目前在公安系统中应用较为广泛，但该接入方式存在以下不足。

（1）只适用于模拟监控摄像机接入需求。

（2）组网技术老旧，网络结构复杂，扩展性能差，扩容成本高。

（3）网络适应能力差。一方面，不适用于 720P、1080P 分辨率的高清监控摄像机（IPC）。

的接入需求；另一方面，在系统功能需求发生较大变化时，设备割接工程量较大。

（4）点对点系统对线路资源消耗极大，线路资源利用率低。

（5）各派出所分别存储，对机房空间要求较高，对机房能耗需求较大。

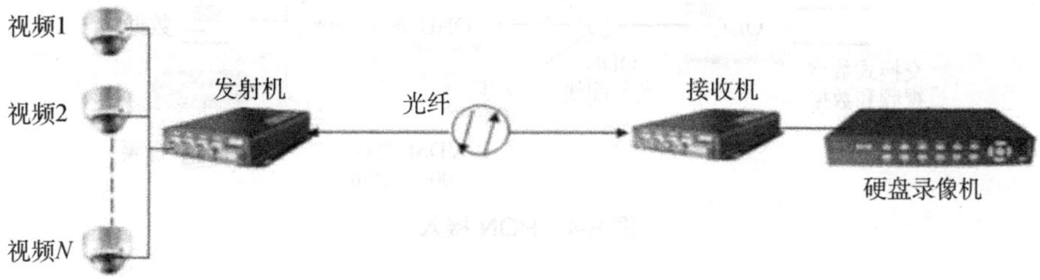

图 8-2　监控网络连接图

2. 光纤收发器接入

该接入方式可适用于模拟信号及数字信号两种接入需求，仍为点对点光纤接入模式，IPC直接通过光纤收发器接入监控中心，模拟摄像机则通过 DVR 接入光纤收发器，从而接入监控中心（图 8-3）。该接入方式适用于 CIF/D1/720P/1080P 等各种标清、高清摄像机的接入需求，且光纤收发器设备价格低廉，但该接入方式存在以下不足。

（1）组网技术老旧，网络结构复杂，网络扩展性能差，扩容成本高。

（2）不具备全网管理能力。

（3）网络适应能力差，在系统功能需求发生较大变化时，设备割接工程量较大。

（4）点对点系统对线路资源消耗极大，线路资源利用率低。

（5）各派出所分别存储，对机房空间要求较高，对机房能耗需求较大。

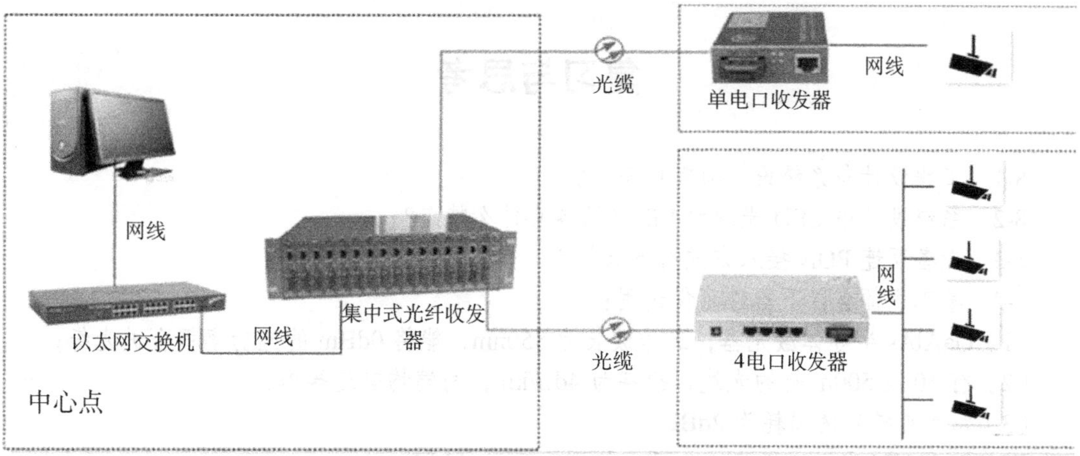

图 8-3　光纤收发器接入方式

3. PON 接入

各监控点摄像机输出图像信号数字视频流通过 ONU（光网络单元）设备接入 PON（图 8-4），再通过光分路器（一般采用 1∶32，可按需配置）实现多点对点的接入。

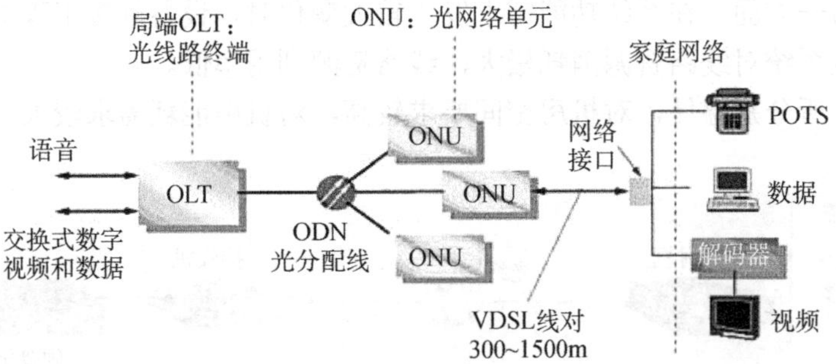

图 8-4 PON 接入

该接入方式有以下特点。

（1）适用于 720P/1080P/4K 等各种高清、超高清摄像机的接入需求。

（2）PON 承载技术作为业界主流接入网组网技术，网络结构简单，系统稳定性高。

（3）网络适应能力强，在系统功能、性能需求发生较大变化时能灵活应对。

（4）网络扩展性能强，在建设初期可为设备预留足够端口，后期扩容成本低。

（5）线路资源利用率高，可按照前端点位实际情况灵活配置光分比，以实现线路资源利用率的最大化。

典型的 PON 系统由 OLT、ONU、POS 组成。OLT 放在中心机房，在下行方向，它提供面向无源光纤网络的光纤接口；在上行方向，OLT 提供 GE。POS 是无源光纤分支器，是一个连接 OLT 和 ONU 的无源设备。ONU 放在远端接入侧，随着 PoE 技术的应用，可用带 PoE 功能的 ONU 设备丰润达 EPS5081，替代普通 ONU 放置于接入端，可以直接为监控摄像头供电，在使用 PON 接入的基础上免去额外的电源布线。PON 技术作为近年来“城市光网”主流接入技术，组网模式灵活，接入业务类型多样，在视频监控系统接入范围覆盖广、接入点位置确定、接入前端设备数字化等方面具有非常好的适应性。

复习与思考

8-1 工程设计与系统设计有哪些不同？

8-2 系统设计中 LED 光源和 LD 光源各有什么特点？

8-3 设备互连 PON 接入方式有什么特点？

8-4 某工程师有以下器件可供选用：

（1）GaAlAs 半导体激光器，工作波长为 850nm，能将 0dBm 的光功率耦合进光纤；

（2）有 10 段 500m 长的光缆，损耗为 4dB/km，两端均有连接器；

（3）每个连接器的损耗为 2dB；

（4）一个 PIN 光电二极管接收机，其灵敏度为-45dBm；

（5）一个 APD 光电二极管接收机，其灵敏度为-56dBm。

该工程师想构建一个速率为 20Mbps、长 5km 的光纤链路，要求系统有 6dB 的富余度，应选择哪一种光接收机？

8-5 已知某光纤通信系统的光纤损耗为 0.5dB/km，全程光纤平均接头损耗为 0.1dB/km，光源入纤功率为-5dBm，光接收机灵敏度为 0.1μW，系统富余度为 8dB，试求最大中继传输距离。

第 9 章 光纤通信常用仪表及应用

教 学 导 航

知识目标

1. 掌握各类仪器的使用方法。
2. 熟悉各类仪器的技术指标。

能力目标

通过学习本章内容，初步具备测量光纤各项基本参数的能力。

学习重点

1. 光时域反射仪的使用。
2. 光功率计的使用。
3. 数字传输分析仪的使用。

9.1 光时域反射仪

9.1.1 光时域反射仪的工作原理

光时域反射仪（Optical Time Domain Reflectometer，OTDR）是利用光线在光纤中传输时的瑞利散射和菲涅尔反射所产生的背向散射而制成的精密光电一体化仪表，广泛应用于光缆线路的维护、施工中，可进行光纤长度、光纤传输衰减、接头衰减和故障定位等的测量。

OTDR 的基本原理是利用分析光纤中后向散射光或前向散射光的方法，测量因散射、吸收等原因产生的光纤传输损耗和各种结构缺陷引起的结构性损耗。当光纤某一点受温度或应力作用时，该点的散射特性将发生变化，因此可通过显示损耗与光纤长度的对应关系来检测外界信号分布于传感光纤上的扰动信息。

通过发射光脉冲到光纤内，然后在 OTDR 端口接收返回的信息来进行测试。光脉冲在光纤内传输时，会由于光纤本身的性质，以及连接器、熔接点、弯曲或其他类似的事件而产生散射、反射。其中一部分散射和反射就会返回到 OTDR 中。返回的有用信息由 OTDR 的探测器来测量，它们就作为光纤内不同位置上的时间或曲线片段。先确定从发射信号到返回信号所用的时间，再确定光在玻璃中的速度，就可以计算距离：

$$d=(c\times t)/2\text{IOR} \tag{9-1}$$

式中，c 是光在真空中的速度；t 是从信号发射到接收信号（双程）的总时间（两值相乘除以 2 后就是单程的距离）。因为光在玻璃中的速度要比光在真空中的速度低，所以为了精确地测量距离，被测的光纤必须标明折射率（IOR）。IOR 是由光纤生产商标明的。

测试显示及对应时间如图 9-1 所示。

返回信号电平与距离的关系如图 9-2 所示。

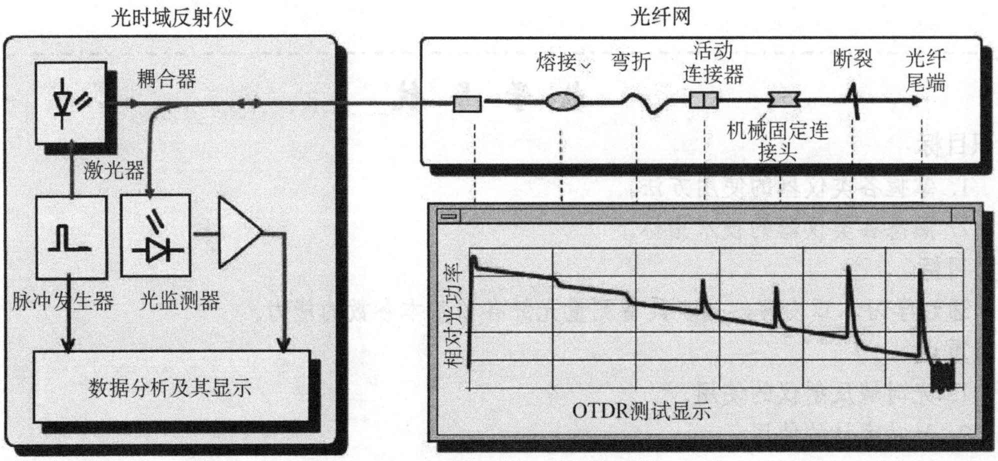

图 9-1　测试显示及对应时间

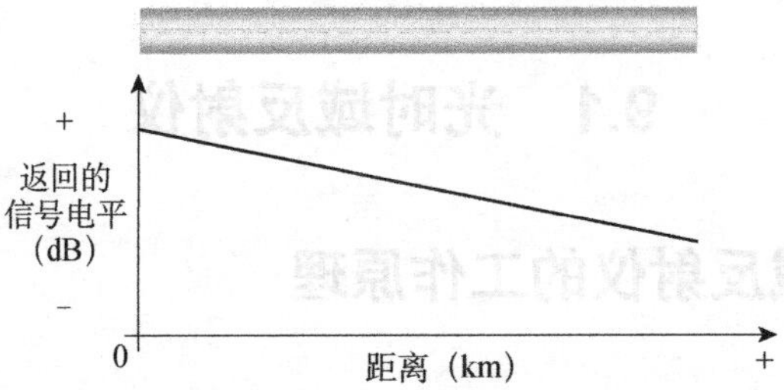

图 9-2　返回信号电平与距离的关系

在 OTDR 光纤测试中经常用到的几个基本术语为背向散射、非反射事件、反射事件和光纤尾端，OTDR 测试事件类型及显示如图 9-3 所示。

（1）背向散射：光纤自身反射回的光信号称为背向散射光（简称背向散射）。

（2）非反射事件：光纤中的熔接头和微弯都会带来损耗，但不会引起反射，我们称为非反射事件。

（3）反射事件：活动连接器、机械接头和光纤中的断裂点都会引起损耗和反射，我们把这种反射幅度较大的事件称为反射事件。

（4）光纤尾端（图 9-4）。第一种情况为一个反射幅度较大的菲涅尔反射。第二种情况为光纤尾端显示的曲线从背向反射电平简单地降到 OTDR 噪声电平以下。

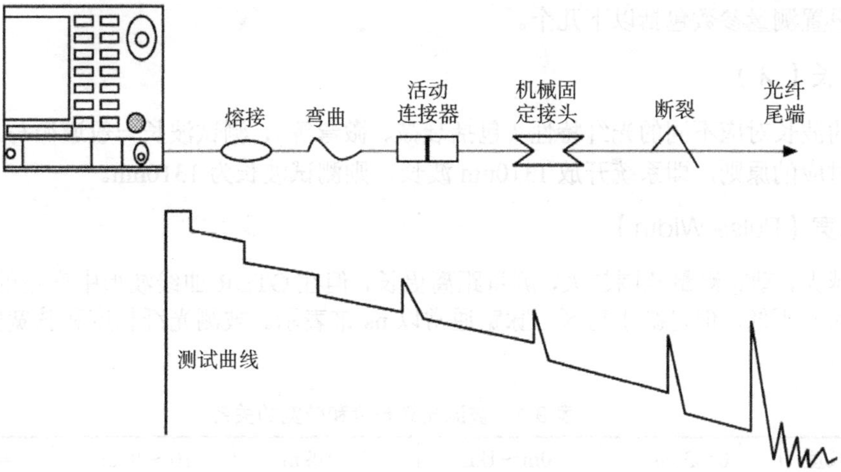

图 9-3 OTDR 测试事件类型及显示

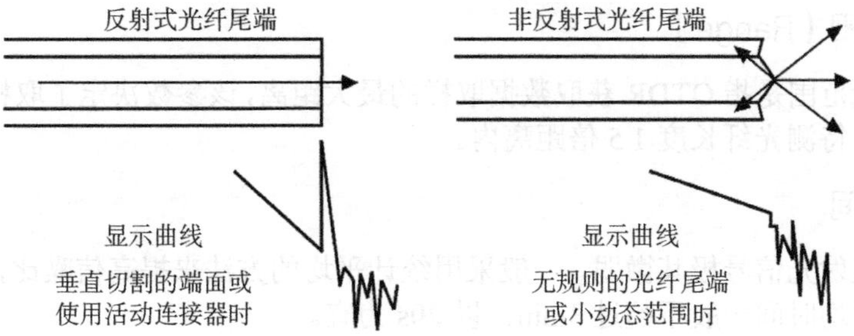

图 9-4 光纤尾端

9.1.2 光时域反射仪的使用方法

光时域反射仪如图 9-5 所示。使用时先开机，进入主界面，点击“OTDR”进入 OTDR 测试界面。对于 OTDR 使用经验丰富的人来说，在测试模式中可以选择“手动测试”选项，其他人可以选择“自动测试”选项。

OTDR 参数设置如图 9-6 所示。

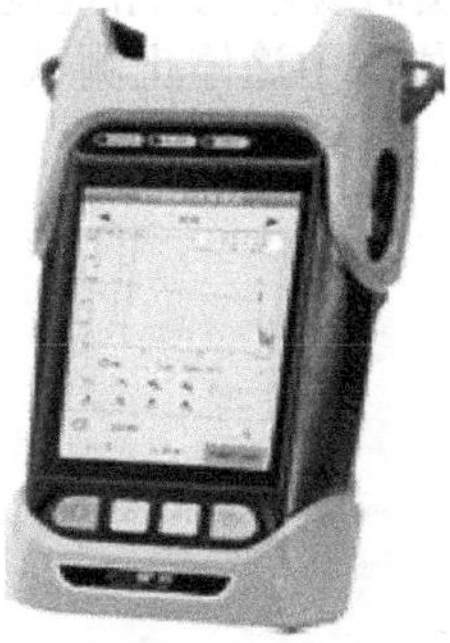

图 9-5 光时域反射仪

图 9-6 OTDR 参数设置

人工设置测量参数包括以下几个。

1. 波长（λ）

不同的波长对应不同的光纤特性（包括衰减、微弯等），测试波长一般遵循与系统传输通信波长相对应的原则，即系统开放 1310nm 波长，则测试波长为 1310nm。

2. 脉宽（Pulse Width）

脉宽越大，动态测量范围越大，测量距离更长，但在 OTDR 曲线波形中产生的盲区更大；短脉冲注入光平低，但可减小盲区。脉宽通常以 ns 来表示。被测光纤长度和脉宽的关系可以参考表 9-1。

表 9-1　被测光纤长度和脉宽的关系

被测光纤长度	0～50m	50m～1km	1～10km	10～40km	40km 以上
脉宽	5～10ns	10～30ns	100～300ns	300ns～3μs	3μs 以上

3. 测量范围（Range）

OTDR 测量范围是指 OTDR 获取数据取样的最大距离，该参数决定了取样分辨率的大小。最佳测量范围为待测光纤长度 1.5 倍距离内。

4. 平均时间

由于后向散射光信号极其微弱，一般采用统计平均的方法来提高信噪比，平均时间越长，信噪比越高。平均时间一般不超过 3min，以 20s 为宜。

5. 光纤参数

光纤参数包括折射率和后向散射系数。折射率与距离测量有关，后向散射系数则影响反射与回波损耗的测量结果。这两个参数通常由光纤生产厂家给出。

6. 自动保存结果

勾选“自动保存结果”复选框后，每次测量完成后会自动保存结果，否则测量完成后，当执行退出曲线界面操作（按测试键、主菜单键或后退键）时，会提示是否需要保存。

另外，可以在“其他设置”里面进行如“启动光纤长度”“损耗阈值”等参数的设定。

如果用户选择了“自动测试”选项，那么只需设置“波长”和“持续时间”，可参考上面的说明。

用户还可以在测试模式中选择“实时测试”选项，用来实时观察光纤的状态。

设置完成之后，按左下角的绿色实体键即可开始测试，如需中途停止测试，再次按此键即可。

9.2　光功率计

9.2.1　光功率计简介

光功率计（Optical Power Meter）是用于测量绝对光功率或通过一段光纤的光功率相对损

耗的仪器。在光纤系统中，学会测量光功率是最基本的技术要求。在光纤测量中，光功率计是重负荷常用表。通过测量发射端或光网络的绝对功率，一台光功率计就能够评价光端设备的性能。将光功率计与稳定光源组合使用，则能够测量连接损耗，检验连续性，并帮助评估光纤链路传输质量。

光功率的单位是 dBm，在光收发器或交换机的说明书中给出了发射和接收光功率，通常发光功率小于 0dBm。接收端能够接收的最小光功率称为灵敏度，能接收的最大光功率减去灵敏度称为动态范围（单位为 dB）。发光功率减去接收灵敏度是允许的光纤衰耗。测试时实际发光功率减去实际接收的光功率就是光纤衰耗（单位为 dB）。接收端接收的光功率最佳值是能接收的最大光功率减去动态范围的一半。由于每种光收发器和光模块的动态范围不一样，所以光纤允许的衰耗要看实际情形。一般来说，允许的衰耗为 15～30dB。

有的说明书中只有发光功率和传输距离两个参数。用最小传输距离除以 0.5，就是能接收的最大光功率，如果接收的光功率大于这个值，光收发器可能会被烧坏。用最大传输距离除以 0.5，就是灵敏度，如果接收的光功率小于这个值，链路可能不通。

光纤的连接方式有两种，一种是固定连接，另一种是活动连接。固定连接就是熔接，是用专用设备通过放电将光纤熔化，使两段光纤连接在一起，优点是衰耗小，缺点是操作复杂、灵活性差。活动连接是通过连接器连接，通常在 ODF 上连接尾纤，优点是操作简单、灵活性好，缺点是衰耗大。光纤衰耗可以这样估算：包括固定和活动连接，每千米光纤衰耗为 0.5dB；如果活动连接相当少，可以取 0.4dB；如果没有活动连接，可以取 0.3dB。纯光纤的理论值为 0.2dB/km。

应针对具体应用，选择合适的光功率计。选择时应注意以下几点。

（1）选择最优的探头类型和接口类型。

（2）评价校准精度和制造校准程序应和光纤及接头要求范围相匹配。

（3）确定光功率计型号和实际测量范围及显示分辨率相匹配。

（4）能直接进行插入损耗测量。

9.2.2 光功率计的使用

光功率计（图 9-7）的 IN 口代表输入口，在光功率计的接收模式下使用此口；光功率计的 OUT 口代表输出口，在光功率计的光源模式下使用此口。

1. 按键说明

（1）DEL 键：删除测量数据。

（2）dBm/W REL 键：测量结果的单位转换，每按一次此键，单位就在“W”和“dBm”之间切换一次。

（3）λ_{LD} 键：在光源模式下，1310nm 和 1550nm 波长转换，常用 1310nm。

（4）λ/+键：校准点切换，有 6 个基本波长校准点，即 850nm、1300nm、1310nm、1490nm、1550nm、1625nm。

（5）SAVE/−键：存储测量数据。

（6）LD 键：模式转换。

（7）POWER 键：电源开关。

图 9-7　光功率计

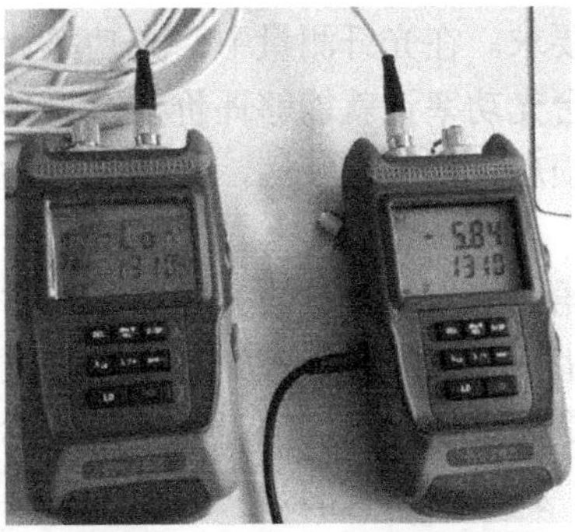

图 9-8　光功率计测量示意图

2. 测量举例

光功率计测量示意图如图 9-8 所示，左侧光功率计设置：使用 LD 键设置为光源模式，波长为 1310nm，使用 OUT 口；右侧光功率计设置：使用 LD 键设置为接收模式，用 dBm/W REL 键切换单位查看结果，并用 SAVE/–键存储测量结果。

3. 维护及保养

（1）保持传感器端面清洁，做到无油脂、无污染。不使用不清洁、非标准适配器接头，不要插入抛光面差的端面，否则会损坏传感器端面。

（2）尽可能使用一种适配器。

（3）光功率计不用时，立即盖上防尘帽，防止长期暴露在空气中附着灰尘而产生测量误差。

（4）小心插拔光适配器接头，避免端口出现刮痕。

（5）定期清洁传感器表面。清洁传感器表面时，应使用镜头纸，加清洗液后沿圆周方向轻轻擦拭。

（6）长期不用应取出电池，防止电池受潮而影响测量。

9.3　误码测试仪及系统误码性能测试

9.3.1　误码测试仪简介

误码测试仪由发送和接收两部分组成，发送部分的测试码发生器产生一个已知的测试数字序列，编码后送入被测系统的输入端，经过被测系统传输后输出，进入误码测试仪的接收部分解码并从接收信号中得到同步时钟。接收部分的测试码发生器产生和发送部分相同且同步的数字序列，和接收到的信号进行比较，如果不一致，便是误码，用计数器对误码的位数进行计数，然后记录存储，最后分析、显示测试结果。

9.3.2　误码性能

1. 基群速率的数字连接的误码性能

ITU-T G.821 建议规范了用于语音业务或用于数据型业务载体信道的 $N\times 64$kbps 电路交换数字连接（$1\leqslant N\leqslant 24$ 或 32）的误码性能事件、参数和指标。G.821 定义了以下事件。

- 误码秒（ES）：在 1s 时间周期内有一个或更多差错比特。
- 严重误码秒（SES）：在 1s 时间周期内的比特差错率$\geqslant 10^{-3}$。

G.821 定义的误码性能参数如下。

- 误码秒比（ESR）：在一个固定测试时间间隔上的可用时间内，ES 与总秒数之比。
- 严重误码秒比（SESR）：在一个固定测试时间间隔上的可用时间内，SES 与总秒数之比。

G.821 给出的 64kbps 全程 27500km 假设参考通道（HRP）端到端连接的误码性能指标见表 9-2。

表 9-2　G.821 全程 HRP 端到端误码性能指标

性能参数	指标
误码秒比（ESR）	<0.08
严重误码秒比（SESR）	<0.002

G.821 HRDS 误码性能指标见表 9-3。

表 9-3　G.821 HRDS 误码性能指标

HRDS	误码性能要求	
	误码秒比（ESR）	严重误码秒比（SESR）
420km	5.38×10^{-4}	6.72×10^{-6}
280km	3.6×10^{-4}	4.5×10^{-6}
50km	6.4×10^{-5}	8×10^{-7}

2. 基群及更高速率的数字通道的误码性能

ITU-T G.826 建议规范了运行在基群及基群以上速率的数字通道的误码性能事件、参数和指标。

G.826 定义了以下事件。

- 误块（EB）：在一块中有一个或多个差错比特。
- 误块秒（ES）：在 1s 中有一个或多个误块。
- 严重误块秒（SES）：在 1s 中含 30%及以上的误块，或者至少有一个缺陷。
- 背景误块（BBE）：发生在 SES 以外的误块。

G.826 定义的误码性能参数如下。

- 误块秒比（ESR）：在一个确定的测试期间，在可用时间内的 ES 和总秒数之比。
- 严重误块秒比（SESR）：在一个确定的测试期间，在可用时间内的 SES 和总秒数之比。
- 背景误块比（BBER）：在一个确定的测试期间，在可用时间内的背景误块与总块数扣除 SES 中的所有块后剩余块数之比。

基群和更高速率 27500 km 国际数字连接 HRP 端到端误码性能指标（RPO）见表 9-4。

表 9-4　基群和更高速率 27500 km 国际数字连接 HRP 端到端误码性能指标（RPO）

速率（Mbps）	1.5～5	>5～15	>15～55	>55～160	>160～3500
bit/块	800～5000	2000～8000	4000～20000	6000～20000	15000～30000
ESR	0.04	0.05	0.075	0.16	待定
SESR	0.002	0.002	0.002	0.002	0.002
BBER	2×10^{-4}	2×10^{-4}	2×10^{-4}	2×10^{-4}	10^{-4}

各类假设参考数字段（HRDS）的误码性能指标见表 9-5～表 9-7。

表 9-5 STM-1 HRDS 误码性能指标

HRDS	误码性能指标		
	ESR	SESR	BBER
420km	3.696×10^{-4}	4.62×10^{-5}	4.62×10^{-6}
280km	2.464×10^{-3}	3.08×10^{-5}	3.08×10^{-6}
50km	4.4×10^{-4}	5.5×10^{-6}	5.5×10^{-7}
用户网	9.6×10^{-3}	1.2×10^{-4}	1.2×10^{-5}

表 9-6 STM-4 HRDS 误码性能指标

HRDS	误码性能指标		
	ESR	SESR	BBER
420km	*	4.62×10^{-5}	2.31×10^{-6}
280km	*	3.08×10^{-5}	1.54×10^{-6}
50km	*	5.5×10^{-6}	2.75×10^{-7}
用户网	*	1.2×10^{-4}	6×10^{-6}

*：表示待定。

表 9-7 STM-16 HRDS 误码性能指标

HRDS	误码性能指标		
	ESR	SESR	BBER
420km	*	4.62×10^{-5}	2.31×10^{-6}
280km	*	3.08×10^{-5}	1.54×10^{-6}
50km	*	5.5×10^{-6}	2.75×10^{-7}
用户网	*	1.2×10^{-4}	6×10^{-6}

*：表示待定。

9.3.3 SDH 设备的误码测试

关于传输设备是否分配误码指标，ITU-T 目前尚没有相关建议。我国标准中一般采用连续测试 24 小时误码为零的要求，但是由于设备的内部噪声总是存在的，实际设备不可能出现零误码，因此在国标《同步数字体系（SDH）光缆线路系统测试方法》中这样规定：如果第一个 24 小时测试出现误码，应查找原因，允许再次进行 24 小时测试，SDH 设备的测试采用停业务测试方法。SDH 设备误码测试配置如图 9-9～图 9-11 所示。

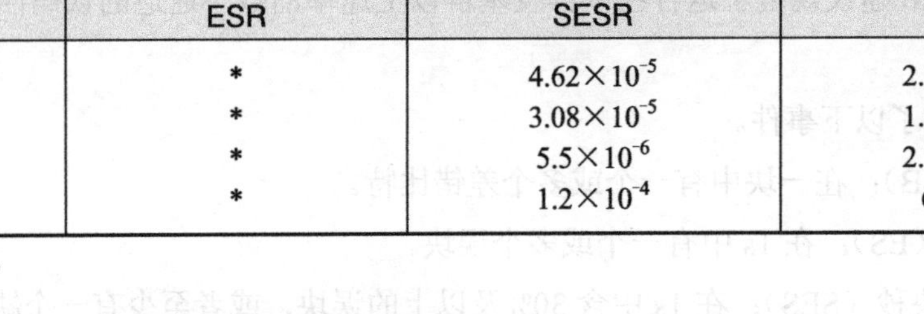

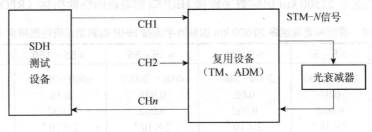

图 9-9 SDH 复用设备误码测试配置

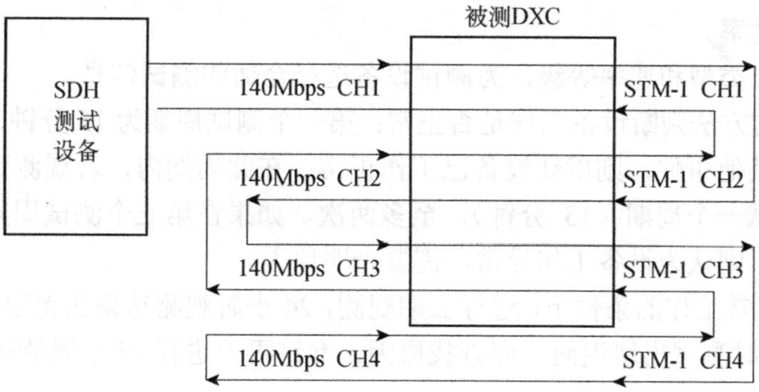

(a) DXC4/4

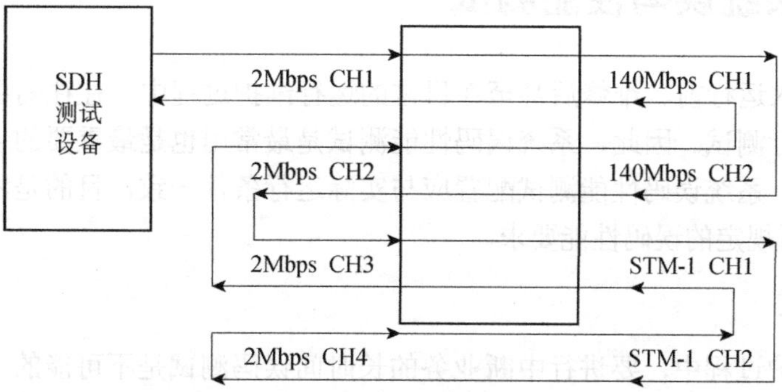

(b) DXC4/1

图 9-10　SDH 交叉连接设备误码测试配置

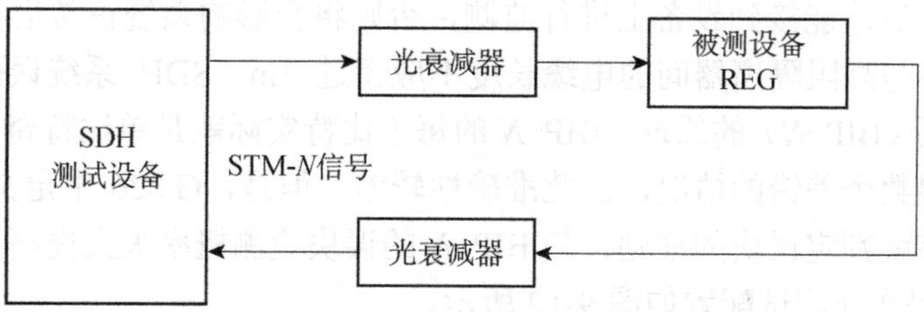

图 9-11　SDH 再生器的误码测试配置

图 9-9 中测试设备可以是 TM 或 ADM，测试在设备的支路口进行，将尽可能多的支路串接起来（测试设备从网元的第 1 条支路输入口输入测试信号，第 1 条支路输出后输入第 2 条支路，以此类推，直到从最后一条支路输出到测试设备进行误码测试及分析）。对于 PDH 或 SDH 支路口应选择其相应的测试序列。如果支路口有不同类型或两种以上速率，则测试选择高速率接口进行。

对于 DXC 4/4 设备，测试在 140Mbps 接口进行，在 DXC 设备的控制系统上设置 140Mbps 端口与 STM-1 端口的双向交接，并按图 9-10 中的办法将尽可能多的 140Mbps 支路串接起来。对于 DXC 4/1 设备，测试在 2Mbps 接口进行，在 DXC 设备的控制系统上设置 2Mbps 端口与 140Mbps 端口或 STM-1 端口双向交接，并按图 9-10 中的办法将尽可能多的 2Mbps 支路串接起来。

各类 SDH 设备误码测试的操作步骤如下。

（1）按照测试配置图进行配置连接，使系统正常工作，调节光衰减器的衰减量，使接收侧收到合适的光功率。

（2）按测试口类型和速率等级，为测试设备选择合适的测试信号。

（3）用下面的方法判断设备工作是否正常：第一个测试周期为 15 分钟，在此周期内如无误码和不可用等其他事件，则确认设备已工作正常；在此周期内，若观测到任何误码或其他事件，应重复测试一个周期（15 分钟），至多两次。如果在第三个测试周期内，仍然观测到误码或其他事件，则认为设备工作异常，需要查明原因。

（4）在设备正常工作的条件下，进行长期观测，24 小时观测结果应无误码（即误码为零）。如果第一个 24 小时测试出现误码，应查找原因，允许再次进行 24 小时测试。

9.3.4 系统误码性能测试

实际系统投入运行前、维修后甚至在日常的运行维护过程中，往往需要在现场运行条件下对误码性能进行测试。因此，系统误码性能测试是最常用也是最重要的误码测试手段，具有重大实际意义。系统误码性能测试配置应与实际运行条件一致，目的是考查系统是否满足 G.821 或 G.826 所规定的误码性能要求。

1. 在线测试

在日常的维护过程中，要进行中断业务的长时间误码测试是不可能的，常常采用在线监测的方式。这时对于 STM-*N* 光通道需要用光纤耦合器（如果 SDH 网元没有光监测接口），而对于电通道则需要采用高阻跨接方式（如果设备上没有高阻监测接口）进行监测。测试仪表用高阻隔离器连接后才能接到设备上进行监测，否则将会影响系统正常运行，甚至造成传输中断；此外，设备与高阻隔离器间的电缆长度不应超过 1m。SDH 系统误码在线测试基于比特间插奇偶校验码（BIP-*N*）的原理。BIP-*N* 的每个比特实际就是单比特奇偶校验，由于其无法检出码组中有偶数个差错的情况，因此准确性较差。但是，G.826 中定义只要 BIP-*N* 的 *N* 个比特有一个差错就判定误块的准则，使 BIP-*N* 的误块检测概率大大提高。

SDH 系统误码在线测试配置如图 9-12 所示。

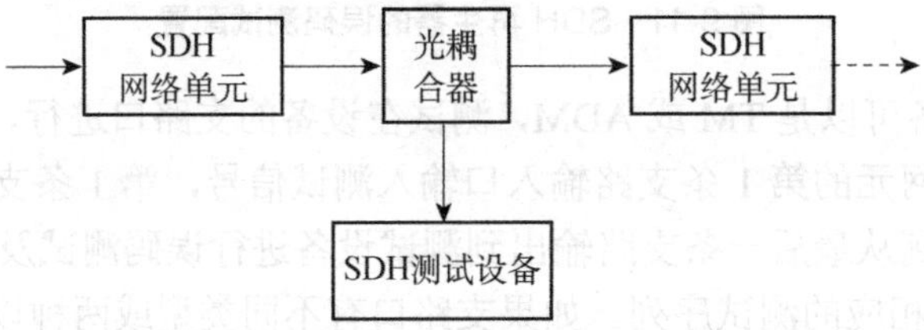

（a）光路监测

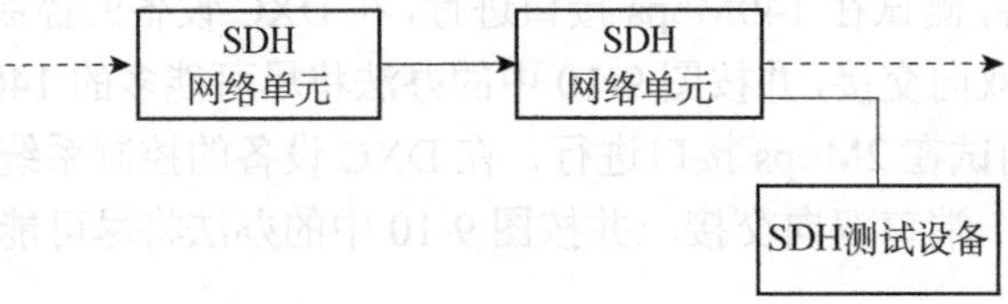

（b）监测接口

图 9-12 SDH 系统误码在线测试配置

进行在线测试时，SDH 测试设备应设置为监视（Monitor）模式，因为光纤耦合器只能将能量很小的光信号耦合到测试设备中，设备监测接口的信号也很弱，测试设备设置为监视模式后，测试设备内部信号通路中会接入放大器，信号放大后便可正确判决。

对于 SDH 承载的 PDH 支路口的在线误码测试，其基本原理与 SDH 系统相同，在被测支路口进行跨接监测即可，此处不再详述。

测试步骤如下。

（1）选择适当的监测口接入 SDH 测试设备（接收）。

（2）调整 SDH 测试设备，连续监测相应的参数：B1、B2、B3 或 V5-b1、b2。

（3）设置测试时间，同时在网管上进行相同的监测，记录测试结果。

2. 停业务测试

在 SDH 系统投入实际运行前或维修后，一般都要进行停业务测试。此时若在 STM-*N* 线路上进行误码测试，则需将所有网元上的设备设置为内部环回（如不能进行设置，则需人工在所有支路上进行环回）。

另外一种方式是在 SDH 网络单元的 PDH 支路口进行误码测试(在所有网元环回该支路)，这样不仅不会影响整个系统的正常运行（只影响此被测支路），而且可以长时间进行监测。缺点是只能得到一条支路在系统中的误码性能，其他支路还要再进行测试，而且无法得到整个 STM-*N* 线路的误码特性。

SDH 系统误码停业务测试配置如图 9-13 所示。

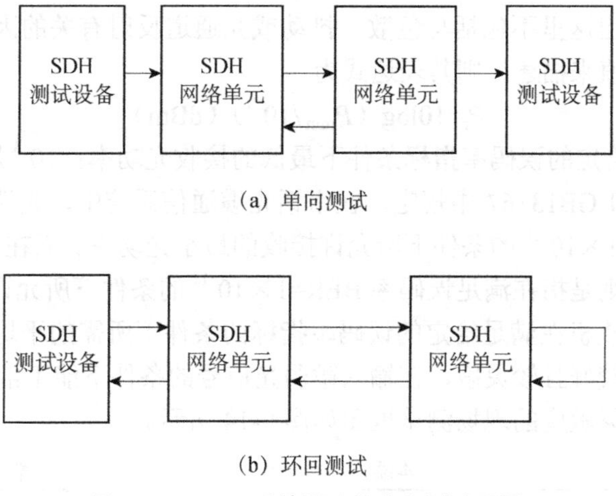

图 9-13 SDH 系统误码停业务测试配置

如果测试以环回方式进行，指标应仍用单向指标。如果测试失败（测试结果不满足单向指标），则需按两个单向的方式重新测试。PDH 支路口误码测试配置图原理与此相同，这里不再绘出。

测试步骤如下。

（1）按照配置图进行配置连接，使系统正常工作，注意使用光衰减器保护被测设备及 SDH 测试设备接收口，调节光衰减器的衰减量，使接收侧收到合适的光功率。

（2）按被测系统接口速率等级，为测试设备选择合适的测试信号。

（3）用下面的方法判断系统工作是否正常：第一个测试周期为 15 分钟，在此周期内，如无误码和不可用等其他事件，则确认系统已工作正常；在此周期内，若观测到任何误码或其他事件，应重复测试一个周期（15 分钟），至多两次。如果第三个测试周期内，仍然观测到误码或其他事件，则认为系统工作异常，需要查明原因。

（4）在系统正常工作的条件下，可进行长期观测，按指标要求设置测试时间（如 24 小时），然后开始测试。

（5）测试结束时，在测试仪表上读出测试结果。若测试结果不合格，则要分析原因并予以解决，然后重新进行一次测试。

一般来说，停业务测试的测试结果是准确的。在很多场合要用到停业务测试（如通道投入业务测试），但停业务测试一般适用于低速率通道，而且通常在 PDH 口测试（虽然本章介绍了 SDH 通道停业务测试方法，但实际应用不多）。而对于高速率通道及线路系统，利用 SDH 自身的在线测试功能是非常方便的，而且能得到可信的结果。

9.3.5 光端机接收灵敏度性能测试

在光传输系统的运行中，光端机的接收灵敏度（或光接收机灵敏度）是十分重要的。这里对该参数及其测试方法做简单介绍，供大家在工程施工和维护工作中参考。

光接收机灵敏度是指在满足一定误码率门限值的条件下，光接收机所允许接收的最低光功率，用 P_{min} 来表示。这一指标体现了接收机接收微弱光信号的能力，是系统再生中继段设计的重要依据。光接收机之所以制定此项指标，是因为考虑发送和接收的各方面因素，如发送机最坏的消息比、最差的上升沿和下降沿、最坏的发送回波损耗，以及接收机输入活动连接器性能的劣化等，但这里不包括与色散、抖动或光通道反射有关的因素。光接收机灵敏度中的光功率若用相对值来描述，则其表达式为

$$P_r=10\log\left(P_{min}/10^{-3}\right)\ (\text{dBm}) \tag{9-2}$$

式中，P_{min} 为在满足给定的误码率指标条件下最低的接收光功率；10^{-3} 是 1mW 的光功率。

国标 GB11820 和 GB13167 中规定，在市话光缆通信系统中，光端机的接收灵敏度是指在满足误码率 $BER\leqslant 1\times 10^{-10}$ 的条件下所允许接收的最小光功率。而在长途光缆通信系统中，光端机的接收灵敏度则是指在满足误码率 $BER=1\times 10^{-11}$ 的条件下所允许接收的最小光功率。因此，如果一部光接收机在满足给定的误码率指标的条件下所需的平均光功率较低，则说明这部光接收机的性能较好且较灵敏，在输入微弱光信号的条件下能正常工作。

光通信系统接收灵敏度的现场测试框图如图 9-14 所示。

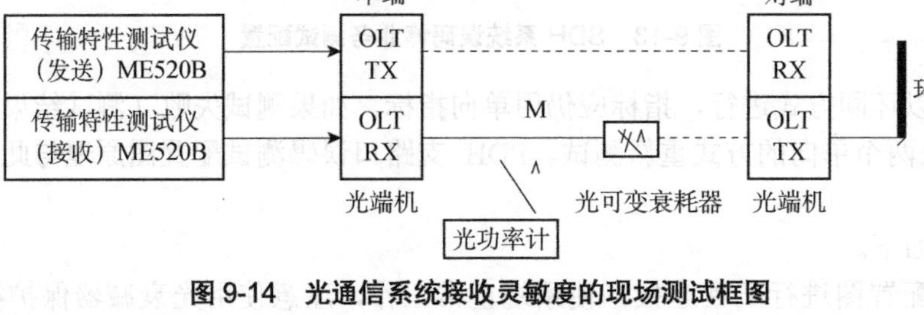

图 9-14 光通信系统接收灵敏度的现场测试框图

测试步骤如下。

（1）按图将测试电路连接好，使系统正常工作。

（2）由传输特性测试仪 ME520B（发送机）发送规定的比特率和码型。如模拟长中继单

模光纤 140Mbps 的光通系统 ，其码型选择 CMI 伪随机码。

（3）将光可变衰耗器置于最大值，然后逐渐减小，直到误码检测仪上的 BER 指示值降为 1×10^{-11}，由于误码是随机出现的，因此必须保持一定长的测试时间，使误码检测仪至少能检测出一个误码。这一定长的时间可通过 1（$W\times V$）来计算。其中，W 为误码率，V 为速率，则每秒出现的误码个数为 $W\times V$。这说明测试时间与速率和误码率有关，速率越低，误码率越小，所需的测试时间就越长。测试时间与速率、误码率的关系见表 9-8。

表 9-8　测试时间与速率、误码率的关系

误码率 / 速率	10^{-8}	10^{-9}	10^{-10}	10^{-11}
2Mbps	50s	8.3min	83min	—
8Mbps	12s	2min	21min	—
34Mbps	3s	29s	5min	49min
140Mbps	0.7s	7s	71s	12min

由于表 9-8 中的数据是按出现一个误码计算的，而测试是随机的，故在上述时间内是否只出现一个误码不能完全肯定，因此实际的测试时间应当加长，至少不能短于表 9-8 中计算的时间。在观察一段时间，如 76s 以后，如果误码检测仪上的误码率仍然是 1×10^{-10}，则维持光可变衰耗器的值不变，用尾纤将光可变衰耗器的输入连至光功率计的输入，所测得的光功率值即为接收灵敏度 P_r（dBm）。接收灵敏度测试的准确度主要取决于光功率计的准确度及光发送机是否为实际使用的光发送机，即在测试中一般不要用本端发送机来代替实际使用的对端发送机，否则会引入不小的误差。

9.4　数字传输分析仪

9.4.1　SDH/PDH 数字传输分析仪简介

数字传输分析仪是数字通信中最重要、最基本的测试仪器，主要用于测试数字通信信号的传输质量，其主要测试参数包括误码、告警、开销、抖动和漂移等，其广泛应用于数字通信设备的研制、生产、维修和计量测试，还可应用于数字通信网络的施工、开通验收和维护测试。下面以数字传输分析仪的典型产品“SDH/PDH 数字传输分析仪”为例来说明数字传输分析仪的基本原理。

SDH/PDH 数字传输分析仪原理框图如图 9-15 所示。从图中可以看出，它由发射机（TX）和接收机（RX）两部分组成。

发射机用于模拟一个信号源，它产生 PDH 和 SDH 帧结构信号，并能插入各种错误和告警。发射机的核心是 SDH/PDH 复用器、STM-1 映射/去映射器和抖动调制。

PDH 帧信号包括 E1、E2、E3 和 E4 的成帧信号。PDH 成帧信号可以是结构化的，也可以是非结构化的。前者由低次群 PDH 信号逐级复接而成；后者除帧头或已定义的时隙外，其余全部用 PRBS 或字图形填充。

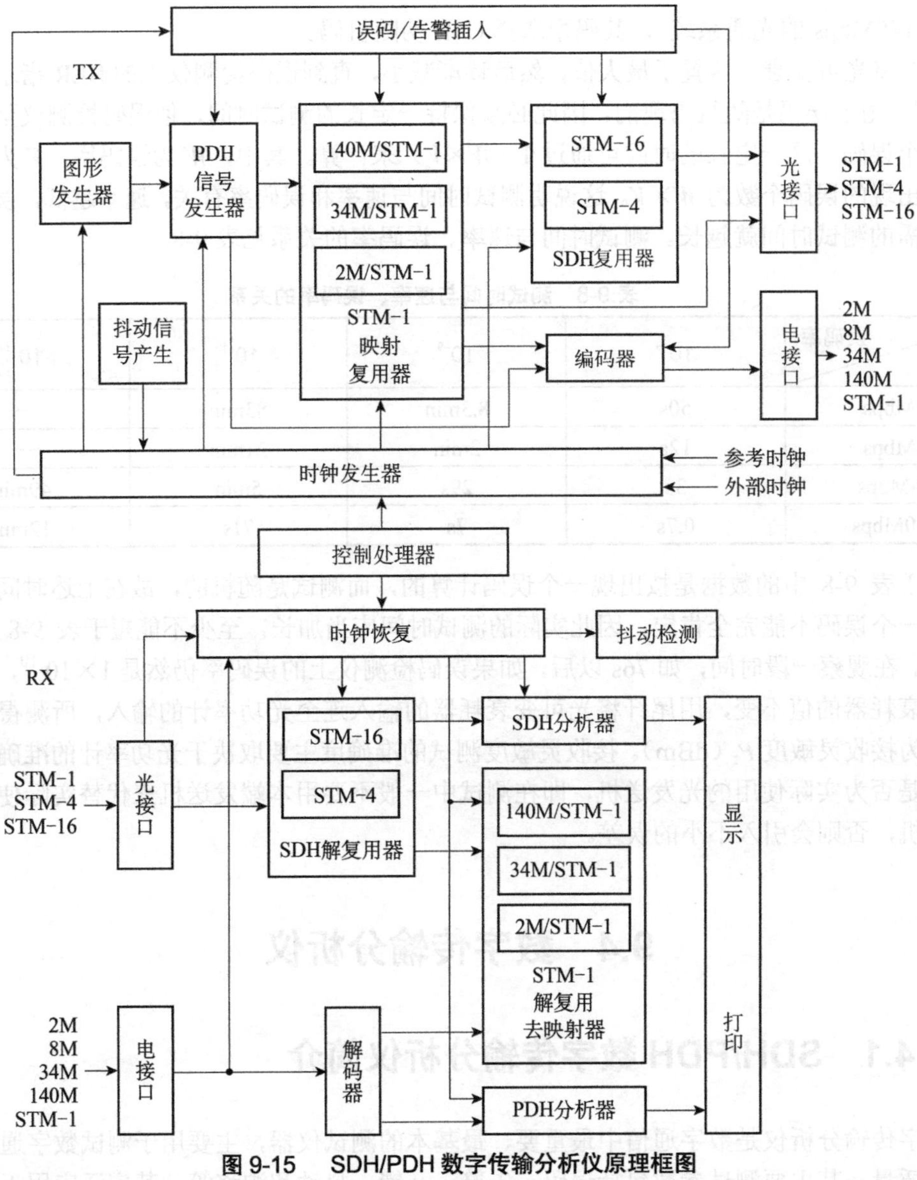

图 9-15　SDH/PDH 数字传输分析仪原理框图

SDH 帧结构信号包括 STM-1、STM-4 和 STM-16 帧结构信号。由 PDH 各级信号经过映射、复用，并插入各级通道开销和指针，再加入段开销后形成 STM-1 信号。STM-4 和 STM-16 信号则分别由 4 个和 16 个 AUG 采用字节间插复接再加上各自的段开销形成。PDH、STM-1 信号经编码后由电接口输出，STM-1、STM-4 和 STM-16 信号由光接口输出。

抖动的产生是首先产生幅度和频率可变的抖动调制信号，然后将其调制到 PDH 和 SDH 各时钟信号上，从而使这种时钟所形成的数据产生抖动。

接收机主要用来进行误码、告警、开销和抖动的测量。其原理是将输入的 SDH/PDH 信号经均衡放大或光电转换、时钟恢复后依次送入 SDH 解复用器、STM-1 解复用/去映射器，分解出各级 PDH 信号，在分解过程中将相应的数据分别送往 PDH 分析器和 SDH 分析器(PDH 信号直接进入 PDH 分析器)。在 PDH 分析器中进行 PDH 支路信号的误码与告警测量，在 SDH 分析器中进行 BIP 误码、远端块误码、各种开销、告警、指针和 APS 信息等内容的测试。告警和功能检测是通过提取相应的维护开销字节并进行判别完成的。

SDH/PDH 数字传输分析仪的主要技术指标如下。

● 测试速率：指数字通信的标准接口速率，通常 PDH 包括 2.048Mbps、8.448Mbps、34.368Mbps、139.264Mbps，SDH 包括 155.520Mbps、622.080Mbps、2488.320Mbps、9953.280Mbps。

● 误码插入/测量类型：Frame、B1、B2、B3、BIP-2、MS-REI、HP-REI、LP-REI、HP-IEC、BIT、CODE。

● 告警插入/检测类型：LOS、LOF、OOF、MS-AIS、MS-RDI、HP-AIS、AU-LOP、HP-RDI、TU-AIS、LP-RDI。

● 抖动发生/测量范围：是指在对应接口速率下所能插入和检测的范围，通常必须满足 ITU-T O.171 和 ITU-T O.172 的规定。

● 误码分析：根据所测的误码和告警，按照相关标准进行的误码性能分析。误码分析的种类较多，PDH 最基本的误码分析是 ITU-T G.821，SDH 最基本的误码分析是 ITU-T G.826，其他可选的误码分析还包括 G.828、G.829、M.2100、M.2101、M.2110 等。

9.4.2 SDH/PDH 数字传输分析仪的抖动测试

抖动测试是将输入的光或电信号经输入电路均衡放大或光电转换后送入时钟恢复器，提取传输数据的时钟，并由此时钟产生参考时钟，在抖动检测器中进行两个时钟的鉴相，解调出抖动信号，再进行抖动幅度和抖动冲击的测量。

一个信号由于系统时钟、芯片门限等的影响，会引起输出数据的前后移动，当前后移动的频率大于 10Hz 时，就认为这是抖动，抖动不能太大，否则会对下游站点产生很不利的影响。抖动指标包括光口输入抖动容限、电口输入抖动容限、光口输出抖动容限、电口输出抖动容限、结合抖动容限、映射抖动容限，各抖动指标具体测试方法如图 9-16～图 9-20 所示。

光口输入抖动容限测试按图 9-16 进行连接，电口环回。配置线路到支路业务，在 SDH 分析仪上设置该业务所用时隙，进行测试。

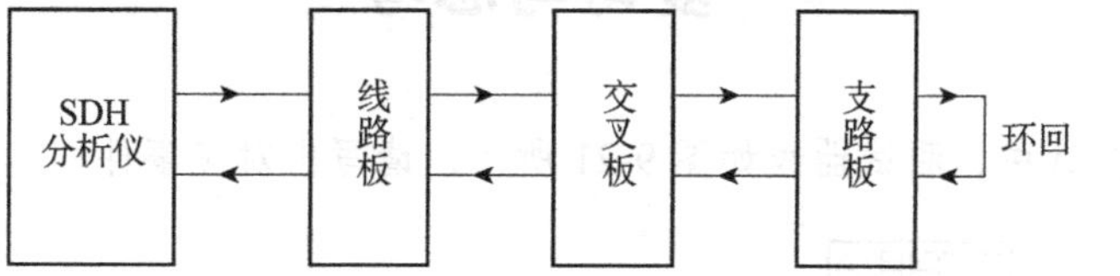

图 9-16　光口输入抖动容限测试

电口输入抖动容限测试按图 9-17 进行连接，光发电收。配置线路到支路业务，在 SDH 分析仪上设置该业务所用时隙，进行测试。

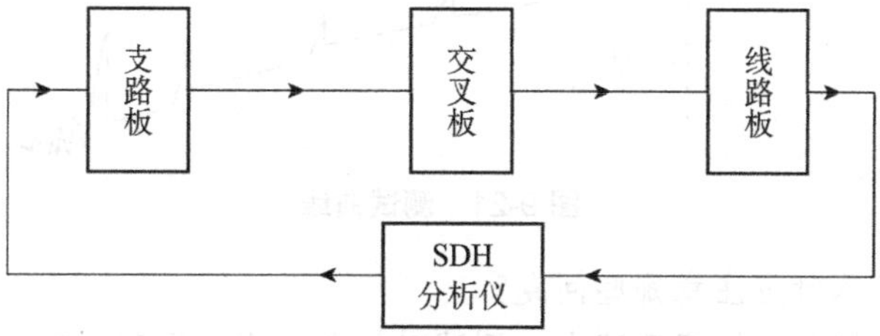

图 9-17　电口输入抖动容限测试

光口输出抖动容限测试按图 9-18 进行连接，电口环回。配置线路到支路业务，在 SDH 分析仪上设置该业务所用时隙，进行测试。

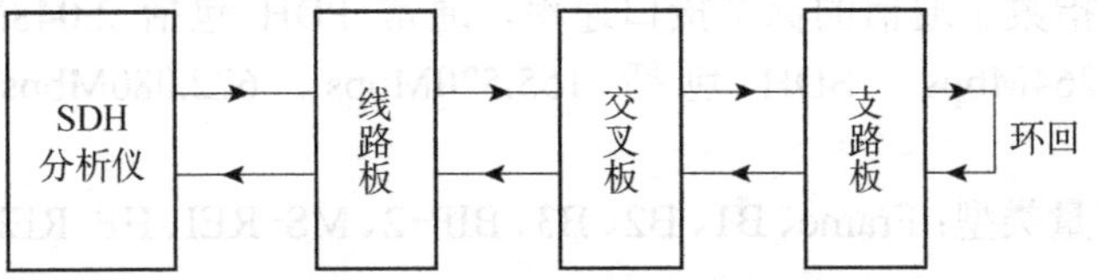

图 9-18　光口输出抖动容限测试

电口输出抖动容限测试按图 9-19 进行连接，光口环回。配置线路到支路业务，在 SDH 分析仪上设置该业务所用时隙，进行测试。

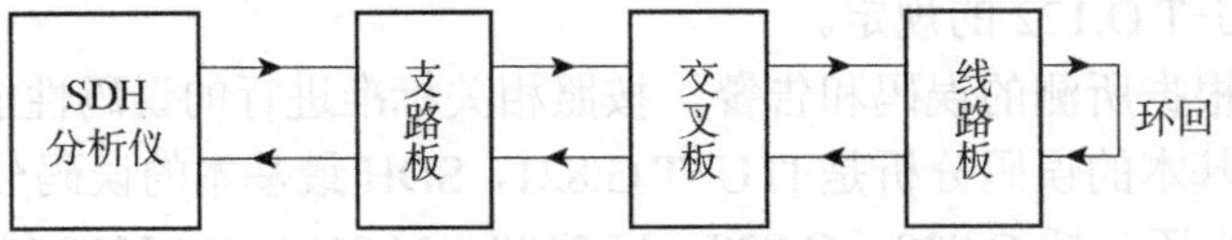

图 9-19　电口输出抖动容限测试

映射抖动、结合抖动容限测试按图 9-20 进行连接，电发光收。配置线路到支路业务，在 SDH 分析仪上设置该业务所用时隙，进行测试。

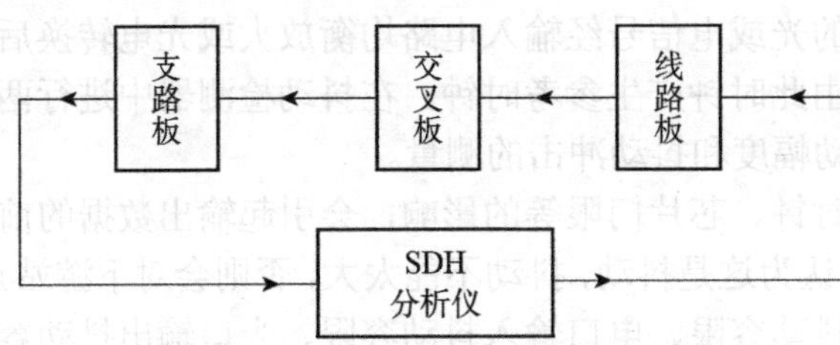

图 9-20　映射抖动、结合抖动容限测试

复习与思考

9-1　OTDR 测试中，测试曲线如图 9-21 所示，请写出对应事件。

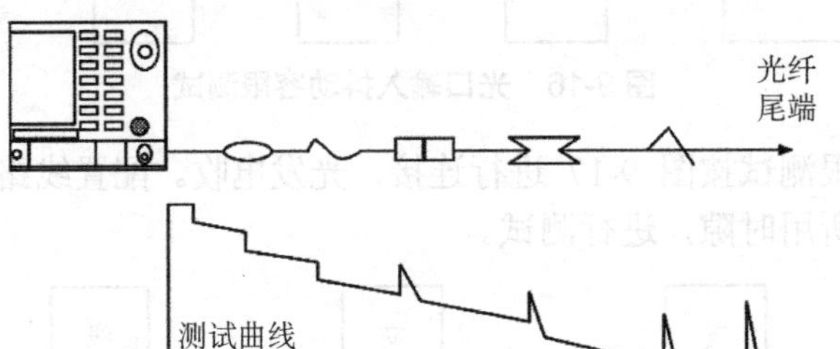

图 9-21　测试曲线

9-2　光功率计保养时应注意哪些问题？

9-3　光通信系统接收灵敏度测试中，测试时间和速率、误码率有什么关系？

附录A　光纤通信工程常用图形符号

表1　地形地表

序号	名　称	图　例	序号	名称	图例
1	山岳		15	深沟（渠）	
2	河流		16	城堡	
3	湖塘	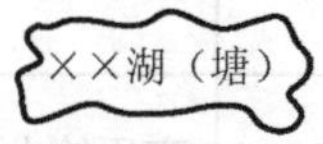	17	坟墓	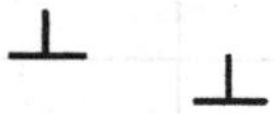
4	沙渠		18	砖墙	
5	沼泽地		19	铁丝网	
6	树林	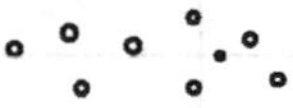	20	篱笆	
7	树木		21	自动闭塞信号线路	
8	经济林园		22	涵洞	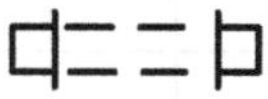
9	旱田	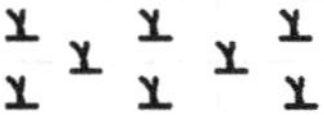	23	木桩	
10	水田	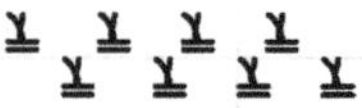	24	水准点	
11	草地	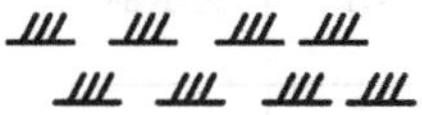	25	地下水位标高	
12	凹地		26	消防栓	
13	高地	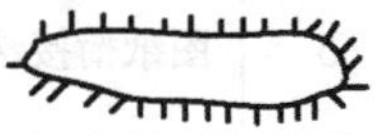	27	自来水闸	
14	堤岸		28	井	

续表

序号	名　称	图　例	序号	名称	图例
29	雨水口	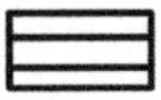	47	盐碱地	
30	污水池		48	陡坡	
31	下水道		49	苇塘	
32	自来水管路		50	煤气管路	
33	房屋或村镇	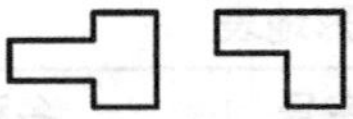	51	电力电缆	
34	街道	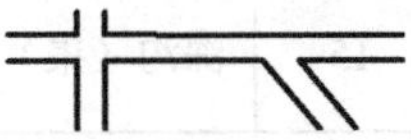	52	暖气管道	
35	铁路及车站	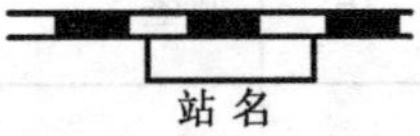	53	高压电线	
36	双轨铁路		54	高压输电线	
37	电气铁路		55	明堑	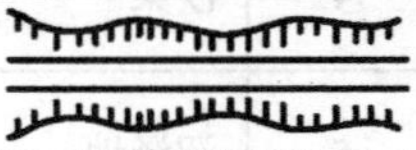
38	拟建铁路	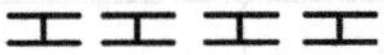	56	里程碑	
39	桥梁	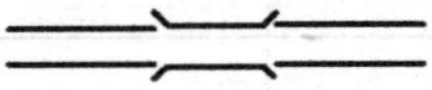	57	飞机场	
40	横过铁路的桥梁	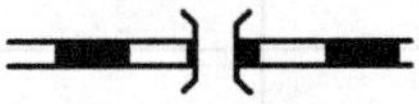	58	靶场	
41	在铁路下的桥梁		59	邮筒	
42	在铁路桥梁支架上的通线路		60	砖厂	
43	公路	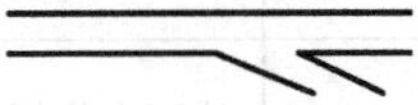	61	变压器	
44	大车路		62	指向	
45	小径		63	图纸衔接法	
46	隧道		64	加油站、加气站	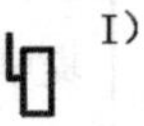

表 2 杆路

序号	名称	图例	序号	名称	图例
1	普通电杆		15	电力杆	
2	L 形杆		16	铁路杆	
3	H 形杆		17	军方杆	
4	品接杆		18	分界杆（地区长线局维护分段）	
5	单接杆		19	单方拉线杆	
6	井形杆		20	双方拉线杆	
7	装有避雷针的电杆		21	三方拉线杆	
8	引上杆		22	四方拉线杆	
9	撑杆		23	铁地锚拉线	
10	高桩拉线		24	石头拉线	
11	杆间接线		25	横木拉线	
12	打有帮桩的电		26	起讫杆号	P_1 —— P_{128}
13	分线杆		27	承接上页杆	
14	长途市话合用杆				

表 3 路由图

序号	名称	图例	序号	名称	图例
1	埋式光缆（无保护）		7	通信线	
2	埋式光缆（砖保护）		8	其他地下管线	
3	埋式光缆（钢管保护、水泥管保护）		9	管道光缆（虚线代表人井）	
4	预留		10	水底光缆	
5	S 弯预留		11	水底光缆 S 弯	
6	架空光缆		12	水底光缆 8 字弯	

续表

序号	名　称	图　例	序号	名　称	图　例
13	梅花桩式 S 弯		24	加铠	
14	直接接头		25	光分配架	ODF
15	分歧接头		26	波分复用器	WDM
16	开天窗接头		27	滤波器	O°F
17	电台、铁塔		28	地下缆引至墙上	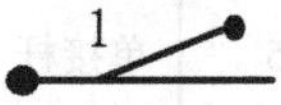
18	监测标石		29	缆往楼上去 A（管径）	
19	路由标石		30	缆往楼下去 A（管径）	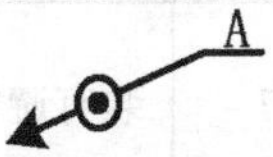
20	防雷排流线	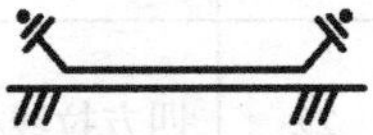	31	缆由楼上引来 A（管径）	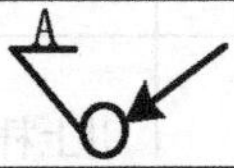
21	防雷消弧线		32	缆由楼下引来 A（管径）	
22	防雷避雷针		33	拆除（画在原有设备上）	
23	加固地段				

表 4　维护图、线路图图例

序号	名　称	图　例	序号	名　称	图　例
1	省会公司		9	终端站	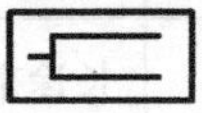
2	地（市）分公司		10	转接站	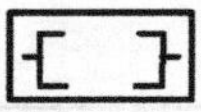
3	县公司		11	巡房	 1)
4	乡镇服务点		12	水线房	 2)
5	省级维护公司		13	终端房	 3)
6	地（市）维护公司		14	一线光缆	×芯
7	县维护点		15	二线光缆	×芯
8	光缆中继段		16	飞线杆距-杆高-杆高	

续表

序号	名 称	图 例	序号	名 称	图 例
17	拟拆除线路		23	海岸界	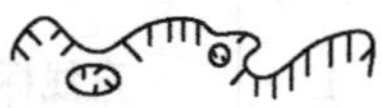
18	利用其他单位电杆挂的线路		24	国界	
19	跨越其他杆线	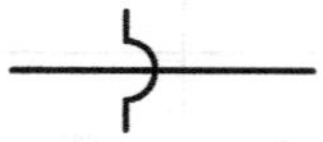	25	省界	
20	在其他杆线下通过的线路	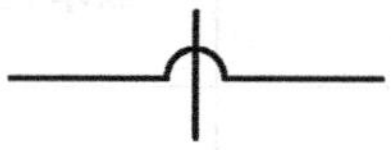	26	地（市、盟）界	
21	电力线路		27	县（旗）界	
22	巡线里程	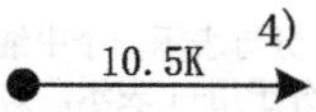 10. 5K 4)	28	线路分局界	

表5 管道、人孔

序号	名 称	图 例	序号	名 称	图 例
1	直通型人孔	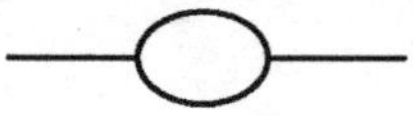	12	管道断面（粗线表示管道着地一面）	
2	局前人孔	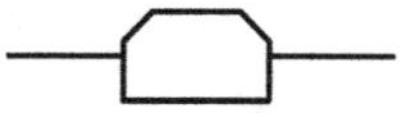	13	人孔内引上管	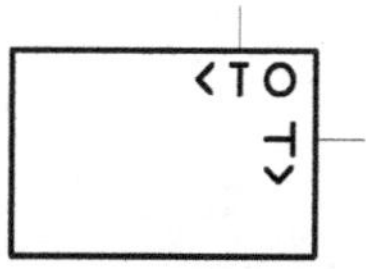
3	拐弯型人孔	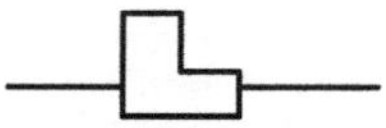			
4	扇形人孔		14	现有管道和光缆管道占用管孔新设管道和光缆占用管孔	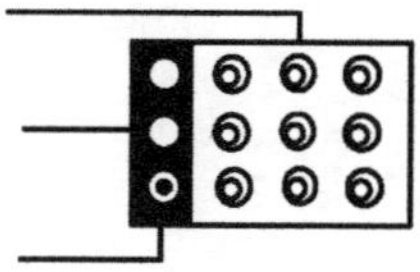
5	十字形人孔	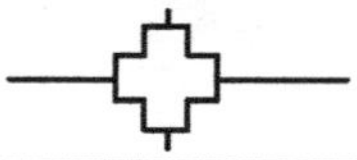			
6	手孔		15	人孔一般符号：A表示内部形状 B表示外部形状	 A B
7	埋式手孔	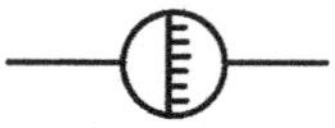	16	小型人孔（系统图用）	
8	地下光缆管道	D -%-ABXC-%-	17	大型人孔（系统图用）	
9	在原有管道上加新管道	D =%=ABXC=%=	18	局前人孔（系统图用）	
10	暗渠管道	D A×B	19	人孔展开图（表示地下光缆在人孔中穿放的位置，人孔按形状绘出）	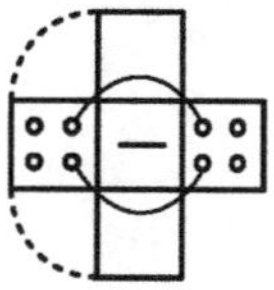
11	引上的支管道				

表 6　标石

序号	名　称	图　例	序号	名　称	图　例
1	直线标石	$\frac{-}{23}$	5	特殊预留标石	$\frac{\Omega}{23}$
2	转角标石	$\frac{<}{25}$	6	地下障碍标石	$\frac{\times}{23}$
3	接头标石	$\frac{07}{23}$	7	新增直线标石	$\frac{-}{27+1}$
4	监测标石	$\frac{08(J)}{24}$	8	新增接头标石	$\frac{07+1}{23+1}$

注：标石编号的规定如下。

1. 分子表示标石的不同类别或同类别的序号，如表中的 3 和 4；分母表示一个中继段/转接段内总标石的编号。
2. 新增的直线标石或接头标石，分母用+1 表示，且接头标石的分子用+1 表示，如表中的 7 和 8。

附录B 光功率单位换算表

光功率（W）	光功率（dBm）	光功率（W）	光功率（dBm）
1W	30dBm	500μW	-3dBm
500mW	27dBm	200μW	-7dBm
200mW	23dBm	100μW	-10dBm
100mW	20dBm	50μW	-13dBm
50mW	17dBm	20μW	-17dBm
20mW	13dBm	10μW	-20dBm
15mW	11.8dBm	1μW	-30dBm
10mW	10dBm	100nW	-40dBm
5mW	7dBm	10nW	-50dBm
2mW	3dBm	1nW	-60dBm
1mW	0dBm	0.1nW	-70dBm

衰减倍数	衰减 dB 数	衰减倍数	衰减 dB 数
2	3	500	27
5	7	1000	30
10	10	2000	33
20	13	5000	37
50	17	10000	40
100	20	100000	50
200	23		

附录C　光纤标准对照与光纤工作波段

光纤 参数	G.652 光纤	G.653 光纤	G.654 光纤	G.655 光纤
模场直径	9～10μm（±10%）	7～8.3μm（±10%）	10.5μm（±10%）	8～11μm（±10%）
截止波长	＜1270nm	＜1270nm	＜1530nm	＜1470nm
零色散波长	1300～1324nm	1500～1600nm		
零色散斜率	≤0.093ps/（km·nm^2）	＜0.085ps/（km·nm^2）		
最大色散值 1288～1339nm	＜3.5ps/（km·nm）	＜3.5ps/（km·nm）	＜3.5ps/（km·nm）	
最大色散值 1525～1575nm	＜20ps/（km·nm）		＜20ps/（km·nm）	＜6.0ps/（km·nm）
包层直径	125μm±2μm	125μm±2μm	125μm±2μm	125μm±2μm
典型损耗值 （1310nm）	0.3～0.4dB/km			
典型损耗值 （1550nm）	0.15～0.25dB/km	0.19～0.25dB/km	0.15～0.19dB/km	0.19～0.25dB/km
工作窗日	1310nm 和 1550nm	1550nm	1550nm	1550nm

附录D　架空复合地线光缆安装金具

1. 悬垂线夹：在直线杆塔上悬挂架空线的金具，起到悬挂和一定的紧握作用，再经其他金具及绝缘子与杆塔的横担或地线支架相连。

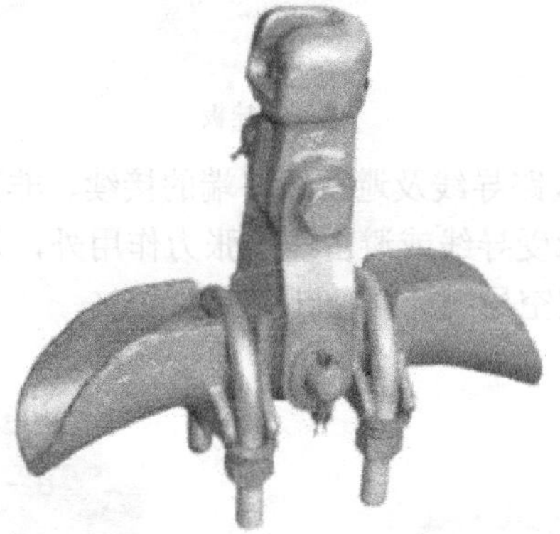

悬垂线夹

2. 耐张线夹：在一个线路耐张段的两端固定架空线的金具，主要用在耐张、转角、终端杆塔的绝缘子串上。

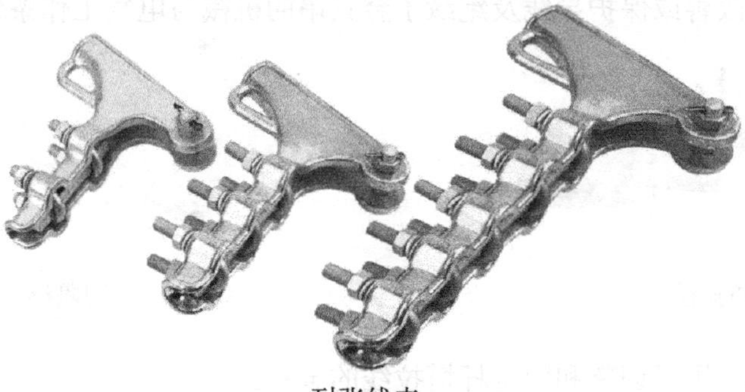

耐张线夹

3. 连接金具：将悬式绝缘子组装成串，并将一串或数串绝缘子串连接起来，悬挂在杆塔横担上。连接金具分为专用连接金具和通用连接金具两类。专用连接金具是直接用来连接绝缘子的，其连接部位的结构尺寸与绝缘子相匹配，包括球头挂环、碗头挂环、直角挂环等；通用连接金具用于将绝缘子串成两串、三串或更多串，并将绝缘子与杆塔横担或线夹相连接，也用来将地线紧固或悬挂在杆塔上，或将拉线固定在杆塔上等，包括U形挂环、U形挂板、直角挂板、平行挂板等。

球头挂环

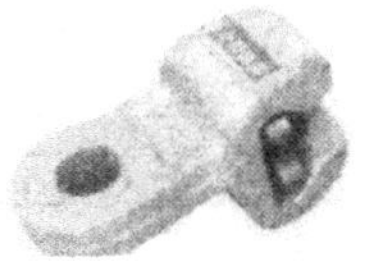
碗头挂环

U形螺栓

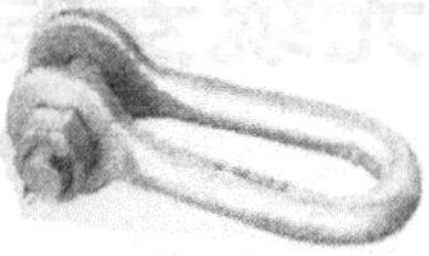
U形挂环

直角挂环

延长环

直角挂板

平行挂板

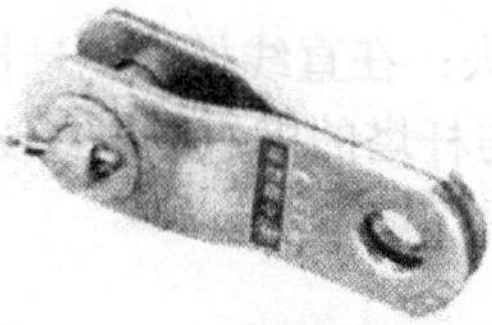
平行挂板

4. 接续金具：用于架空线路导线及避雷线终端的接续、非直线杆塔跳线的接续及导线的补修等。大部分接续金具除承受导线或避雷线的张力作用外，还要传导与导线相同的电气负荷。其强度和握力应不低于架空导线计算拉断强度的95%。

接续管

并线夹

5. 保护金具：改善或保护导线及绝缘子金具串的机械与电气工作条件的金具。

防振锤

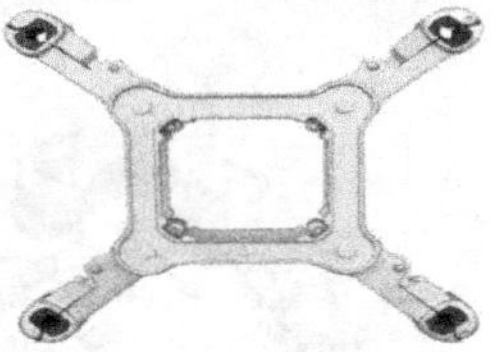
间隔棒

6. 拉线类金具：用于调整和固定杆塔拉线的金具。

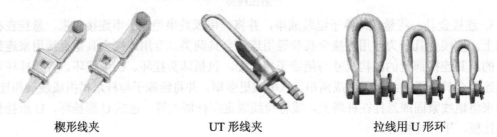

楔形线夹

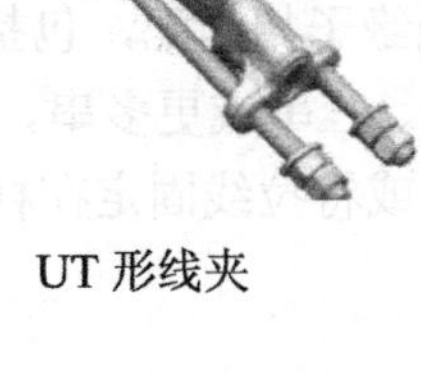
UT 形线夹

拉线用 U 形环

7. 绝缘子。

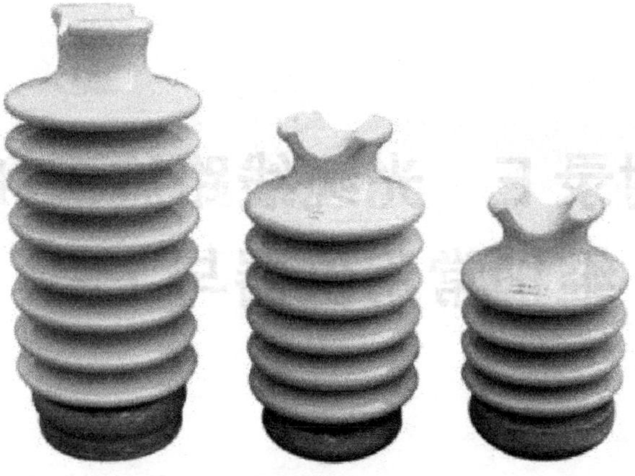

绝缘子

附录 E　光缆线路施工和维护常用仪器与工具

1. 光时域反射仪。

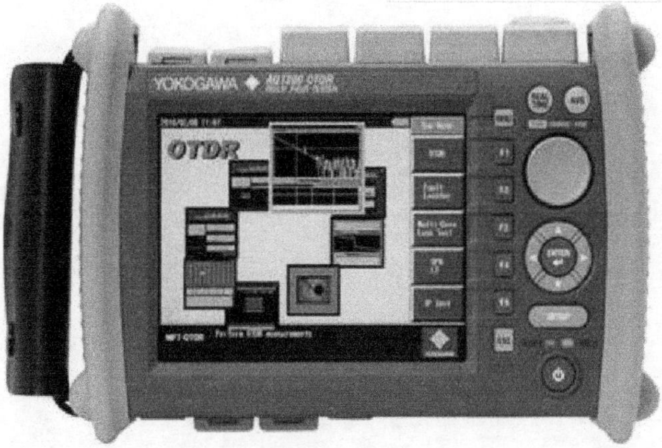

光时域反射仪

2. 光纤熔接机：主要用于光缆施工和维护。它通过放出电弧将两头光纤熔化，同时运用准直原理平缓推进，以实现光纤模场的耦合。

光纤熔接机

3. 光纤切割刀：光纤熔接机配套设备。

光纤切割刀

4. 双口剥纤钳：光纤熔接机配套设备。

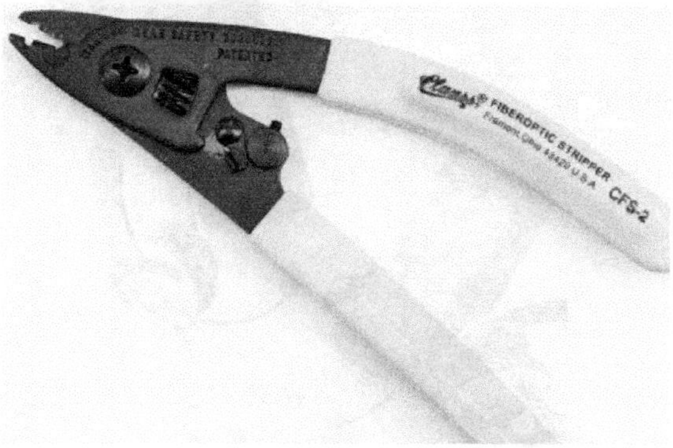

双口剥纤钳

5. 光功率计。

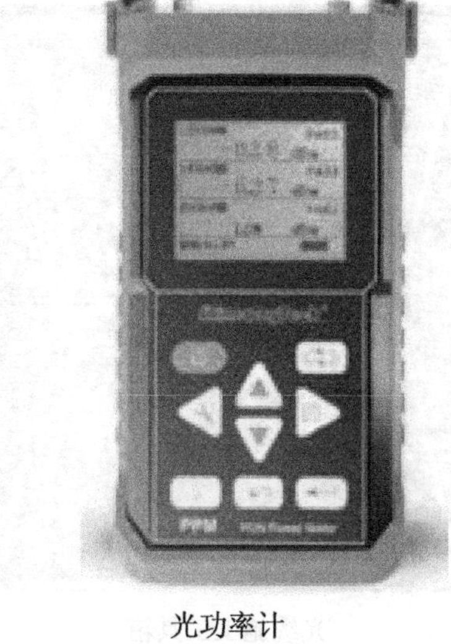

光功率计

6. 红光源：一种可视光源，通常用于单模或多模光纤的故障定位及光纤识别，是对 OTDR 测试盲区的有力补充，是光纤网络、LAN、ATM 光纤系统及电信网络系统维护的基本工具。

红光源

7. 光纤电话：除可以通过光纤进行通话外，还可以进行光纤衰减测量。

光纤电话

8.光缆施工工具箱。

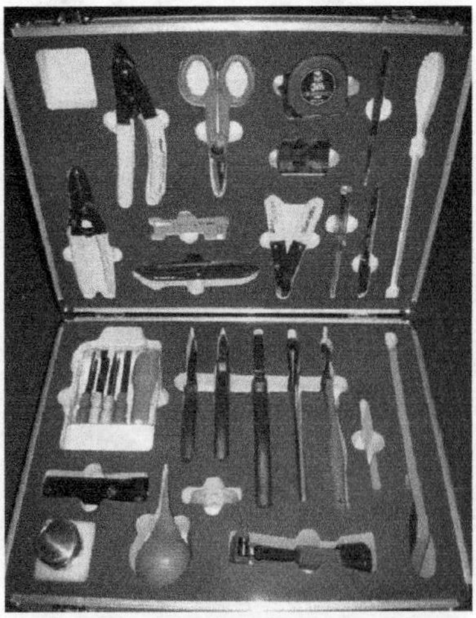

光缆施工工具箱

附录 F 光纤通信技术常用英文缩写

AAL ATM Adaptation Layer ATM 适配层

ADM Add/Drop Multiplexer 增/删多路复用器

ADSL Asymmetric Digital Subscriber Line 非对称用户数字线路

ADSU ATM Data Service Unit ATM 数据服务单元

AGC Automatic Gain Control 自动增益控制

AL Adaptation Layer 适配层

AM Amplitude Modulation 调幅

ANSI American National Standards Institute 美国国家标准学会

AON All-optical Network 全光纤网

AOTF Acousto-optic Tunable Filter 声光可调谐滤波器

APC Angled Physical Contact/Angled Polishing Connectors 成角度物理接触/带角度抛磨型连接器

APD Avalanche Photodiode 雪崩光电二极管

APDU Application Protocol Data Unit 应用协议数据单元

APS Automatic Protection Switching 自动保护开关

AR Antireflection （coating）防反射（涂敷层）

ASCII American Standard Code for Information Interchange 美国信息交换标准代码

ATM Asynchronous Transfer Mode 异步传输模式

ASE Amplified Spontaneous Emission 放大自发辐射

AWG Arrayed-waveguide Grating 阵列波导光栅

BER Bit-error Rate 比特误码率

BERT Bit-error Rate Test 比特误码率测试

BH Buried Heterostructure 隐埋异质结构

B-ISDN Broadband Integrated Services Digital Network 宽带综合业务数字网

BLPR 或 BLSR Bidirectional Line-protected （or Line-switched）Ring 双向线路保护（线路切换）环

BPF Bandpass Filter 带通滤波器

BS Beam Splitter 分束器

BUF Bandwidth-utilization Factor 带宽利用因子

CATV　Community Antenna Television 公用天线电视
CDMA　Code Division Multiple Access 码分多址
CMIP　Common Management Information Protocol 公共管理信息协议
CMOS　Complementary Metal Oxide Semiconductor 互补型金属氧化物半导体
COADM　Configurable Optical Add/Drop Multiplexer 可配置光增/删多路复用器
CPU　Central Processing Unit 中央处理单元
DBR　Distributed Bragg Reflector 分布式布拉格反射器
DCF　Dispersion-compensating Fiber 色散补偿光纤
DCS　Digital Cross-connect 数字交叉连接
DEMUX　Demultiplexer 多路分解器
DFB　Distributed Feedback（laser）分布反馈（激光器）
DLL　Data Link Layer 数据链路层
DSF　Dispersion-shifted Fiber 色散偏移光纤
DTMF　Dielectric Thin-film Multi-cavity Filter 介电薄膜多谐振腔光纤
DWDM　Dense Wavelength-division Multiplexing 密集波分复用
EDF　Erbium-doped Fiber 掺铒光纤
EDFA　Erbium-doped Fiber Amplifier 掺铒光纤放大器
EIA　Electronic Industries Alliance 电子工业联盟
ELED　Edge-emitting LED 边发射发光二极管
EMI　Electromagnetic Interference 电磁干扰
EOTF　Electro-optic Tunable Filte 电光可调谐滤波器
ER　Extinction Ratio 消光比
ESD　Electrostatic Discharge 静电放电
EUPC　Enhanced Ultra-polishing Connectors 增强型特光连接器
FBG　Fiber Bragg Grating 光纤布拉格光栅
FBT　Fused Biconical Taper 熔接双锥
FCC　Federal Communications Commission 联邦通信委员会
FDDI　Fiber-distributed Data Interface 光纤分布式数据接口
FDM　Frequency-division Multiplexing 频分复用
FEC　Forward Error Correction 前向纠错
FET　Field-effect Transistor 场效应晶体管
FEXT　Far-end Crosstalk 远端串音
FFP Fiber　Fabry-Perot（filter）光纤法布里-珀罗（滤波器）
FIT　Failures in Time 故障时间
FM　Frequency Modulation 调频
FOCIS　Fiber Optic Connector Intermateability Standards 光纤连接器相互匹配标准
FOM　Figure of Merit 优良度
FOTP　Fiber-optic Test Procedure 光纤测试进程
FP　Fabry-Perot 法布里-珀罗
FSR　Free Spectral Range 自由光谱区

FTIR　Frustrated Total Internal Reflection 受抑全内反射

FTTC　Fiber-to-the-curb 光纤到社区

FTTD　Fiber-to-the-desk 光纤到桌面

FTTH　Fiber-to-the-home 光纤到户

FTTR　Fixed Transmitter-Tunable Receiver 固定发送器-可调谐接收器

GCSR　Grating Coupler Sampled Reflector 光栅耦合器取样反射器

GI　Graded Index 渐变折射率

GRIN　Graded Refractive Index 渐变折射率

GVD　Group-velocity Dispersion 群速度色散

HBM　Human-body Model 人体模型

HC　Horizontal Cross-connect 水平交叉连接

HDSL　High Bit-rate Digital Subscriber Line 高比特率数字用户线

HFC　Hybrid Fiber Coaxial（cable TV）光纤同轴混合（有线电视）

IC　Integrated Circuit 集成电路

IC　Intermediate Cross-connect 中间交叉连接

ILD　Injection Laser Diode 注入式激光二极管

IM/DD 或 IM-DD　Intensity Modulation-Direct Detection 强度调制直接检波方式

IP　Internet Protocol 网际协议

IR　Infrared 红外

IR　Intermediate Reach（network）中距离（网络）

ISDN　Integrated Services Digital Network 综合业务数字网络

ISI　Intersymbol Interference 码间干扰

ISO　International Organization for Standardization 国际标准化组织

ISP　Internet Service Provider 互联网服务商

ITU　International Telecommunication Union 国际电信联盟

ITU-T　Telecommunication Standardization Sector of ITU 国际电信联盟电信标准部

IXC　IntereXchange Carrier 局间交换通信公司

LAN　Local Area Network 局域网

LATA　Local Access and Transport Area 本地接入与传输区域

LD　Laser Diode 激光二极管

LEC　Local Exchange Carrier 本地交换通信公司

LED　Light-emitting Diode 发光二极管

L-I　Light versus Current Characteristic 光电流特性

LID　Local Injection and Detection 本地注入与检测

LLC　Logical Link Control 逻辑链路控制

LPF　Low-pass Filter 低通滤波器

LR　Long Reach （network）长距离（网络）

MAC　Media Access Control 介质访问控制

MAN　Metropolitan Area Network 城域网

MAP　Manufacturing Automation Protocol 制造自动化协议

Mbps（Mbit/s, Mb/s）　Megabits per second 兆比特每秒

MC　Main Cross-connect 主交叉连接

MCVD　Modified Chemical Vapor Deposition 改进的化学气相沉积法

MDF　Main Distribution Frame 主分配架

MZM　Mach-Zehnder Modulator 马赫-泽德尔调制器

MEMS　Micro-electromechanical System 大型机电系统

MFD　Mode-field Diameter 模场直径

MIB　Management-information Base 管理信息库

MIPS　Million instructions per second 兆指令每秒

MMF　Multimode Fiber 多模光纤

MMGI　Multimode Graded-index （fiber）多模渐变折射率（光纤）

MONET　Multiwavelength Optical Network 多波长光纤网络

MOSFET　Metal Oxide Semiconductor Field-effect Transistors 金属氧化物半导体场效应晶体管

MPEG　Motion-Picture Experts Group 活动图像专家组

MQW　Multiple Quantum Well 多量子阱

MSM　Metal-Semiconductor-Metal 金属-半导体-金属

MSR　Mode-suppression Ratio 模抑制比

MUX　Multiplexer 多路复用器

MZI　Mach-Zehnder Interferometer 马赫-泽德尔干涉仪

NA　Numerical Aperture 数值孔径

NE　Network Element 网元

NEC　National Electric Code 国家电子码

NEP　Noise-equivalent Power 噪声等效功率

NIST　National Institute of Standards and Technology（美国）国家标准技术研究所

NIU　Network Interface Unit 网络接口单元

NMP　Network Management Protocol 网络管理协议

NMS　Network management Systems 网络管理系统

NRZ　Non-return-to-zero 非归零

NSAP　Network Service Access Point 网络服务访问点

OA　Optical Amplifier 光纤放大器

OADM　Optical Add/Drop Multiplexer 光增/删多路复用器

OAM　Operation, Administration, and Maintenance 操作、管理与维护

OAM&P　Operation, Administration, Maintenance, and Provisioning 操作、管理、维护与预置

OC　Optical Carrier 光载波

OEIC　Opto-electronic Integrated Circuit 光电集成电路

OFC　Optical Fiber Communication Conference and Exhibition 光纤通信会议与展示

OFC　Optical Fiber （cable）-Conductive 传导性光纤（光缆）

OFCG　Optical Fiber （cable）-Conductive, General 普通传导性光纤（光缆）
OFCP　Optical Fiber （cable）-Conductive, Plenum 通风道传导性光纤（光缆）
OFCR　Optical Fiber （cable）-Conductive, Riser 竖井传导性光纤（光缆）
OFN　Optical Fiber （cable）-Nonconductive 非传导性光纤（光缆）
OFNG　Optical Fiber （cable）-Nonconductive, General 普通非传导性光纤（光缆）
OFNP　Optical Fiber （cable）-Nonconductive, Plenum 通风道非传导性光纤（光缆）
OFNR　Optical Fiber （cable）-Nonconductive, Riser 竖井非传导性光纤（光缆）
OSA　Optical Society of America 美国光学学会
OSC　Optical Supervisory Channel 光监控信道
OSI　Open System Interconnection 开放系统互连
OSP　Outside Cable Plant 外部电缆设备
OTDM　Optical Time-division Multiplexing 光时分复用
OTDR　Optical Time-domain Reflectometer 光时域反射仪
OVD　Outside Vapor Deposition 外部气相沉积法
OXC　Optical Cross-connect 光纤交叉连接
PAS　Profile-alignment System 剖面校正系统
PBS　Polarization Beam Splitter 偏振光束分离器
PCB　Printed Circuit Board 印制电路板
PCM　Pulse-code Modulation 脉冲编码调制
PCS　Personal Communications Service 个人通信业务
PD　Photodiode 光电二极管
PDL　Polarization-dependent Loss 偏振相关损耗
PDU　Protocol Data Unit 协议数据单元
PECL　Positive Emitter-coupled Logic 正射极耦合逻辑
P-I　Power of Light versus Current Characteristic 光功率电流特性
PIN　P type（opsitive）, Intrinsic, N type （negative）P 区（正）-本征区-N 区（负）
PISO　Parallel-in Serial-out 并行输入串行输出
PMD　Polarization-mode Dispersion 偏振模式色散
POF　Plastic （Polymer） Optical Fiber 塑料（聚合体）光纤
PON　Passive Optical Networks 被动光纤网
POTS　Plane Old Telephone Service 平面旧式电话服务
PSTN　Public Switched Telephone Network 公众电话交换网
QAM　Quadrature Amplitude Modulation 正交调幅
QOS　Quality of Service 服务质量
RBOC　Regional Bell Operating Companies 地方贝尔运营公司
RIN　Relative Intensity Noise 相对强度噪声
RMS　Root mean Square 均方根
RRR　Regeneration with Retiming and Reshaping 重定时和重整形的再生
RSVP　Internet Reservation Protocol 因特网预留协议

RT　Remote Terminal 远程终端
RWG　Ridge Waveguide 脊状波导
RX　Receiver 接收器
RZ　Return-to-zero 归零
SAP　Service Access Point 服务接入点
SAR　Segmentation and Reassembly 分段重组
SAW　Surface Acoustic Wave 表面声波
SBS　Stimulated Brillouin Scattering 受激布里渊散射
SC　Synchronous Container 同步容器
SCM　Subcarrier Multiplexing 副载波复用
SDH　Synchronous Digital Hierarchy 同步数字序列
SHR　Self-healing Ring 自愈环
SLED　Surface-emitting LED 面发射二极管
SLM　Single Longitudinal Mode 单纵模
SMF　Single Mode Fiber 单模光纤
SMSR　Side Mode Suppression Ratio 边模抑制比
SNA　Systems Network Architecture 系统网络结构
SNMP　Simple Network Management Protocol 简单网络管理协议
SNR　Signal-to-noise Ratio 信噪比
SOA　Semiconductor Optical Amplifier 半导体光纤放大器
SONET　Synchronous Optical Network 同步光网络
SPE　Synchronous Payload Envelope 同步有效载荷包
SPIE　the International Society for Optical Engineering 国际光学工程学会
SPM　Self-phase Modulation 自相位调制
SQW　Single Quantum Well 单量子阱
SR　Short Reach （network）短距离（网络）
SRS　Stimulated Raman Scattering 受激拉曼散射
SSP　Service Switching Point 服务交换点
SSR　Sidelobe Suppression Ratio 边瓣抑制比
STS　Synchronous Transport Signal 同步传输信号
TCP　Transmission Control Protocol 传输控制协议
TDM　Time-division Multiplexing 时分复用
TE　Transverse Electric （wave）横电（波）
TEC　Thermoelectric Cooler 热电冷却器
TEM　Transverse Electromagnetic （waves）横电磁（波）
TIA　Telecommunications Industry Association 电信行业协会
TM　Terminal Multiplexer 终端多路复用器
TM　Transverse Magnetic （wave）横磁（波）
TMN　Telecommunications Management Network 电信管理网
TOP　Technical Office Protocol 技术办公协议

TTFR Tunable Transmitter-Fixed Receiver 可调谐发送器-固定接收器
TTL Transistor-Transistor Logic 晶体管-晶体管逻辑电路
TTTR Tunable Transmitter-Tunable Receiver 可调谐发送器-可调谐接收器
TWA Traveling-wave Amplifier 行波放大器
TX Transmitter 发送器
UHF Ultra-high Frequency 特高频
UPC Ultra-polishing Connectors 超抛光连接器
UPSR Unidirectional Path-switched（or Path-protected） Ring 单向通路切换（通路保护）环
UTP Unshielded Twisted Pairs 非屏蔽双绞线
UV Ultraviolet 紫外线
VAD Vapor Axial Deposition 气相轴向沉积法
VC Virtual Container 虚容器
VC Virtual Channel 虚信道
VCI Virtual-channel Identifier 虚信道标识符
VCSEL Vertical-cavity Surface-emitting Laser 垂直腔面发射激光器
VOA Variable Optical Attenuator 可变光衰减器
VOIP Voice over the Internet Protocol 基于 IP 的语音
VP Virtual Path 虚通路
VPI Virtual-path Identifier 虚通路标识
VT Virtual Tributary 虚支路
WADM Wavelength Add/Drop Multiplexer 波长增/删多路复用器
WAN Wide Area Network 广域网
WC Wavelength Conversion （Converter）波长转换（转换器）
WDM Wavelength-division Multiplexing 波分复用
WGR Waveguide-grating Router 波导渐变路由器
WWW Work Wide Web 万维网
XCVR Transceiver 收发器
XPM Cross-phase Modulation 交叉相位调制
YIG Y -fed Balanced-bridge Modulator Y-馈电式平衡桥调制器

参考文献

［1］2018 年我国光通信行业发展现状及趋势分析［EB/OL］. http://tuozi.chinabaogao.com/dianxin/041132ZS2018.html.

［2］Joseph C. Palais. 光纤通信［M］. 5 版. 北京：电子工业出版社，2015.

［3］Gerd Keiser. 光纤通信［M］. 5 版. 北京：电子工业出版社，2016.

［4］韩一石等. 现代光纤通信技术［M］. 北京：科学出版社，2005.

［5］孙军强，黄德修，李再光. 掺铒光纤放大器的最佳光纤长度和增益特性[J]. 光通信技术，1994，1（18）：26-30.

［6］杨祥林等. 光纤放大器及其应用［M］. 北京：电子工业出版社，2000.

［7］牛玲，段美霞. PDH/SDH 通信网中抖动发生及检测方法［J］. 光通信技术，2012，（10）：60-61.

［8］李科，杨飞，陈峰华. OTDR 原理及其应用［J］. 山西科技，2010，（2）：46-48.

［9］段智文. 光纤通信技术与设备［M］. 北京：机械工业出版社，2010.

［10］吴铭峰. 光端机接收灵敏度和动态范围的分析与测试［J］. 天津通信技术，1997，（1）：18-20.

［11］武汉光驰教育科技股份有限公司教学实验系统实验指导书.